LE
MAGNÉTISME

OPPOSÉ A LA

MÉDECINE.

PARIS. — IMPRIMERIE D'A. RENÉ ET CIE,
Rue de Seine, 32.

LE
MAGNÉTISME

OPPOSÉ A LA

MÉDECINE.

MÉMOIRE POUR SERVIR A L'HISTOIRE DU MAGNÉTISME

EN FRANCE ET EN ANGLETERRE.

PAR

Le Baron **DU POTET DE SENNEVOY.**

PARIS,

A. RENÉ ET Cⁱᵉ, IMPRIMEURS-ÉDITEURS,
RUE DE SEINE, 32.

DENTU, | GERMER-BAILLIÈRE,
Palais-Royal, galerie d'Orléans. | rue de l'École-de-Médecine, 13.

1840

INTRODUCTION.

« En vérité nous vous le disons, voilà assez longtemps que l'humanité en est à la résignation et à la souffrance. Docteurs, guérissez les malades, ou retirez-vous pour laisser faire ceux qui veulent et savent guérir. »

En opposition avec certaines lois physiques que les savants ont cru solidement établies, et avec les systèmes de médecine dus au génie des hommes d'un autre âge et du nôtre, le magnétisme, cette action puissante que l'homme exerce sur son semblable, est venu jeter un nouveau jour sur le domaine des sciences et révolutionner les intelligences qui croyaient avoir trouvé les bornes du possible. Mais que peut l'incrédulité ou le doute des savants devant des faits positifs? Que peuvent des raisonnements contre une vérité qui n'a besoin que des sens pour être reconnue et étudiée? Qu'avons-nous besoin de rappeler ici les hommes qui passèrent pour fous parcequ'ils apportaient une vérité que les savants d'alors n'avaient point aperçue? Qu'importe que l'on ait déclaré que *Mesmer était un visionnaire,* si sa découverte survit au temps et envahit le monde? Qu'importent donc enfin les titres des académiciens qui ont signé cette sentence? La postérité ne ratifie pas toujours les jugements des hommes : elle flétrit bien souvent ce qu'ils ont honoré; et à la place des noms que l'on avait révérés, l'inflexible burin de l'histoire grave quelquefois en lettres d'or ceux que l'on croyait oubliés.

Mais pourquoi Mesmer rechercha-t-il les savants? en avait-il besoin pour le triomphe de sa doctrine? Non, puisqu'elle pénètre dans les masses malgré leur opposition. Avait-il donc oublié, ce bon Mesmer, ce qui était arrivé à Galilée, à Christophe Colomb, et à tant d'autres génies qui eurent de leur temps le même sort que ces deux hommes? Croyait-il que la justice était descendue sur la terre? Pourquoi prenait-il pour juges des hommes qui vivent de mots creux, en exploitant l'humanité qu'ils trompent? Espérait-il les rendre meilleurs et corriger leurs vices?

Dans sa grande œuvre de moraliste, Jésus s'adressait-il à des savants? Non, il les connaissait trop bien. « Malheur à vous, scribes et pharisiens « hypocrites, » leur disait-il, « vous paraissez « justes aux yeux des hommes, mais au-dedans « vous êtes pleins d'iniquités; » et démasquant

d'un seul mot les sophistes, il prenait ses disciples parmi le peuple, et sa doctrine régna bientôt
sur le monde.

Puységur, Deleuze, qu'espériez-vous donc des
flatteries que vous adressiez aux savants de ce
temps? Vous n'aviez donc pas reconnu qu'elles ne
servaient qu'à vous rendre méprisables à leurs
yeux, et qu'à les éloigner de l'examen que vous
sollicitiez avec tant d'ardeur et de constance?
Trompé moi-même par vos enseignements, je suivis la route que vous aviez tracée; mais reconnaissant enfin mon erreur et la vôtre, je suis revenu
sur mes pas; et c'est dans le cœur des hommes
qui vivent éloignés des coteries savantes que j'ai
déposé les germes de la nouvelle vérité. Que n'ai-
je ainsi employé le temps perdu dans de vaines
tentatives? Au lieu de vingt savants que j'ai convaincus, et qui ne font rien pour éclairer leurs
contemporains, cinquante mille individus joui-
raient aujourd'hui des bienfaits de la découverte
de Mesmer, se seraient affranchis du joug médical, et soustraits aux droits de vie et de mort que
des hommes remplis d'erreurs ont usurpés sur les
nations.

Plus heureux que moi, éclairés d'ailleurs
par le passé, mes disciples atteindront le but que
je me proposais d'atteindre, en répandant au milieu du peuple la découverte de Mesmer; et en si-

gnalant les erreurs sans nombre commises par cette prétendue science médicale, ils arracheront cet arbre monstrueux et montreront à la foule que ses fruits étaient empoisonnés.

Oh! que n'existe-t-il assez de tolérance pour que les hommes de notre temps puissent sans murmurer écouter des discours qui ne s'accordent pas avec leur croyance! Pourquoi le passé ne leur sert-il point d'enseignement? je pourrais alors sans détour dire ce que mon âme comprend et montrer sans crainte les changements que la vérité que je défends doit produire dans l'avenir.

Aujourd'hui mes discours passeraient pour être ceux d'un insensé, ou plutôt d'un enthousiaste, qui, sans respect pour ce qui est reçu comme bon, se plaît à flétrir par sa parole des hommes que la nation distingue et honore.

Mais sans la dire tout entière cette vérité que je sens si bien, je troublerai ces ennemis qui vivent en paix sur ce sol désolé, où ils voient chaque jour tomber des milliers d'épis avant que la nature les ait mûris. Ma voix se fera entendre pour signaler leur indifférence et leur impuissance ; je n'accorderai point entièrement mes paroles au temps présent. Éclairez-vous, dirai-je sans cesse à mes concitoyens, éclairez-vous sur les moyens que l'art tient en réserve pour vous secourir lorsque vos jours seront en péril. Soyez moins insouciants que vous ne l'êtes sur le bien si précieux qu'on nomme la santé. Ne comptez pas autant sur les ressources qu'offrent les officines ; ces breuvages si vantés sont prescrits et composés par des hommes dont l'existence est la même que la vôtre ; leurs sens ne sont pas plus affinés que ceux qui vous gouvernent. Faibles comme vous en présence de la maladie, ils n'ont sur elle que des conjectures, et c'est au hasard qu'ils livrent votre vie et la leur.

Qu'importe à l'homme malade, répéterai-je, que des gens passent leur existence dans les ennuis d'un travail pénible et difficile, si de tout leur labeur il ne doit résulter qu'un amas de mots et de systèmes qui n'avancent point l'art de guérir ! Qu'importent ces raisonnements lumineux où l'art semble surpasser la nature, si en dernier résultat elle seule est chargée de la besogne ! Qu'importent ce grand nombre d'écoles, ces congrès académiques, si, malgré cet appareil imposant, des disputes interminables doivent seules en être le produit !

Les difficultés de cette science sont donc bien grandes, son étude bien difficile, et les hommes qui parviennent à la connaître ne doivent donc apparaître que comme ces astres qui se montrent parfois dans l'espace, et dont le lent retour fait douter de leur existence ?

S'il en est ainsi, je conçois que les Romains aient vécu deux siècles sans médecins; non pas pour cela qu'ils méprisassent la vie, mais ils avaient cru reconnaître que les médecins d'alors étaient impuissants à la prolonger, à la gouverner. Ils avaient cru reconnaître que dans toutes les épidémies qui affligent l'espèce humaine, la médecine n'avait aucun remède à opposer au fléau dévastateur; ils aimèrent mieux recueillir les recettes inscrites sur des *ex-voto* suspendus aux murs des temples anciens, et s'en servir dans leurs maladies, que d'adopter des médicaments nouveaux dus aux caprices de certains esprits, car les uns venaient de Dieu et les autres de la sottise humaine.

Tout est bien changé depuis ce temps : cet art douteux s'est implanté dans les nations; il a grandi en importance, *c*'est un corps puissant dans l'état social. Les hommes qui l'exercent, cet art, sont honorés, considérés, et s'ils ne sont pas tous comblés par les faveurs de la fortune et du pouvoir, c'est que ces enfants d'Esculape sont devenus trop nombreux, et que la population n'a pas augmenté en raison de leur accroissement.

Je sortirais du cercle que je me suis tracé si je vous montrais ces hommes, peu contents de leur lot, envahissant les emplois et se jetant dans la politique; c'est seulement de leur science que je dois vous parler, science monstrueuse et assassine, dont les apôtres avouent sans frémir les terribles dangers.

Ne croyez pas que je sois mu par une haine aveugle contre un corps que je ne connais point ; je n'ai de haine contre personne, je connais la médecine et les médecins, car ma jeunesse s'est passée sur les bancs d'une école célèbre, et c'est avec le désir d'y rencontrer la vérité que je m'en étais approché. Je ne suis pas ici *l'ennemi de l'homme, mais de ses principes* ; mes attaques sont en dehors de toutes considérations personnelles ; ma seule passion fut toujours de combattre l'erreur opposée aux lois éternelles de la nature.

Les peuples de l'antiquité n'avaient-ils pas reconnu qu'il fallait être pur pour exercer la médecine ? Ils en avaient fait un sacerdoce, car tous les hommes ne sont point appelés à remplir cette divine fonction. La pureté aujourd'hui, on ne la comprend pas, ou plutôt les médecins ont appris à la mépriser.

Est-il rien de plus beau, de plus grand que la noble profession du médecin, lorsqu'il *sait guérir !* Image de Dieu sur la terre, quel est celui qui oserait lui disputer les palmes de l'immortalité ? Mais cet être divin n'existe plus dans les académies. Non, non, sciences modernes, vous êtes restées en arrière, de ce côté du moins. Plus rien n'est sacré dans cet art autrefois si vanté : Hippocrate seul mérite d'être rappelé ; et c'est en vain que chaque jour on évoque son ombre : nos modernes médecins ont oublié leur origine, et les ténèbres règnent où jadis était la lumière.

Ce sont ces temps que nous voulons interroger ; ce sont ces souvenirs que nous voulons réveiller dans les esprits.

Bientôt sans doute des milliers de voix se joindront à la nôtre pour demander la réforme d'un art qui fait chaque jour des victimes, et le pouvoir venant à notre aide, la vérité persécutée s'établira pour le bonheur de tous.

LE MAGNÉTISME A PARIS.

(1820 à 1835.)

> C'est une précieuse chose que la santé, et la seulle qui mérite, à la vérité, qu'on y employe non le temps seulement, la sueur, la peine, les biens, mais encore la vie à sa poursuite; d'autant que sans elle, la vie nous vient à être injurieuse. La volupté, la sagesse, la science et la vertu, sans elle, se ternissent et esvanoüissent.
>
> MONTAIGNE.

J'étais bien jeune lorsque pour la première fois j'appris que des hommes graves assuraient qu'il existait en nous une force, un pouvoir occulte, qui, bien employé et sûrement dirigé, produisait des phénomènes merveilleux. Le sourire et le doute furent, il faut bien que je l'avoue, le premier accueil que je fis à ces assertions.

Bientôt, cependant, conduit par le désir de connaître la vérité à des expériences de magnétisme, j'assistai à la production de faits extraordinaires;

mais ma faible raison se refusait encore à croire aux choses étranges que mes yeux avaient vues. Dès cette époque pourtant, je n'eus plus de repos; un désir ardent de posséder la vérité s'empara de moi. Démasquer la jonglerie, si c'en était une, ou publier partout la réalité de la merveilleuse découverte, fut une détermination irrévocable, tellement gravée dans mon esprit que je lui sacrifiai mon repos, mes plaisirs, et jusqu'à mon avenir. Rechercher les magnétiseurs, les écouter avec attention, épier leurs moindres démarches, interroger les gens qui leur servaient d'instruments, fut l'occupation de mes journées, jusqu'à ce qu'enfin, obtenant moi-même la production des phénomènes que mon esprit refusait d'admettre, je me vis en possession de la science dont j'avais si ardemment désiré connaître la réalité.

Ce fut un beau jour pour moi, et qui ne s'effacera jamais de mon souvenir.

Doutant encore de mon pouvoir, je venais de plonger dans le somnambulisme deux jeunes personnes qui ignoraient complètement ce que c'était que le magnétisme, et qui, tout en riant des procédés bizarres que j'employais, en ressentirent pourtant vivement l'efficacité.

Il faut soi-même avoir produit des effets magnétiques pour se faire une idée du trouble singulier qui agite votre esprit, lorsque pour la première fois vous obtenez des faits qui vous révèlent votre puissance. La crainte, l'espérance viennent tour à tour s'emparer de vos facultés, et l'état nouveau que vous venez de développer, en vous montrant un monde inconnu, efface ou affaiblit tout ce qui vous était resté des émotions puisées dans la vie habituelle.

Mon premier pas dans la carrière magnétique ne me laissa plus maître de reculer. La croyance avait remplacé le doute, et chaque jour des phénomènes nouveaux pour moi, produits dans des circonstances diverses, augmentaient mon enthousiasme et me donnaient en même temps le désir de faire participer à la même croyance les hommes que cette vérité devait servir.

Trop jeune alors pour comprendre toute l'importance de la découverte de Mesmer, je voyais déjà cependant en elle un moyen d'éclairer les hommes sur les préjugés qui gouvernent les nations, et la possibilité de détruire dans un temps donné les maux produits par de prétendues doctrines philosophiques. Mais mon extrême timidité et mon peu de connaissance des hommes rendaient cette arme peu terrible entre mes mains. En effet, oser concevoir la pensée de répandre la vérité que je venais d'acquérir, et de la faire adopter par ceux-là mêmes qui l'avaient rejetée; oser me poser en face des savants de l'époque, et les provoquer à un nouvel examen, n'était-ce pas là, de ma part, un projet insensé? car la célèbre décision des Bailly, des Lavoisier, des Franklin avait toujours force de chose jugée ; les savants contemporains avaient ajouté leurs noms à cette sentence, et l'opinion publique, pervertie ou gagnée par un jugement qui était loin de paraître inique, devait laisser bien peu d'espoir de voir un jour cet arrêt réformé, et la vérité sortir à la fin triomphante.

Les magnétiseurs étaient en petit nombre : à leur tête se trouvaient Deleuze et Puységur. Sur leur bannière on voyait écrit : *Charité, Amour du bien public, Spes boni.* Mais ces devises excitaient le rire et les sarcasmes des antagonistes du magnétisme. Les amis sincères de la vérité avaient à gémir de leur délaissement, car alors pas un médecin distingué n'eût osé leur donner l'appui de son nom.

Ce n'est point assez pour un homme lâche de tuer son ennemi, il faut qu'il le traîne dans la boue. De prétendus philosophes et de beaux esprits avaient cru apercevoir dans le magnétisme de quoi faire rire la foule; ils mirent donc les magnétiseurs sur le théâtre, et la raillerie du public fut la récompense accordée aux hommes sympathiques qui voulaient éclairer et soulager leurs frères. Magnétiseur était alors synonyme de charlatan ou d'imbécile ; certains membres de l'Académie y ajoutaient même l'épithète de fripon.

Cependant des ouvrages nouveaux parurent. Empreints d'une noble simplicité et d'une grande franchise, ils furent répandus dans le monde ; on les commenta, on les censura ; mais ils se vendirent, et quelques hommes sérieux se livrèrent, dans le silence du cabinet, à leur examen approfondi.

En lisant moi-même ces écrits, je crus reconnaître que la marche indiquée pour faire progresser le magnétisme était mauvaise ; je crus que loin de bannir les incrédules des expériences magnétiques, comme les pères de la science avaient recommandé de le faire, il fallait au contraire aller droit à eux, et les provoquer même jusque dans leur sanctuaire ; qu'il fallait enfin ne pas fuir le grand jour, puisque la vérité n'en eut jamais rien à craindre, et que l'erreur seule a besoin d'obscurité.

Mais ici la difficulté était grande. Comment s'exposer en public avec la marque ignoble que les savants avaient gravée sur le front des magnétiseurs ? Comment braver le rire qui s'emparait des beaux esprits lorsqu'un magnétiseur paraissait en leur présence ? Et pourtant il ne manquait pas de gens de cœur capables de tenter l'entreprise, si une autre difficulté plus grande que la première ne se fût présentée à l'esprit des expérimentateurs ; tous savaient que le recueillement du magnétiseur était nécessaire, tous étaient convaincus que la tranquillité de l'âme était une condition essentielle pour la réussite de l'opération magnétique. Et comment conserver cette disposition en présence d'hommes qui vous accueillent avec des rires et de grosses plaisanteries qui, bien qu'à l'usage ordinaire de l'orgueil ou d'une sotte vanité, n'en sont pas moins applaudies avec transport par ceux qui les entendent ?

Il était donc certain que le succès était douteux ; déjà même plusieurs magnétiseurs avaient eu à se repentir d'avoir tenté cette voie.

Un journal, *la Bibliothèque du magnétisme*, publiait, il est vrai, les cures opérées par plusieurs magnétiseurs ; des matériaux précieux étaient ainsi recueillis pour servir à l'histoire du magnétisme ; mais cette découverte restait concentrée dans les mains d'un petit nombre d'adeptes. Les corps savants y restaient étrangers. Trop peu à craindre par ses attaques, le journal dont nous parlons n'avait obtenu que le dédain de nos superbes et nombreux adversaires.

Un seul fait vint faire cesser leur quiétude et redonner de la vie à une question qui, depuis longtemps, n'agitait plus les esprits.

J'osai entreprendre de faire des expériences publiques dans le premier hôpital de Paris, l'Hôtel-Dieu, en présence de quarante médecins incrédules, et défendre le magnétisme, non point en avocat, mais en magnétiseur.

Une jeune fille, malade depuis plus d'une année, qui vomissait chaque jour du sang, sans que les soins les plus assidus et les médications les plus énergiques eussent pu la soulager, languissait dans cet hôpital ; son marasme était tel que l'on pouvait à coup sûr annoncer sa fin prochaine. On prit cette jeune fille pour sujet d'épreuve, et elle fut transportée sur un brancard dans une chambre séparée, où j'avais demandé que les expériences se fissent.

C'était presque un cadavre que l'on m'avait donné à galvaniser par ce *prétendu magnétisme animal*, et, il faut le dire ici, c'était une mystification que l'on croyait m'avoir préparée. Mais Dieu voulut que celui qui éspérait en sa Providence sortît victorieux d'une épreuve où il fallait, non pas du courage pour réussir, mais de la résignation.

Aujourd'hui, ce serait une chose toute simple que de semblables expériences ; les esprits sont préparés, et le doute seul accueillerait l'expérimentateur ; mais nous étions en 1820, et alors, je l'ai déjà dit, magnétiseur était synonyme de charlatan, et moi, si jeune, je n'inspirais pas même de la défiance aux hommes qui avaient consenti à me recevoir ; je ne leur inspirais que de la pitié !

Je ne donnerai pas ici les détails de ces expériences, un écrit les a recueillies dans le temps (1), mais seulement des conséquences qu'elles eurent pour le magnétisme.

Parmi les témoins de ces expériences, il se trouva plusieurs hommes qui ne se bornèrent pas à publier la vérité ; ils magnétisèrent courageusement comme je l'avais fait moi-même, et parvinrent, devant un grand nombre de médecins, à reproduire les phénomènes magnétiques et somnambuliques observés à l'Hôtel-Dieu.

Ce fut d'abord le docteur Margue, attaché à la Salpétrière, qui fut assez heureux pour obtenir le somnambulisme sur plus de dix malades ; Georget, ensuite, acquit par de nombreuses expériences une conviction si grande qu'il osa revenir sur ses opinions matérialistes, déposées dans plusieurs ouvrages, et avouer publiquement que le magnétisme lui prouvait la spiritualité de l'âme. Le célèbre professeur Rostan vint presque en même temps avouer au sein de l'Ecole l'existence de cette force si extraordinaire que l'on appelle magnétisme. Il publia même dans un dictionnaire

(1) *Expériences publiques sur le magnétisme*, faites à l'Hôtel-Dieu en 1820. Troisième édition, chez Béchet jeune, et chez A. René et Cie.

de médecine une profession de foi si nette, si franche en faveur de la vérité que nous défendons, que de toutes parts on s'écriait : « Rostan n'a pas « pu écrire ces choses; cet article n'est pas sorti « de la plume du positif Rostan ! » Mais cet homme sincère soutint bientôt, au milieu d'un grand concours d'élèves que son mérite attirait à ses leçons, la réalité de la découverte de Mesmer; et lançant des traits sanglants sur ceux qui ne croyaient point au magnétisme, il faisait retomber le mépris sur les hommes qui auraient voulu l'en couvrir.

Mes expériences de l'Hôtel-Dieu n'avaient fait qu'enflammer mon zèle; je provoquais partout l'examen, et, appelant de la sentence portée contre Mesmer en 1784, je mettais sous les yeux de tous ceux qui voulaient les voir les faits vivants qui devaient nous regagner l'opinion.

Le docteur Bertrand publiait son savant *Traité du somnambulisme*, Chardel *l'Esquisse de la nature humaine*, Deleuze une *Instruction pratique sur le magnétisme*. L'espérance revenait ainsi à tous ceux qui désiraient le triomphe du magnétisme parcequ'ils en avaient aperçu les bienfaits; ils réunirent leurs efforts pour en étendre la connaissance et l'emploi.

Le somnambulisme fut de nouveau recherché et étudié, non pas par la généralité des médecins, mais par quelques-uns seulement qui eurent le courage d'avouer leur croyance. L'un d'eux, le docteur Foissac, osa (en 1826) demander à l'Académie de médecine un examen solennel, s'offrant à faire toutes les expériences qui seraient nécessaires pour la convaincre. L'Académie, déjà ébranlée par l'opinion de plusieurs de ses membres, ne crut pas devoir refuser, et se décida à nommer une commission *provisoire*, chargée de lui faire un rapport *provisoire*, dans lequel il lui serait rendu compte *si elle pouvait, sans se compromettre, examiner les faits de magnétisme et de somnambulisme* dont le récit lui arrivait de toutes parts.

Le docteur Frappart, de son côté, gagnait à notre cause Broussais et ses fils, en faisant des expériences au Val-de-Grâce. Moi, par un appel aux jeunes gens de l'Ecole, allant plus droit au but, j'ouvris un cours public de magnétisme dans un grand local du passage Dauphine, et six ou sept cents élèves y accoururent. J'osai, devant eux, élever des doutes sur la sincérité de l'opinion des professeurs qui cherchaient à les détourner de l'étude du magnétisme; j'osai proclamer tout haut les phénomènes étranges du somnambulisme et les bienfaits du magnétisme. Je dus pour cela braver les menaces d'une jeunesse trompée, je dus surmonter toute crainte, car s'abusant sur mes principes, avant de m'avoir entendu, mes audi-

teurs croyaient que j'étais un jésuite et s'étaient
apprêtés à me traiter en conséquence.

Pourtant il ne m'arriva rien que d'agréable;
ils comprirent bientôt que l'homme qui voulait
un examen public de ses actes ne pouvait être un
méchant homme; mon cours s'acheva paisible-
ment, et beaucoup de ceux qui étaient venus pour
être mes contradicteurs devinrent mes amis.

Enfin la vérité commençait à se faire jour et à
avoir de l'écho dans Paris. On pouvait déjà parler
de sa croyance; on était bien encore taxé d'enthousiasme, de propension à la rêverie, d'illu-
minisme, mais on ne passait déjà plus pour un
fourbe ou pour un fripon.

La lenteur qu'avait mise le magnétisme à devenir un embarras pour les savants ne m'étonnait
plus; cette marche peu progressive venait de la
nature même des faits qui servent de base à cette
science. En effet, les hommes de ce siècle, habitués à ne voir dans la nature que le côté matériel des choses, à tout peser, à tout analyser, devaient nécessairement repousser une vérité qui est
peut-être plus du domaine moral que du domaine
purement physique.

Dès-lors, comment convaincre facilement ces
hommes qui voulaient non pas seulement voir les
phénomènes du magnétisme, mais s'assurer d'a-
bord de la cause qui les faisait naître, et s'en

assurer par les mêmes moyens qui servent ordinairement à étudier les agents purement maté-
riels et physiques?

Un incrédule de bonne foi vous disait : « Voyons
ce prétendu fluide magnétique? — On ne peut vous
le montrer que par son action sur le corps humain, répondiez-vous : voici des phénomènes
qui en sont évidemment le produit; » et vous
exhibiez des gens qui en ressentaient vivement
l'action. — Mais c'était sur lui-même que l'incrédule voulait voir agir cette puissance; et si, cédant au désir que vous aviez de le convaincre,
vous ne le plongiez pas immédiatement dans le
somnambulisme, il rangeait bien vite à son opinion les gens qui avaient été témoins du débat.

« Faites tomber ce cheval en somnambulisme,
disait M. Virey. Vous ne le pouvez pas? donc votre
magnétisme est une rêverie. »

Si vous avertissiez qu'il fallait du temps pour
agir, que certaines dispositions étaient nécessaires,
on vous tenait pour suspect; si, magnétisant, vous
obteniez d'abord des effets légers, car il est assez
rare de voir la première magnétisation produire
autre chose, on vous expliquait ainsi les faits qui
avaient été constatés : c'est le repos, disait l'un;
c'est mon imagination, disait l'autre. Si vous pro-
duisiez du sommeil, c'était tout différent; il était
dû à l'ennui, à la monotonie des gestes, à l'agi-

tation de l'air, etc. Les arguments ne vous manquaient point pour répondre, mais ils échouaient
devant cette apostrophe : Montrez-moi ce prétendu fluide dont vous parlez sans cesse, et je croi-
rai au magnétisme. Mais si la nature l'a fait inco-
lore, comme celui de l'aimant, par exemple; si
elle a voulu que plusieurs de ses effets ne fussent
point visibles, quoique très réels, c'est-à-dire mo-
léculaires, et parconséquent saisissables seulement
avec le temps, il ne restait donc plus que les effets
nerveux qui pouvaient convaincre, et c'était surtout ceux-là dont on ne voulait pas entendre parler. Et pourquoi ne voulait-on pas les admettre ?
parceque la nature les produit quelquefois seule
et sans le magnétisme.

En effet, nous parlions de spasmes déterminés
par le magnétisme ? ils sont fréquents sans lui.
De convulsions ? mais qui n'en a pas vu se développer de tout temps ? De catalepsie ? beaucoup de
médecins ont dans leur pratique rencontré cette
crise. Il est vrai que nous pouvions seuls, à volonté,
produire ces divers phénomènes, mais on reje-
tait toujours la cause véritable parceque l'on ne
pouvait la rendre sensible aux yeux. On devait
un jour faire servir les mêmes faits pour effrayer
sur les dangers du magnétisme, mais le temps
n'en était pas encore venu. Si vous disiez aux antagonistes du magnétisme : Magnétisez vous-

mêmes des personnes dans leur sommeil naturel, vous les verrez sensibles à votre action. Ils vous répondaient qu'ils n'avaient point de foi. Si vous leur garantissiez que la foi n'était nullement nécessaire, mais seulement la volonté, ils vous répondaient : *Je verrais que je ne croirais pas.*

Je me rappelle très bien qu'un jour, aux prises avec un très savant docteur, nous eûmes la conversation suivante :

« Si devant vous, lui disais-je, j'agissais sur ce malade ici présent, et que, paralysant les muscles de la poitrine et suspendant les mouvements du cœur, je le fisse tomber mort subitement, croiriez-vous au magnétisme ?

— Oui, certainement. »

Puis, se reprenant : « Je pourrais expliquer sa mort par d'autres causes que par votre magnétisme, car on peut mourir de mort subite.

— J'admets votre supposition, lui répondis-je ; mais enfin si je le ressuscitais au moment où, ne donnant plus aucun signe de vie, il serait reconnu pour mort, bien mort ?

— Je dirais..... je dirais que la mort n'était qu'apparente, qu'il ne donnait point de signe de putréfaction, etc., etc. »

Si à de pareils adversaires vous parliez de cures remarquables opérées par le magnétisme sur des malades abandonnés par la médecine entière, —

« que prétendez-vous prouver? répondaient-ils; est-ce que nous ne savons pas que beaucoup de malades peuvent guérir sans la médecine, et même malgré la médecine? Est-ce que chaque jour nous ne rencontrons pas dans le monde des gens que nous avons condamnés et qui non-seulement survivent à nos jugements, mais se portent aussi bien que nous? »

Enfin, pour prouver que vous n'aviez pas plus raison dans cette circonstance que dans toutes les autres, ils allaient jusqu'à se faire athées en médecine, jusqu'à nier positivement l'utilité de cette science, prétendant que c'était la nature seule qui guérissait. Sous ce point de vue, ils avançaient singulièrement nos affaires, et nous avions à les remercier de leur aveu, car tous nos efforts tendent à prouver cette vérité, que *c'est la nature qui guérit,* qu'il faut seulement savoir l'aider dans ses opérations et lui apporter des matériaux de réparation quand elle est sur le point de succomber.

On vient de voir combien les difficultés étaient grandes, combien les obstacles étaient difficiles à surmonter avec la généralité de nos adversaires. Plus les faits magnétiques étaient merveilleux, et moins ils étaient disposés à croire à la réalité du magnétisme. La faute, cependant, ne venait point de nous, mais de la nature : c'est elle que l'on devait accuser, car c'était sur son ouvrage que nous appelions l'attention publique et non point sur le nôtre, car nous ne sommes que les instruments dont elle se sert pour manifester sa puissance.

Mais chaque jour ne voit-on pas les savants s'étonner d'un fait nouveau, parceque ce fait semble déranger leur système et troubler leur conception, comme si nous connaissions tous les mystères de la nature, comme si elle n'avait plus rien à nous apprendre? Etrange erreur! A peine avons-nous aperçu cet océan de merveilles qui nous entoure que nous croyons en avoir sondé la profondeur!

La commission préparatoire avait fait son rapport, et, par l'organe de M. Husson, elle assurait que l'Académie pouvait, sans se compromettre le moins du monde, consentir à l'examen qu'on lui proposait. Dans son enquête, cette commission avait constaté que le magnétisme était pratiqué, exercé par des hommes fort honorables qui, pour n'être pas médecins, n'en méritaient pas moins de confiance ; enfin le rapport était si encourageant que l'Académie, sans de longues discussions, en avait adopté les conclusions et avait nommé une nouvelle commission composée de onze membres pris parmi les plus distingués de cet illustre corps.

Deux journaux, consacrés à la défense du magnétisme, répandaient la connaissance des faits nouveaux, et par leurs récits la province se prit

d'une espèce d'engouement pour le somnambulisme.

Des hommes qui avaient plaisanté sur le magnétisme et écrit contre son existence, revinrent
sur leurs opinions et avouèrent qu'ils étaient convaincus. C'est ainsi que l'on vit Pigault-Lebrun
soutenir avec chaleur l'existence d'une vérité
qu'il avait autrefois combattue.

Mais la grande affaire c'était le travail de la
dernière commission. Que faisait-elle? remplis-
sait-elle son mandat? Les magnétiseurs avaient-
ils justifié leurs assertions? Un profond secret
était gardé sur ses travaux. On était assuré de la
probité des médecins qui la composaient : Husson,
Fouquier, Marc, Guéneau de Mussy, Itard, Bourdois, etc., inspiraient toute confiance; mais le
temps s'écoulait sans que le rapport fût annoncé.
Le docteur Foissac avait cessé de s'occuper de
présenter des faits aux commissaires nommés,
mais il assurait en avoir produit de convaincants.
Moi je prétendais avoir mis dans l'état magnétique un membre de l'Académie faisant partie de
la commission, M. Itard, et cela en présence de ses
collègues. M. Double, l'incrédule, avait été un des
témoins de ce fait, et je dois dire, au sujet de ce
médecin, qu'il fit tout son possible pour ne pas
rester jusqu'à la fin de la séance; il était visiblement inquiet, agité, car il y avait un procès-ver-

bal à signer, et ici il était impossible d'alléguer de la complaisance ou du compérage ; aussi par trois fois M. Husson fut obligé de le retenir, et à la fin M. Double n'osa pas refuser sa signature.

J'ai donné des détails circonstanciés sur une autre séance à l'Académie, où un de mes somnambules joua aux cartes avec de très savants académiciens qui avaient conservé leurs yeux très ouverts, tandis que ceux de celui-ci étaient complètement fermés. Cependant la partie n'était pas égale, car le somnambule, quoique avec ses yeux fermés, voyait parfaitement le jeu de son adversaire, et parconséquent gagna beaucoup plus souvent que lui.

L'opinion de Cuvier, favorable au magnétisme, quoique timidement exprimée, ajoutait à notre espoir.

Laplace, dans son calcul des probabilités, en consignant sa croyance, tenait les incrédules dans une prudente réserve.

Ampère alla beaucoup plus loin que ces savants dans l'affirmation des phénomènes magnétiques.

Francœur, rendant compte de faits observés dans le département de l'Ardèche par un médecin distingué, osa, dans une séance à la Société philomatique, parler de la vue sans le secours des yeux et de la prévision.

De nouvelles expériences, faites publiquement

dans quelques hôpitaux de Paris sous les yeux de la commission, annoncèrent enfin qu'un examen sérieux avait lieu. Mais ce n'était qu'une lueur passagère; cette ardeur fut bientôt ralentie; le conseil des hospices, mu par des motifs inexplicables, s'opposa à la continuation de ces expériences, et les commissaires n'eurent pas assez de courage ou assez de puissance pour mépriser cette décision digne du moyen-âge.

Les événements politiques de 1830 vinrent agiter les esprits et donner une autre direction aux idées; le rapport de la commission fut, pour ce motif, retardé d'une année.

A cette époque, les tribunaux français avaient été appelés à juger des causes où le somnambulisme magnétique jouait un rôle peu digne; son mauvais emploi avait donné lieu à des abus graves, et les femmes qui s'étaient rendues coupables des abus signalés avaient été condamnées à des amendes assez considérables.

Les jeunes gens pleins d'ardeur que j'avais convaincus du magnétisme produisaient sans relâche des phénomènes remarquables; ils étaient sans crainte : j'avais promis de venir à leur secours s'il leur arrivait des cas embarrassants. Plusieurs eurent ainsi recours à moi, et en leur donnant la preuve d'une grande puissance, je leur enseignai à développer la leur, à la bien régler, et à s'arrêter à

des limites que je croyais ne devoir pas être fran-
chies (1).

Des thèses sur le magnétisme apparurent vers
le même temps à la Faculté. C'était une remarquable innovation; cependant la hardiesse de ces
écrits ne fut pas trop blâmée, car le grade de docteur ne fut point refusé à cause des croyances qui
y étaient exprimées.

On annonça enfin officiellement la lecture du
rapport de la commission du magnétisme. Ce fut le
21 juin 1831 que cette lecture commença. Ainsi il
n'avait pas fallu moins de six ans pour obtenir la
vérification d'un fait!

L'assemblée était au grand complet, car on allait livrer une grande bataille. Les champions opposés aux idées nouvelles étaient nombreux; on
pouvait facilement les reconnaître, car ils étaient
les plus âgés, ce qui ne veut pas dire les plus respectables. Les hommes sans préjugés, ceux qui voulaient la vérité par amour pour elle, étaient aussi
à leur poste. N'ayant pas trempé dans les anciennes
querelles qu'avait autrefois soulevées le magnétisme, ils le voyaient sans colère prendre rang
parmi les sciences et suivre la route naturelle qui,

____

(1) Combien j'ai de plaisir lorsque je revois mes anciens élèves!
Si le magnétisme était du charlatanisme, le temps ne les aurait-il
pas éclairés, et au lieu d'éprouver eux-mêmes ce que je sens pour
eux, ne craindraient-ils pas de m'approcher?

chaque jour, s'ouvre pour toutes les autres connaissances humaines.

La lecture commença, et bientôt on put apercevoir le dépit des uns, l'irritation de quelques autres, mais nulle part l'indifférence ; les plus froids étaient singulièrement agités. Il serait difficile de décrire cette séance ; l'homme désintéressé dans la question du magnétisme, qui aurait été témoin de ces tristes débats, serait sorti désespéré de voir une idée nouvelle aux prises avec l'Académie, et il aurait quitté le sanctuaire de la science, croyant sans doute être demeuré quelque temps dans une maison de fous.

Que demandait donc la commission ? que l'on adoptât le magnétisme ? Non. Elle faisait part à l'Académie de ce qu'elle avait vu et constaté ; elle engageait à des recherches nouvelles, et se bornait à faire des vœux pour que le magnétisme rentrât dans le domaine de la médecine, et qu'il cessât d'être exploité par des charlatans.

La commission exigeait-elle au moins qu'on la crût sur parole ? Non, rien de pareil n'était sorti de la bouche du rapporteur. *Examinez vous-mêmes, disait-il, magnétisez vous-mêmes, et vous acquerrez une conviction qui ne peut venir qu'en suivant la marche que nous avons suivie.*

Rien n'était plus raisonnable que ce rapport ; la sagesse avait présidé à sa rédaction ; mais ce malencontreux travail, outre la preuve de l'existence du magnétisme, contenait encore de nombreux faits de vue sans le secours des yeux, de prévisions, d'actions à distance, et, écoutez bien, d'exemples d'instinct des remèdes chez les somnambules!

Tous ces faits avaient été recueillis et constatés avec une scrupuleuse bonne foi par des hommes d'un mérite et d'une capacité reconnus; cependant on entendait de toutes parts : « Quoi! des gens dépourvus de nos connaissances prédiraient mieux que nous ne pouvons le faire les diverses modifications de leur organisation, et annonceraient, sans études médicales, quels sont les remèdes nécessaires à leur guérison ou au soulagement de leur maux? Cela n'est pas possible, c'est un mensonge; et les commissaires, d'ailleurs si sages, ont assurément perdu l'esprit! »

Non, savants docteurs, rassurez-vous, vos confrères ont le cerveau dans un état normal; la vérité que vous ne voulez ni voir, ni comprendre, ils l'ont vue et comprise, et ne vous en ont révélé qu'une petite partie, que les formes mêmes du langage ont encore adoucie.

Les commissaires sortirent tout meurtris de la mêlée; leur œuvre consciencieuse fut enfouie dans les cartons de l'Académie, et l'agitation causée par ces débats ne tarda pas à cesser. Les champions anti-magnétiques avaient vidé leurs sacs remplis d'injures et de sophismes. Il fallait bien prendre du repos; le travail avait été trop laborieux et surtout trop profitable.

Témoin de ce triste combat, qui avait duré deux séances, j'en sortis le cœur navré. Quoi! me disais-je, la science que nous enseignons doit passer par un semblable canal pour arriver au public! Quoi! ce sont là les juges impartiaux que nous avons choisis! Oh! pitié pour eux! J'ai honte d'avoir eu un instant l'idée de les éclairer et de les mettre en possession de la vérité mesmérienne; s'ils n'ont pas assez de sagesse pour la comprendre, comment posséderaient-ils les vertus nécessaires pour en faire un utile emploi?

Dès ce moment, je donnai une autre direction à mon activité; je venais d'acquérir une nouvelle preuve qu'il n'y avait rien à espérer des corps savants, et que les magnétiseurs avaient perdu leur temps en s'obstinant à frapper à la porte de l'Académie. J'en eus un amer regret; la perte de tant d'années employées à poursuivre une œuvre impossible m'affligea profondément, mais ne me découragea point.

Les médecins, me dis-je, ne veulent point s'emparer d'un puissant moyen de guérir les malades; il faut plaindre un aveuglement aussi stupide.

Les physiologistes dédaignent l'étude d'une découverte qui peut faire reconnaître quelques nouvelles lois de la vie; il faut les laisser vivre dans
leur ignorance. Les philosophes refusent ou recu-
lent devant l'examen d'une science qui peut les
éclairer d'une vive lumière; il faut renoncer à les
convaincre. Désormais, tout pour le peuple. Instruire la masse des citoyens que l'erreur exploite,
et signaler les gens dont l'égoïsme empêche la vérité de se répandre, doit être la règle de conduite
de chaque magnétiseur.

Plein de cette idée, j'ouvris un cours public à
l'Athénée Central, et là, devant un auditoire de
plus de six cents personnes, j'osai prononcer le
discours qu'on va lire. Je rompais ainsi avec mon
passé, qui avait été tout d'abnégation pour les savants, et j'enseignais la seule route à suivre pour
les forcer à l'examen, car ils finiront peut-être
par se lasser d'être toujours traînés à la remorque.

*Discours sur le magnétisme animal, prononcé le
13 février 1835, à l'Athénée Central.*

« Messieurs,

« Convaincu d'une grande vérité, j'ai hésité
longtemps à la dire tout entière. J'ai cru qu'en
avouant par degrés son importance, j'effraierais
moins les gens qui doivent en souffrir, ou plutôt

que je les disposerais à s'en emparer et à la répandre dans leur propre intérêt. Mes discours ne
les ont point touchés, mes appels les ont trouvés
sourds, et les phénomènes qui devaient les éclairer n'ont point obtenu ce résultat.

« Devais-je me taire et renfermer dans mon
sein le germe que je crois fécond? Devais-je imiter
nos savants, laisser à la génération qui nous pousse
le soin de développer et de faire connaître une
vérité qui doit jeter un si grand jour sur toutes les
sciences? Non, je me suis séparé des cœurs froids,
des cœurs que les souffrances de l'humanité n'é-
meuvent point, plus sensibles à leur intérêt propre qu'à l'intérêt de la science. J'ai reconnu
trop tard que mes discours sincères ne devaient
point trouver d'écho parmi eux, et regrettant un
temps vainement perdu, j'ai pris le parti de répandre dans le monde ce que les savants devaient
d'abord seuls connaître. Qu'ils n'accusent donc
que leur conduite du mépris qu'on aura pour eux,
qu'ils subissent les durs reproches qu'on est en
droit de leur adresser, et si quelques malheurs sont
la suite d'une application irréfléchie des principes
nouveaux que je vais vous exposer, ce sont les savants et surtout les médecins, qui devaient en tracer les règles et qui ne l'ont point fait, que l'on
doit en rendre responsables.

« Nous allons dérouler devant vous les pièces

d'un grand procès, procès qui intéresse l'humanité tout entière, car il s'agit d'un nouvel art de guérir les maux qui nous affligent, et d'une vérité qui doit placer sur de nouvelles bases les sciences morales et physiques.

« Dans cet examen, nous allons éloigner de nous toute faiblesse, nous vous parlerons sans haine et sans passion, notre langage sera sincère, et nos aveux, plus forts peut-être que la prudence ne l'exigerait, ne vous laisseront aucun doute sur la pureté de nos intentions.

« Commençons donc l'examen de cette grande question, faisons pénétrer dans vos esprits la conviction qui nous domine, et puisque vous allez devenir mes juges, il est de votre devoir de m'écouter avec attention.

« Messieurs, de toutes parts des hommes honorables, au jugement sain, font appel au monde sur une découverte ancienne, toujours contestée.

« Ils disent : L'homme a des propriétés merveilleuses qui l'égalent presque aux dieux ; l'homme peut agir sur son semblable et sur toute la nature vivante ; l'homme peut être mis dans un état où lui sont révélées ses hautes destinées sur la terre ; l'homme enfin peut modifier à son gré ce qui paraît échapper à ses sens, et cette action morale et physique peut être reconnue, étudiée, prouvée, car tous les hommes sont aptes à la sentir et à la communiquer. Il n'y a que l'ignorance ou la mauvaise foi qui puisse la mettre en doute.

« A des assertions si positives, que répondent les gens en possession de la science et à la tête de l'opinion ?

« Ils disent : Toutes les merveilles dont vous nous parlez sont autant de mensonges. L'antiquité la plus reculée en a été infectée ; elle a cru, comme vous, au pouvoir de l'homme sur l'homme, aux révélations, aux prévisions, et il s'est trouvé à toutes les époques des gens qui prétendaient avoir un pouvoir surnaturel. Mais il s'est trouvé des savants comme nous, qui possédaient la véritable lumière, et qui ont fait justice de toutes ces rêveries. Cessez donc de nous poursuivre de vos propositions d'examen ; la science n'a rien à apprendre avec vous ; vous êtes des fous ou des imbéciles, vous ne nous inspirez que de la pitié !

« Heureux savants, on doit s'incliner devant vos lumières, et la nation doit vous élever des autels !

« Que le vulgaire se courbe et baisse la tête ! qu'il cite avec orgueil les noms de ces illustres savants ; qu'il adopte comme articles de foi leurs jugements, cela ne m'étonne nullement : l'homme semble être fait pour le mensonge ; sans cela il eût été difficile de l'exploiter. Ah ! messieurs, je ne puis vous peindre les sentiments que j'éprouve ;

ce n'est pas de la colère, ce n'est pas du mépris, c'est une affliction profonde à la vue des obstacles qui se sont toujours opposés au règne de la vérité sur la terre. Il est donc bien vrai *que Dieu a livré le monde aux disputes des hommes ;* il est donc bien vrai que tout sera toujours doute et incertitude, et que les nations comme les individus disparaîtront de la terre, sans laisser autre chose, pour marques de leur passage, que de vaines opinions !

« Et lorsqu'un homme au milieu de ce chaos sera venu dire au monde : Arrête ici ta course, la vérité que tu poursuis est près de toi, elle t'a suivi partout, tu ne l'as pas reconnue ; lorsque tu as cru la saisir, tu n'en tenais que l'ombre ; — cet homme n'aura obtenu pour prix de sa vertu et de son heureux génie que l'exil et peut-être l'échafaud.

« Chassons loin de nous cette triste vérité ; oublions, s'il se peut, l'histoire des temps anciens, mais marquons d'un fer brûlant les savants de notre époque qui, moins cruels que leurs devanciers, n'ont pas été plus soucieux de leur honneur et plus amis de la vérité.

« Faisons luire à vos yeux son flambeau ; que sa vive clarté vous pénètre, que ses rayons vous montrent le faux savoir couvert du manteau de la vérité ; il ne sera plus possible alors de vous abuser et de vous faire croire à une supériorité qui ne vient que d'un défaut d'examen et de l'habitude

que vous avez de laisser à d'autres le soin de régler vos destinées.

« Que deviendront nos grands docteurs, si nous
vous prouvons tout-à-l'heure que chaque individu a en lui-même un principe naturel supérieur
en intelligence à leur esprit et à leur haute raison? Que feront-ils de leur savoir amassé avec
tant de peines et de soins, s'il est bientôt reconnu
que dans une cervelle vierge de leurs sophismes
il se trouve de quoi les confondre? Et vous, philosophes rêveurs qui croyez connaître l'homme et
ses destinées, déchirez vos systèmes, car lorsque
vous les avez écrits vous aviez un sens de moins
que le dernier des somnambules.

« Ah! je sens combien ma mission est grande
et belle, mais je ne me fais point d'illusion, je connais par avance les écueils et les dangers qui sont
semés sur ma route; mais que m'importe? je suis
fort de mon courage, il ne m'abandonnera pas; ma
seule crainte est que la faiblesse de mes moyens
ne vous offre pas, messieurs, un défenseur tel que
cette grande vérité l'exige.

« Aussi, dans cette enceinte, je fais appel à tous
les hommes généreux, et je leur dis : Le magnétisme est un levier puissant qui peut soulever le
monde moral et le monde physique; aidez-moi à
le faire mouvoir.

« Si cependant mes discours ne trouvaient point

d'écho parmi vous, ah! je serais loin de vous en vouloir. Je connais trop l'empire des préjugés et des vains systèmes qui règnent aujourd'hui, grâce à la vanité et à l'égoïsme des corps savants. Mais la lumière qu'ils fuient se répandra malgré eux, ils entendront bientôt des gens étrangers à toutes les sciences se dire en les apercevant : Ces hommes n'ont de passion que pour de vieilles erreurs; ils ont reculé devant ce qui pouvait les éclairer; et croyant que le mensonge devait servir leurs intérêts, ils ont combattu la droiture et calomnié la vertu.

« Et lorsque, sous leurs yeux, il se produira des faits dignes d'admiration, faits qu'ils ne seront point appelés à juger, car ils en auront perdu le droit, que chacun aperçoive le trouble de leur âme, et se souvienne que la vérité pour celui qui l'a niée est un fer qui brûle, un ver qui ronge le cœur.

« Et lorsque les médecins viendront aussi à leur tour se plaindre que le magnétisme envahit la médecine, et que sans leur ministère on guérit leurs malades, qu'il leur soit répondu : Mesmer, en venant parmi vous, vous avait crus dignes de connaître sa doctrine; il vous a priés, suppliés d'examiner les effets qu'il produisait; il vous voulai pour seuls juges de sa découverte; vous avez publié, sans vouloir l'entendre, qu'il n'était qu'un visionnaire et un charlatan ; et après l'avoir entendu, vous avez ajouté à vos dégoûtantes épithètes que la doctrine magnétique était dangereuse et perfide, et vous avez engagé le gouvernement d'alors à la proscrire.

« Plus tard, des hommes éclairés, reconnaissant la fausseté de vos jugements, les Puységur, les Deleuze et cent autres, firent appel à vos lumières, à votre bonne foi ; vous ne voulûtes point les entendre ; vos oreilles, sourdes aux vérités que leurs ouvrages dévoilaient, ne s'ouvrirent que pour écouter les accusations que lançaient contre eux les gens habitués à ne défendre que les abus. Et lorsque des hommes généreux vinrent jusque dans vos sanctuaires pour essayer de vous convaincre en guérissant quelques-uns de vos malades, le rire et le sarcasme furent le premier accueil que vous leur fîtes. Mais forcés de vous rendre aux preuves évidentes que vous fournissaient les magnétiseurs, vous avez gardé le silence ; et quand il vous a fallu vous justifier du déni de justice dont on vous accusait, vous avez alors, dans d'insignifiants rapports, avoué la moitié des faits, et, chose inouïe, vous n'avez pas voulu publier ce que vous aviez reconnu pour vrai.

« Cependant la vérité, malgré vos entraves, est sortie du cercle que vous aviez tracé autour d'elle : le magnétisme, que vous croyiez terrassé, se relève après plusieurs siècles; mais c'est pour triompher et pour étendre ses ailes sur le monde. Génie puissant qui embrasses l'univers, ah! si un destin fâcheux a voulu que tu restasses longtemps ignoré, et qu'on te livrât des combats, c'est afin que ton triomphe fût plus solennel!

« Le public a lu vos rapports, messieurs; ils ont été imprimés et livrés, malgré vous, au jugement des hommes qui aiment à s'éclairer; on a pénétré les causes de vos réticences, deviné vos motifs de haine, et apprenant qu'il vous avait fallu six ans pour produire un aussi mince travail, on s'est dit que jamais de nos jours la vérité ne serait accueillie par vous, que le magnétisme, ne pût-il guérir personne, serait encore trop important par le jour nouveau qu'il jetterait sur l'hydre de vos systèmes, et le bouleversement qu'il produirait dans les idées que vous vous étiez faites de l'homme et de la nature.

« Vous avez voulu cacher la vérité; mais il arrive une époque où le mensonge s'écroule de luimême.

« Malheur à ceux qui ont résisté trop longtemps à la vérité, parceque leur défaite est plus qu'ignominieuse!

« La vérité va droit au but, elle marche à découvert, elle ne tend point d'embûches; mais chaque coup qu'elle frappe, elle le frappe juste.

« Nous ferons trembler ceux qui ont accusé nos intentions et méconnu la volonté que nous avions de faire le bien, et un jour, tous réunis, nous renverserons l'autel où l'on encense les faux dieux, les temples où l'on ne sacrifie que des victimes humaines, et, arrachant le masque des prêtres menteurs qui reçoivent les offrandes, nous les montrerons à la foule couverts du sang de leurs frères et de leur propre sang ; nous leur reprendrons le pouvoir qu'ils avaient usurpé, pouvoir de vie et de mort qu'ils s'étaient arrogé ; et la société, rentrant dans ses droits, ne sera plus un troupeau de moutons qu'un corps, qu'on appelle Faculté de médecine, décime à sa fantaisie sans avoir de compte à rendre, même devant ses complices.

« Relevez maintenant la statue d'Esculape, placez-la sous vos portiques, mais rappelez-vous que c'était dans les temples de ce dieu qu'on allait dormir pour trouver la santé, et qu'on ne va plus dans les vôtres que pour y mourir.

« Magnétisme ! puissance qui découle de l'âme, puissance qui naît avec l'homme et ne meurt qu'avec lui, puissance qui peut venir à bout de tout, puissance qui parcourt l'étendue avec la rapidité des esprits, et qui frappe l'objet, quel qu'il soit, auquel elle s'est attachée !

« Puissance surnaturelle, et que l'on ne peut rendre par des mots ; puissance qui vient de la divinité et qui rend l'homme grand, noble et égal aux dieux !

« Cette puissance peut, comme la foudre, terrasser l'homme, et, quoique invisible, elle est plus forte et plus puissante que toutes les forces physiques que l'homme a réunies.

« Mais il faut, pour l'exercer, que l'homme ait un empire absolu sur toutes ses pensées.

« Il faut qu'il soit sain de toutes pensées impures, afin qu'aucun remords ne l'empêche de la posséder dans toute son énergie.

« O vous donc qui voulez magnétiser, songez que cette force est divine et qu'elle ne peut s'allier avec le vice.

« Commencez par purifier votre âme, chassez toute mauvaise pensée, ne touchez pas à des choses sacrées avec des mains profanes, que le seul désir de faire le bien de l'humanité soit votre unique vertu, vous en aurez assez.

« Vous écraserez la tête du monstre affreux de l'imposture, et la seule jouissance d'avoir fait du bien vous fera goûter par avance le bonheur et les joies pures que les sages attendent à la fin de leur vie. Mais ne vous y trompez pas, toutes ces joies et ces plaisirs ne viennent pas sans peine et sans travail, gardez-vous donc de la nonchalance ; dites-vous : il le faut, je le veux, et qu'une action incessante émette de votre âme ce principe de vie, plus précieux que toutes vos richesses.

« Aussitôt que l'homme paresseux cessera de vouloir, ses bras cesseront d'obéir; ne vous plaignez pas de votre faiblesse, on a toujours assez de forces physiques quand l'âme et le cœur sont d'accord.

« Le sage, qui est réellement sage, a toujours les forces de l'âme qu'il reçut de la nature; la mort seule peut les lui enlever.

« Eh bien! imitez-le, soyez comme lui, ne laissez pas porter le trouble dans votre âme, lorsque, armés d'une volonté forte et pleins de confiance dans la vérité, vous trouverez des hommes qui vous traiteront d'imposteurs, d'enthousiastes, de rêveurs, peut-être de fripons, d'assassins même; que votre cœur ne se décourage point; continuez de faire du bien aux hommes en soulageant leurs maux et en répandant une doctrine simple et consolante; doctrine la seule vraie, car elle repose entièrement sur la nature et sur ses immuables lois. Par cette marche, vous gagnerez vos ennemis mêmes; loin de les fuir, allez droit à eux, demandez-leur quelle est la cause de leur incrédulité, tâchez de les amener à voir des faits, montrez-leur la nature obéissante à vos désirs lorsqu'ils sont fondés sur le bien; s'ils ne croient point encore, soumettez-les eux-mêmes à votre action, faites pénétrer dans leurs organes le principe de vie dont vous pouvez disposer; faites-le sans haine et sans colère, vous en aurez plus de force; le moindre des faits que vous produirez alors sera plus convaincant pour eux que tous ceux qu'ils vous auront vu produire sur d'autres. Enseignez-leur le mécanisme de votre action, dites-leur que la volonté d'agir en est le premier mobile, placez-les ensuite dans les circonstances les plus favorables.

« Faites qu'ils essaient leur puissance naissante sur des enfants ou sur des hommes endormis, et lorsqu'ils auront vu ces derniers sensibles, même de loin, à de simples mouvements de la main, vous aurez atteint votre but, vous aurez convaincu l'incrédule, vous n'aurez plus alors qu'à modérer son zèle. Il vous traitait d'enthousiaste, il le sera lui-même, il le sera plus que vous, car vous, vous saurez comment vous agissez, ce sera votre froide raison éclairée par l'expérience et par la vérité; lui ne le saura pas encore; vous le verrez provoquant des effets qu'il ne pourra conduire; vous serez obligé de l'aider de vos conseils, de redresser ses erreurs et peut-être de réparer les accidents dont il aura été la cause; il apprendra bientôt à lire dans le livre de la nature. Il sentira alors tout ce qu'il y a de grand, de sublime dans le magnétisme; il vous chérira, vous qui aurez ôté le bandeau dont ses yeux étaient couverts, et son âme reconnaissante trouvera, pour payer le service que vous lui aurez rendu, des expressions qui toucheront votre cœur, car il existe une morale au fond du magnétisme, une morale pure comme l'essence divine. Ah! si ceux qui la sentent pouvaient parler, ils vous exprimeraient ce que la bouche ne peut vous rendre : les choses divines ne sont pas faites pour être expliquées par l'homme dans son état de nature, car *c'est de la chair qui s'exprime !*

« Homme corrompu, pâte immonde, comment veux-tu que tes créations soient sublimes ! Tu contestes ce qu'ont fait les plus grands génies parceque tu ne peux sentir leurs ouvrages. Aveugle, tu nies la lumière parceque tu manques d'organes pour la voir !

« Cherche donc un ami qui t'ôte ton fatal bandeau, appelle à ton secours la Providence, prie-la de changer ton cœur et de le rendre sensible aux charmes de la vérité; sans cela tu mourras sans avoir vécu.

« Malheureux ! qui ne crois pas au magnétisme, tu n'as donc jamais aimé ! tu n'as donc jamais eu d'amis, et pressé la main d'un frère ! Ton cœur est donc toujours resté sourd aux souffrances d'autrui, et chez toi il n'y eut donc jamais de porte ouverte pour la pitié ! Oh! s'il en est ainsi, je le conçois, tout homme qui ne sent pas a besoin de la matière.

« Cessons de peindre un aussi triste tableau .

l'homme qui ne s'occupe de personne mérite-t-il qu'on pense à lui !

« C'est à vous, hommes au cœur droit, que nous adressons nos doctrines ; c'est vous que nous voulons convaincre : lorsque vous le serez, l'ignorance et la stupidité reculeront d'effroi, ou bien elles viendront elles-mêmes vous apporter le tribut de leur défaite.

« Écoute, dirai-je à l'homme bon et sensible qui veut s'occuper du magnétisme : Veux-tu connaître les jouissances qui seront le fruit de tes études ? Je ne peux te les désigner : c'est la nature elle-même qui se chargera de te les donner.

« Lorsque soulageant un malade aux dépens de ta vie, tu le verras tomber dans un sommeil bienfaisant, interroge-le, il te répondra : tu sauras par lui la cause de sa maladie, les remèdes à y apporter, et devenant tour-à-tour médecin, prophète, philosophe, il t'instruira par ses leçons de tout ce que la nature a caché à nos faibles yeux. Tes idées, agrandies par les tableaux ravissants que tracera son génie, charmeront ton esprit. Tu cesseras alors d'être dans la foule commune ; tu commenceras à devenir véritablement homme : les préjugés que l'éducation et le temps auront amassés dans ton intelligence disparaîtront par degrés, comme la nuit à l'approche de l'astre qui nous éclaire.

« Qu'il ne te vienne jamais à la pensée d'abuser

de mes secrets, et de les faire servir à de vaines expériences. Va, il est bien fou celui qui joue avec le magnétisme, car c'est une émanation divine, et s'en servir pour satisfaire une vaine curiosité, c'est commettre un sacrilège!

« Sommeil magnétique, sommeil de bonheur, où l'âme est dégagée du corps, où l'âme plane et semble s'envoler! la nature est son domaine, elle goûte alors la félicité, le corps n'est plus sa prison. Bonheur inexprimable qu'aucun mot ne peut faire sentir! Parole, écho sans vie, tu ne peux donner que des sons sans valeur; l'âme a un autre organe que toi, mais pour l'entendre ce n'est pas des oreilles qu'il faut, c'est une conscience, et alors son langage est d'autant plus expressif que la chair est plus endormie.

« Combien devaient être savants ceux qui écrivirent sur la porte de leurs temples : *Homme, connais-toi toi-même !* Ils savaient sans nul doute ce qui existe sous notre corps opaque et grossier. La nature même le leur avait appris, et si leur secret n'est pas venu jusqu'à nous, il faut n'en accuser que l'orgueil de l'homme et sa vanité, car il croit tout savoir sans avoir rien appris. Il ne veut pas reconnaître de supériorité, même celle que donne le génie : et pourquoi alors lui dévoiler des mystères, si son cœur ne doit pas sentir ce bienfait et s'en montrer reconnaissant ?

« Ce n'est pas assez d'être opiniâtre dans le travail : il faut encore connaître ce qui mène à la vérité.

« Ainsi, l'homme a cherché partout des moyens de conservation, il a cru trouver dans *les corps inorganiques* de quoi soulager les maux qui l'affligent. Ainsi, l'électricité, le galvanisme, le magnétisme minéral, ont été vantés comme des remèdes souverains pour certaines maladies.

« Mais un cadavre couché près d'un vivant ne le réchauffera pas. Ainsi les fluides morts, au lieu de porter la vie, comme on l'a prétendu, ne portent dans ses organes qu'un état de perturbation et une surexcitation toujours dangereuse, car ces fluides sont tout-à-fait étrangers à la vitalité.

« Toujours l'homme a cherché la vie où elle n'était pas : *sa nature la contenait ;* il la cherchait ailleurs ! Qu'il n'accuse donc que sa folie, si malgré tous les efforts qu'il fit pour connaître la vérité, l'erreur fut toujours au fond du creuset.

« Il a fallu de tout temps un fléau à l'humanité : l'ignorance et la barbarie ont toujours pesé sur elle.

« Ah ! gardez-vous de confondre la vérité que nous défendons, avec le charlatanisme infâme qui marche près d'elle ! *Vous les distinguerez à leurs œuvres.* La vérité est simple, elle marche droit et à découvert ; l'autre est louche, trébuche à chaque pas, et ne demande que de l'or.

« Malheureuse condition des hommes bercés par le mensonge! grands enfants que nous sommes, nous mourons sans avoir appris pendant notre vie autre chose que des mots sans valeur. Que reste-t-il de tant de peines et de soins? Le doute et l'ennui, rien de plus.

« Mais vous qui voulez connaître, emparez-vous du magnétisme, c'est la porte des sciences. Frappez, frappez, armé d'une volonté forte, on vous ouvrira ; mais il faut que vos désirs soient sincères et que la pensée de faire le bien vous accompagne san scesse.

« Il est facile par des discours d'exciter des peuplades aux révolutions, à la révolte; mais pour exprimer des choses vraies, des choses sublimes, et pour les faire comprendre, ce n'est pas l'ouvrage d'un seul jour, ce sont des siècles qu'il faut. Ainsi, depuis l'antiquité la plus reculée, des hommes à qui la nature a parlé vous crient : Vous avez une médecine naturelle, supérieure à celle que l'art enseigne et pratique. Celle-ci fait des victimes, l'autre n'en fait pas, elle ne saurait en faire. La médecine de l'art est toute de conjectures ; elle n'a pour appui que de vains systèmes, tous faillibles comme l'homme ; l'autre est certaine comme la nature, car elle repose sur l'une de ses lois. C'est celle dont nous voudrions vous pénétrer, et vous faire reconnaître la supériorité.

« Ah! croyez-en notre langage, il est sincère, et nul désir de vous tromper ne saurait entrer dans notre âme : c'est le tribut de vingt années de travail et d'observations que nous vous apportons : Ici, c'est votre cause que nous plaidons, c'est votre souffrance qui nous touche; c'est pour que la vérité, que nous sentons vivement, proteste par notre bouche contre une des plus grandes erreurs de l'esprit humain, et cette erreur est la médecine; car si l'on était obligé de citer les noms des victimes qu'elle a faites, il n'y aurait pas de bibliothèque assez grande pour en contenir les volumes.

« Ah! si cet art est véritable, pourquoi donc cette crainte qu'éprouvent les malheureux condamnés à aller se faire traiter dans vos hôpitaux ? pourquoi cette répugnance que la douleur ne saurait toujours vaincre ? C'est que, comme le renard de la fable près de la caverne du lion, ils en voient bien entrer, ils en voient peu sortir; c'est qu'ils savent, les malheureux ! toutes les expériences qu'ils sont destinés à subir.

« Votre philantropie est grande, messieurs, vos soins sont généreux ! Si j'osais dire ici la vérité sur toutes ces choses, si j'osais dire les essais faits journellement, essais dont vous vous vantez entre vous, et que vos journaux répètent quelquefois, par exemple les potions de Bicêtre, dont huit malheureux sont morts le même jour... La terre, dit-on, couvre vos fautes! Ah! s'il existe une justice suprême, et qu'un jour nous devions rendre compte de nos œuvres, ah! messieurs, combien vous serez à plaindre, et que de souffrances vous sont réservées!

« Qui osera jamais dire ce qui se passe dans les amphithéâtres, les profanations qui y sont commises? Ah! j'en éprouve une horreur profonde. Qu'ont donc fait à la nature les malheureux qui vont mourir dans vos hôpitaux, pour être d'abord mutilés et ensuite vendus? Si encore leurs restes souillés recevaient la sépulture qui leur est due! Mais il faut avoir été témoin de tout ce que vous en faites, pour croire à toutes les misères de l'homme. *Justice humaine, tu n'es qu'un nom!*

« Tirons le rideau sur toutes ces scènes où l'homme apprend à dégrader son âme, tout en recevant dans ses organes le poison qui doit, dans un jour prochain, en détruire l'harmonie.

« Gardons le silence des tombeaux, et si nous voyons des choses qui révolteraient les peuplades sauvages, rappelons-nous que dans notre pays on les encourage, on les récompense même, et qu'elles deviennent un titre de recommandation et une source de fortune.

« Et c'est là votre médecine! c'est là cet art si honoré et dans lequel vous avez placé votre confiance!

« Venez, approchez-vous maintenant; venez

nous dire que nous sommes dans l'erreur ; venez, rejetant notre doctrine, nous convaincre de la supériorité de la vôtre ; venez, faites approcher cette immense machine avec ses innombrables instruments ; que nous la voyions au grand jour : pénétrons dans vos officines où l'on prépare ces breuvages qui doivent rendre la santé.

« Vous, malades, pourquoi tremblez-vous ? Pourquoi votre âme est-elle comme une mer agitée ? Pourquoi cet effroi en présence même des ministres de cet art si vanté ?

« C'est que la science du médecin ne va pas jusqu'à vous promettre de lendemain, c'est qu'il ne sait rien vous dire sur la durée de votre maladie et sur les accidents qui doivent l'accompagner. Lui-même, qui devrait bien *se connaître,* ne sait rien de plus sur lui, et n'a nulle confiance en ceux qui professent des principes si féconds en heureux résultats.

« Ah ! cette prétendue science serait bien ridicule si elle n'était cruelle ! Il faut pourtant rendre aux médecins la justice qu'ils méritent : ils ont beaucoup de science, cela est incontestable ; mais encore une fois ce n'est pas la science qui guérit en médecine ; au contraire, plus un médecin est savant, s'il n'est que savant, plus il perd de malades, et les exemples que l'on peut citer existent à chaque pas. Ils ont disserté sur toutes les maladies

avec un savoir très grand, leurs thèses étaient sublimes, si vous voulez considérer leurs travaux,
leurs efforts ; ils ont dévasté les végétaux, égorgé
les animaux, disséqué des cadavres par milliers,
discerné les parties les plus subtiles et les plus cachées, puis ils se sont flattés de faire à leur gré durer le plaisir et cesser la douleur ; c'est là le but de
leur art, de leur science, des travaux de leurs journées et des rêves de leurs nuits. Ils ont fait une
morale où ils ont cherché le souverain bonheur,
une médecine où ils ont cru trouver une santé parfaite ! *Insensés !* qu'ils considèrent ce qui leur est
revenu de leurs chimères ; leur fausse morale a
voulu guérir leurs passions, elle a tué leur âme
par l'indifférence, leur médecine a voulu guérir
vos maux, elle a tué vos corps par les remèdes.

« Je n'exagère rien, messieurs, et s'il vous restait un doute sur la vérité de ce tableau, dites-
moi donc à quoi a servi la science de la médecine
pendant le choléra ? A-t-on jamais montré plus
d'ignorance de la médecine qui guérit ? Ils étaient
réduits à compter les victimes de ce terrible fléau,
et eux-mêmes, comme les Orientaux, semblaient
croire à la fatalité, et frappés, ils se laissaient
mourir, sachant que leur art n'était qu'impuissance. Le cœur faillit en pensant à toutes ces choses, la raison s'offusque de voir tant de mérite si
pauvre, et la mémoire qui conserve le souvenir de

tant de désastres si récents, vous rappelle sans cesse aussi leur faiblesse et leur incurie.

« Voilà votre médecine, messieurs.

« Maintenant voici la nôtre :

« Nous avons parlé d'officine, mais nous n'en avons pas; de machine, nous n'en avons jamais connu. Nous avons parlé de nombreux instruments, nous en récusons l'usage. *C'est dans nos propres forces et dans nos propres organes que nous allons puiser le principe tout entier de notre médecine.*

« Nous n'avons pas comme vous un Corps, une Faculté; nos enseignements sont faciles et peuvent se faire sans dissection de cadavre; notre science n'est pas une science de mots, mais une science de faits réels, et nous n'avons besoin que d'un langage pour l'approfondir.

« Tous nos secrets reposent dans la nature, et c'est la nature elle-même qui nous les enseigne; c'est là que nous les avons puisés, et nous n'en sommes que les dépositaires. Aussi, n'est-ce qu'un dépôt sacré dont elle nous autorise à répandre les bienfaits, bienfaits que nous devons verser sur tous, et non sur un petit nombre.

« Le riche n'a pas plus de droit de les espérer que le pauvre, car tous deux sont soumis également à ses lois.

« Ce don si précieux que l'on nomme LA VIE, et qui s'évanouit avec nous, *voilà nos potions, voilà*

nos breuvages, nous n'en admettons pas d'autres.
C'est en portant dans le corps d'autrui le principe qui
entretient chez nous la vie, que nous remplaçons chez
les autres le même principe qui s'enfuit.

« Voilà tous nos secrets, voilà tous nos mystères, mystères qui révèlent toute la puissance de l'homme ; mystères qui renversent tous les systèmes que les siècles ont amassés jusqu'à nous, et qui établiront, je l'espère, l'empire de la vérité sur la terre.

« Oui, nous l'avons déjà dit, nous ne voulons ni potions ni breuvages enseignés par les hommes de l'art ; nous n'admettons aucun traitement *que celui qui aura été ordonné par la bouche même du malade,* ou par celui qui, *confondu avec lui,* ressent au même moment les mêmes douleurs et les mêmes souffrances.

« Nous allons plus loin encore, nous n'admettons, pour capables de guérir, que ceux qui peuvent se guérir eux-mêmes !

« Mais, messieurs, cette médecine si simple et pourtant si merveilleuse, que les anciens connaissaient, et qu'ils ne transmettaient qu'à des hommes choisis, est tombée dans le domaine public. Partout on parle des merveilles qu'elle fait naître ; et des hommes étrangers à toutes les sciences produisent des phénomènes qui surpassent en grandeur tout ce que les sciences physiques offrent de plus admirable.

« Le magnétisme dont nous parlons a été destiné de tout temps à galvaniser le cadavre mourant d'une société corrompue, et pourquoi à notre époque retarderait-il son action? C'est à vous, hommes qui m'entendez, à seconder mes efforts et à chercher à connaître qui vous êtes. Ici vous pouvez jeter l'ancre. Une vérité immense comme toute la nature vous apprendra que les désirs de l'homme peuvent cesser de flotter au gré de ses passions, et que ses doutes peuvent être résolus.

« Mais nous le répétons : l'homme ne peut connaître sans travail. Il faut qu'il plonge son âme dans les mystères de l'immensité. Car tout ce qui l'entoure est mystère, et sa vie en est le plus grand.

« S'il est pénétré de ces doctrines, son âme *fraternisera* avec les essences divines; car l'âme cherche ce qui est le plus caché même à nos sens.

« Ah! combien cette carrière est grande et belle! Heureux celui qui peut en pénétrer les secrets! Ils offrent des jouissances pures que l'on ne trouve pas ailleurs. Pénétrez-vous en bien, messieurs! Venez, suivez-nous dans notre marche, nous vous conduirons comme un guide sincère, dans cette route que vous ne connaissez pas.

« Je prendrai soin d'éloigner de vous tout ce qui pourrait vous rebuter. Je vous enseignerai à découvrir les embûches de la mauvaise foi, j'affer-

mirai vos pas chancelants, jusqu'à ce qu'étant devenus assez habiles vous-mêmes, vous puissiez
vous conduire seuls, et comme moi, à votre tour,
propager une vérité qui ne comptera jamais près
d'elle assez de défenseurs.

« L'appel que je fais ici, messieurs, ne peut passer
inaperçu. Si par un abus coupable de la parole j'ai
cherché à répandre parmi vous l'erreur et à déver-
ser un blâme non mérité sur une classe nombreuse
d'hommes de science, mon nom restera attaché au
poteau de l'infamie ; mais si j'ai dit la vérité, la
négligence que vous apporteriez à la défendre serait alors inexcusable, et vous n'auriez nul droit
de vous plaindre, lorsque votre tour serait arrivé
d'être victime de la fausse science que je vous ai
signalée. »

Jetant, comme je le faisais dans mon cours, les
germes de *la vraie science* sur ce terrain fécond, je
ne fus pas longtemps sans m'apercevoir que c'eût
été dès le principe la meilleure marche à suivre.
Qu'il me soit permis de m'énorgueillir ici de mon
ouvrage et de ma persévérance ; et si la certitude
d'avoir fait quelque bien et d'avoir contribué à répandre une doctrine consolante doit être ma seule
récompense, on ne pourra pas me l'ôter, car elle
se fonde sur plus de vingt années d'un travail opiniâtre. Les hommes qui viendront bientôt mois-
sonner dans le champ qu'il m'a fallu défricher

auront-ils au moins une pensée pour celui qui arracha tant d'épines? non sans doute, ils jouiront tranquilles et heureux, se plaignant seulement d'être obligés de se baisser pour ramasser les épis.

Très peu de magnétiseurs avaient été engagés dans la lutte avec l'Académie; la plupart se récusèrent, quoique désirant ardemment le triomphe du magnétisme; c'est qu'au fond très peu d'hommes sont disposés à faire des sacrifices d'amour-propre. Lorsque le ridicule peut vous atteindre, on voit reculer des gens qui ne fuiraient point devant une épée. On était au reste prévenu contre les médecins, on avait eu déjà tant à se plaindre d'eux! Leur conduite avait été dans tant de circonstances si partiale, les faits qu'ils avaient été invités à vérifier avaient été si dénaturés par eux dans les récits qu'ils en avaient faits, que c'était à qui ne se présenterait pas devant la commission. L'humanité, l'honneur, faisaient un devoir aux magnétiseurs de tout braver pour justifier et étendre leur croyance, mais trois ou quatre seulement se présentèrent; si ce fut assez pour convaincre les commissaires, ce fut trop peu pour fournir une grande quantité de matériaux, et il fallait les en accabler.

Un nouveau journal, *l'Hermès*, avait été créé pour défendre le magnétisme; c'est dans ce recueil que l'on peut lire les tristes débats de l'Académie.

Mon occupation favorite était de faire des élèves magnétiseurs, de leur enseigner ce qu'une longue pratique m'avait fait découvrir de bon et d'utile dans le magnétisme, et, stimulant leur zèle pour la science, en leur montrant une méthode simple et facile pour magnétiser avec fruit, j'en faisais des instruments utiles pour le progrès.

Je fuyais les discussions avec tout ce qui portait le nom de savant; convaincre par des raisonnements n'était point mon partage; je savais d'ailleurs, par une cruelle expérience, que les savants ne serviraient point le magnétisme; ceux que j'avais pu convaincre reculaient même devant l'idée de donner une publicité quelconque à ce qu'ils avaient vu; et aux reproches que je faisais à l'un d'eux de la pusillanimité de sa conduite, « que voulez-vous ? me répondait-il, *j'aime mieux la tranquillité que la vérité.* » Un autre avait sa clientelle à conserver; celui-ci ayant de nombreuses places à remplir, il lui restait trop peu de temps pour se livrer à des recherches nouvelles, et presque tous ajoutaient : *Que dirait-on de moi si on savait que je m'occupe de magnétisme !* En effet, ils avaient tout fait pour tâcher de rendre cette science ridicule.

Messieurs les savants, je connais votre amour sincère pour la vérité, j'ai su apprécier votre philantropie, elle est belle et bien entendue; les hommes qui vous croient les guides naturels de l'humanité ne se doutent donc point que vous n'êtes que des marchands qui n'estiment la science que pour ce qu'elle peut rapporter d'or ou d'honneurs ! Oui, il faut que ce que vous faites pour l'humanité puisse se traduire en écus ; le reste vous touche peu, et vous laissez aux niais, comme vous les appelez, le soin de faire de la philantropie vraie, vous réservant pourtant l'honneur de la récompenser, car c'est vous qui distribuez les prix de vertu.

Résolu à quitter Paris, et à tenter d'y faire refluer la vérité après l'avoir répandue dans la province, je voulus cependant essayer un dernier effort. Je m'inscrivis à l'Institut pour lire un mémoire où je proposais de faire quelques expériences sous les yeux d'une nouvelle commission d'académiciens ; mais les semaines, les mois même s'écoulèrent sans que je fusse appelé ; enfin, au bout de quatre mois, mon tour vint lorsque je ne pensais plus qu'à mon voyage. Je lus cependant ce mémoire. Il était ainsi conçu :

A Messieurs les membres de l'Institut.

« Messieurs,

« Un des membres du corps célèbre auquel je m'adresse a dit dans un de ses écrits : « Les vérités bien reconnues ne périssent jamais ; le temps ne les use ni ne les affaiblit. » La justesse de cet axiôme s'applique parfaitement au magnétisme animal, dont je vais vous entretenir un instant.

« Entrevu par tous les peuples, mais plus spécialement décrit dans les siècles derniers par un grand nombre de physiologistes, le magnétisme animal ou plutôt la propriété qu'ont les corps organisés et vivants d'agir les uns sur les autres en vertu de lois qui ne sont pas encore bien connues, cette faculté si évidente pour ceux qui ont cherché à la reconnaître, a toujours été combattue par les corps savants, et rejetée comme une chimère, malgré les efforts d'un grand nombre d'hommes de mérite qui cherchèrent à diriger les esprits vers l'étude d'une découverte si importante.

« Cependant, messieurs, ceux qui agissaient ainsi à l'égard du magnétisme ont étudié avec ardeur les phénomènes de la lumière, ceux de l'électricité, du galvanisme ; ils semblent avoir complètement approfondi la nature de tous ces fluides étrangers à la vitalité, et les effets surprenants du fluide vital continuent de leur être entièrement inconnus ; tous ces phénomènes qui peuvent jeter de si grandes lumières sur la connaissance que nous avons de l'homme ont été mis de côté comme ne méritant pas un sérieux examen, ou jugés avec une inconcevable prévention.

« Vous vous rappelez tous, messieurs, la grande

querelle qui eut lieu en 1784, lors de l'arrivée de Mesmer à Paris et de la publication de son système. La plupart des savants de cette époque se prononcèrent dans cette question ; l'Académie des sciences, l'Académie de médecine, furent appelées à examiner ce que Mesmer prétendait être une découverte, et à éclairer le gouvernement et le monde sur les effets résultant de l'application au traitement des maladies de ce qu'on appelait alors le *mesmérisme.*

« *Bailly, Lavoisier, Franklin, Jussieu,* et beaucoup d'autres savants illustres furent chargés de cette mission.

« Vous connaissez, messieurs, le jugement qu'ils portèrent sur le magnétisme ; ils examinèrent d'abord le système de Mesmer dans tous ses points ; ils reconnurent son peu de solidité ; leurs arguments se trouvèrent sans réplique et dès lors le système de Mesmer croula de toutes parts.

« Les effets résultant de là magnétisation furent à leur tour examinés ; après avoir reconnu qu'il n'y avait rien d'exagéré dans le compte que l'on en rendait journellement, les commissaires portèrent sur leur cause un jugement qui fut moins heureux dans ses résultats que celui porté sur le système, bien que ce jugement fût rempli de force, de logique et d'explications ingénieuses.

« On reconnut bientôt qu'en se plaçant dans des

conditions autres que celles qui avaient été admises comme nécessaires, on pouvait obtenir la manifestation d'effets aussi sensibles, et dès lors les nouvelles explications des commissaires ne furent plus regardées que comme des hypothèses que les faits mieux que les raisonnements renversaient à leur tour.

« Il n'y avait donc encore rien de résolu, mais tout faisait espérer que la vérité ne tarderait point à être reconnue, car partout on multipliait les expériences, et les faits produits étaient défavorables aux conclusions du rapport.

« Vous le savez, messieurs, une lutte bien autrement grande que celle qu'avait causée le magnétisme survint en France; on eut alors d'autres intérêts à défendre que ceux de la science; les partisans de la doctrine de Mesmer et ceux qui l'avaient jugée furent forcés par les circonstances de suspendre leurs travaux; la science fut exilée pour un instant, mais cet instant apporta de grandes modifications dans la direction des esprits; les questions changèrent avec les époques, et le magnétisme, qui avait remué profondément les corps savants, tomba non pas dans le discrédit, mais dans un oubli forcé, car les personnes qui avaient acheté à Mesmer la faveur d'en répandre la connaissance avaient disparu du sol qui les avait vues naître.

« Avec le temps la vérité se répandit de nouveau parmi nous; la France fut une seconde fois saisie d'une question qui l'avait vivement intéressée; et si l'enthousiasme fut moins grand à cette seconde apparition, il fut aussi plus durable; on étudia mieux les effets du magnétisme, parcequ'on les vit avec moins de prévention; de nouvelles découvertes apportèrent aussi de grands changements dans la méthode que l'on employait pour faire naître les phénomènes; dès lors l'étude du magnétisme n'eut plus rien de repoussant.

« Cependant le plus grand nombre des savants affectèrent une très grande indifférence en présence des faits; forts des rapports de leurs devanciers, ils s'en servaient comme d'un bouclier, car des noms imposants, des noms européens y étaient gravés.

« Mais, messieurs, que peut l'autorité des noms contre des faits réels? Que pouvait la condamnation de Galilée contre la sublime vérité qu'il dévoilait? Que pouvaient les arguments des contradicteurs d'Harvé contre la circulation du sang qui ne cessa point de circuler? Et s'il me fallait un exemple plus récent pour vous montrer combien de jugements ont été cassés par le temps, je vous dirais qu'ici même, au commencement du siècle, il existait cent trente exemples de chutes de pierres suffisamment constatés, et cependant on contestait encore la réalité des aérolithes que tant de preuves eussent dû établir d'une manière irréfragable.

« Toutes les dénégations portées contre l'existence du magnétisme n'empêchent point que ses effets ne se manifestent. Partout ceux qui voulurent s'assurer de sa réalité trouvèrent les moyens d'arriver à ce but. Mais, par une anomalie rare dans les sciences, ce fut chez les gens qui, par état et par position, sont en général étrangers aux recherches scientifiques, que la découverte du magnétisme trouva un asile et fut accueillie.

« C'est par ce canal que la vérité est remontée au foyer dont elle eût dû primitivement descendre, car si on compte aujourd'hui un certain nombre de partisans du magnétisme dans les corps savants, ce fut chez d'obscurs individus qu'ils puisèrent leurs croyances.

« Vous accueillerez, messieurs, je n'en doute pas, la vérité, lorsqu'elle vous paraîtra démontrée ; et c'est pour vous faciliter les moyens d'arriver à ce but que je viens vous proposer aujourd'hui de vous rendre témoins de quelques expériences qui me semblent, par leur nature, ne devoir être sujettes à aucune contradiction.

« Ainsi, messieurs, ce n'est pas la question jugée que je vous propose d'examiner de nouveau ; ce ne sont plus des faits anciens que je veux sou-

mettre à votre jugement; il n'est nullement question de baquets, de crises et de somnambulisme.
J'abandonne toutes les merveilles que l'on a cru
reconnaître dans le magnétisme, et, tout en les
adoptant et les tenant pour vraies, je laisse à d'autres le soin de vous en convaincre.

« Je viens solliciter votre examen sur des faits
qui ne sortent en rien de l'ordre physique, des
faits qui semblent se manifester de la même manière que ceux produits par l'électricité, le galvanisme et le magnétisme minéral, mais qui ne
sont dus à aucun de ces agents, car aucun d'eux
n'est mis en jeu; notre organisation seule les produit, sans le concours d'aucune combinaison et
sans aucun contact.

« Je vais m'expliquer plus clairement : Si les
nombreux phénomènes dont j'ai été témoin, et
que j'ai fait naître, ne m'ont point trompé, ils
fournissent la preuve que notre cerveau peut, par
l'intermédiaire des nerfs, disposer d'une force
physique qui n'a point encore été appréciée, et
que cette force, dirigée par la volonté sur un individu organisé comme nous, peut produire dans
son organisation des phénomènes physiques qui
ne se manifestent que quand la cause est mise en
jeu, et qui cessent aussitôt que celle-ci cesse d'agir.

« Cet agent m'a semblé produire une véritable
saturation du système nerveux de l'individu qui

le reçoit, car les effets n'ont pas lieu instantanément ; il faut un certain temps pour les produire ;
ils se manifestent par des secousses qui, elles-mêmes, ne se renouvellent qu'à des intervalles plus
ou moins longs.

« Ces mouvements sont tout-à-fait automati-
ques ; celui qui les éprouve n'en a pas la conscience, il est entièrement étranger â leur manifestation ; la volonté ne saurait y jouer aucun rôle,
et je n'admets, pour la réussite complète de cette
expérience, qu'un état entièrement passif de la
part du patient lorsqu'on agit sur lui.

« Cette condition, messieurs, est facile à rencontrer ; à chaque instant nous pouvons l'observer ; il ne peut y avoir aucun subterfuge de ma
part ni aucune méprise de la vôtre ; il ne peut s'é-
lever aucune discussion, il s'agit de faits purement physiques, dont vous seuls apprécierez les
causes. Que ce soit pour moi le magnétisme animal ou le fluide nerveux qui soit l'agent de ces
phénomènes, peu importe quant à présent. Il ne
s'agit pour vous que de reconnaître si le phénomène existe, et s'il est produit par un agent tout-à-
fait indépendant de l'imagination, de la chaleur
animale et de l'éréthisme de la peau, comme j'assure l'avoir reconnu et constaté.

« Si je justifie ce que je vous annonce, nous
aurons ouvert une nouvelle route aux observa-

teurs, trouvé l'explication naturelle de phénomènes nombreux que l'on ne nie plus aujourd'hui,
mais que l'on regarde comme produits par des
causes accidentelles; nous aurons justifié les aperçus de MM. de Humbold, Bogros, Reil, Authen-
riet, et de beaucoup d'autres savants qui semblent
admettre l'existence d'un fluide nerveux, et enfin
enrichi la science d'une découverte dont l'importance est au-dessus de tout calcul.

« La question que je vous propose d'examiner
ne présente, je le répète, aucun obstacle; les expériences peuvent se faire à toute heure du jour;
les lieux où on peut les multiplier sont nombreux,
car nous expérimenterons sur des enfants en bas
âge, et dans des conditions que je vous ferai connaître ultérieurement.

« Cet examen n'exige de vous, messieurs, ni
abandon de vos croyances, ni renonciation d'aucune de vos opinions, ni même de sacrifice à votre
raison. Il ne demande que peu de temps pour être
fait; pourrez-vous refuser d'examiner? »

Baron du Potet.

Tel était le mémoire que je lus à l'Académie des
sciences le 3 août 1835; il fut écouté avec assez d'attention, et M. le président nomma sur-le-champ
une commission, composée de cinq membres, pour
examiner les faits que je voulais soumettre à l'A-

cadémie : MM. Double, Magendie, Serres, Roux et Dulong furent les savants désignés pour cet objet.

Six semaines s'écoulèrent sans qu'il me parvînt aucun avis que ces messieurs étaient disposés à me recevoir et à m'entendre ; je ne crus donc pas devoir différer plus longtemps de mettre à exécution le projet que j'avais formé de quitter Paris.

Voici du reste les expériences que je me proposais de faire devant cette commission.

J'avais remarqué, un jour que je magnétisais un malade dans une chambre où un enfant était endormi, que le magnétisme agissait sur cet enfant dans son berceau, en augmentant beaucoup sa respiration et en produisant de l'agitation dans ses membres ; lorsque je cessais sur le malade, l'enfant redevenait tranquille ; et l'agitation se faisait de nouveau remarquer dès que je recommençais à magnétiser. Cette observation et quelques autres faites à peu près dans les mêmes circonstances, mais sur des hommes forts et robustes, qui dans leur sommeil ressentaient vivement l'action magnétique, ne me laissa plus de doutes sur ce singulier phénomène que nul magnétiseur n'avait encore aperçu. Dès-lors je m'empressai de faire des recherches, et je ne perdis nulle occasion de magnétiser des êtres endormis. Je vis toujours des effets marqués se produire ; quelquefois même ils furent si prononcés qu'ils déterminèrent brusquement le réveil, comme si les dormeurs eussent été touchés par une bouteille de Leyde légèrement chargée.

Les animaux endormis offraient les mêmes phénomènes. Dès-lors rien n'était plus facile que de faire des expériences ayant un caractère de certitude : il suffisait de se transporter dans un hôpital, même en plein jour, et à toute heure l'hôpital des enfants nous aurait offert des sujets d'expérimentation ; un autre, sans doute, fera ce que les événements ne m'ont pas permis d'accomplir.

Je partais le cœur joyeux et rempli des douces illusions que donnent une bonne conscience et la certitude que l'on possède une grande vérité.

Les obstacles que j'allais rencontrer, c'était à moi de les vaincre ; après tout, me disais-je, il ne faut que des yeux pour s'instruire du magnétisme ; les savants de province ont peut-être moins de préjugés que ceux de Paris. Si ceux-ci ont été sourds et aveugles, cela vient peut-être de ce qu'ils habitent *le grand centre des lumières ;* loin de lui j'en rencontrerai sans doute, qui, moins étourdis par le bruit, seront plus accessibles à la vérité ; mais hélas ! j'avais oublié le proverbe : *partout les hommes se ressemblent ;* et les savants surtout, pourrais-je ajouter aujourd'hui !

Voici les noms des personnes qui, à Paris, se

fìrent instruire chez moi dans la science magnétique avant 1835 :

MM.

Manoury.	Voisin.	Cramouzaud.
Malgaigne.	Boniard.	Guyon.
Peyrouse.	Marchand.	Auguste Sayvre.
Legay.	Deloys.	Beuchot.
Lerey.	David.	Foucher fils.
Van Havre.	Lucas.	Grospellier.
Maciejouski.	Rendu.	Dagama-Machado.
Alard.	Fieffé.	Villers.
Tixier.	Nègre.	Grosselin.
Lavel.	Azeronde.	De Guichène.
Mussot.	De Schevietzer.	Lezé.
Duperron.	Leroy.	Belouino.
Baumahe.	Desbocace.	Simon.
Bielfeld.	Stoelting.	Widell.
De Sèze (baron).	Duhavelt (baron).	Croppert.
Kiemmer.	Broussouze.	Corwon.
Lassère.	Direy.	Roche.
Chenewix.	Chouquet.	Savare.
Massias (baron).	Desmaret.	Guenoux.
Costin.	Bocage.	Michel.
Le Baudy.	Couturier.	Dubellay.
Anrion (général).	Provars.	Leguillon.
Debruges (Mme).	Bertot du Pillet.	Sacrot.
Louvencourt (Cte).	Janez.	Carrière.
De Lespinasse.	Chabot.	Raciborski.
Goyon.	Fortin d'Ivry.	Barière.
Mareux.	Auguste Macips.	Javary.
Bauvais.	De Tocqueville (Cte)	Denis.
Duparcq.	et ses deux fils.	Jozwill.
Surde.	Boucherle.	Jouault.
Thévenin.	Stofels.	Corbeau.
Edouard Juan.	Devillers.	Decalonne.
Sagebien.	Jaymebon.	Bosselet.
Launet d'Aurens.	Le Brument.	Daguin.
Baubalain.	Faivre.	Josselle.
Lebastier.		

LE MAGNÉTISME A REIMS.

(Septembre 1835.)

———

Pour vaincre il faut lutter.

Reims, où j'avais un ami, fut la première ville que je visitai ; à peine étais-je arrivé que j'eus à combattre des ennemis que je ne connaissais pas, et qui me calomnièrent avant de m'avoir vu ou entendu ; n'ayant rien fait encore pour m'attirer leur colère, je trouvai le procédé assez inconvenant, quoique peu nouveau pour moi ; mais j'étais en province et je croyais que ma vie serait plus douce ; elle allait au contraire devenir plus active.

Charlatanisme, mensonge, fourberie, étaient des

mots qui circulaient dans la ville, et le magnétisme
était le point de mire de tout ce qui se croyait instruit. Toujours les mêmes injures jetées à la face
d'un homme, cela finit par lui devenir insupportable; il se retourne à la fin pour voir qui lui lance
l'outrage, et lorsqu'il aperçoit que ce sont ceux-là
même qui ont le plus besoin de ne pas attirer l'attention sur leur personne et sur leurs systèmes
mensongers, il se demande pourquoi il userait
de ménagements envers des adversaires si déloyaux; mais bientôt il sent que sa force est bien
plus grande en menant une conduite prudente. Il
ne s'agit point ici, en effet, de doctrine philosophique ou religieuse; ce sont simplement des faits
physiques à examiner; les dénégations, le mépris
sur celui qui les produit ne prouvent rien; il doit
finir par avoir raison si vous n'êtes pas assez fort
pour empêcher ses démonstrations; dans ce cas il
a le droit de montrer ses ennemis à la foule et de
se venger; s'il ne le fait pas c'est qu'il a compris
qu'il faut éclairer les hommes sans les dégrader,
et que c'est seulement lorsque la vérité est solidement établie que le novateur doit faire connaître
les obstacles qu'il a rencontrés, afin que d'autres
hommes, apportant des vérités nouvelles, sachent
d'avance le sort qui les attend, et la dose de
courage et de patience qu'il leur faudra posséder pour parvenir à les établir.

Bientôt je me mis à l'œuvre dans cette ville où je ne connaissais qu'une personne. Un homme, nommé Charier, machiniste du théâtre, souffrait horriblement d'une maladie grave qui le tenait alité depuis plusieurs mois; il languissait en proie à des douleurs vives qui avaient leur siége dans les articulations. Une fièvre nerveuse avait, par sa continuité, anéanti ses forces, et ce malheureux ne pouvant faire un seul pas, plusieurs de ses voisins l'apportèrent dans un magasin que j'avais choisi pour me servir d'hôpital.

Dès la première magnétisation, une sueur abondante procura du soulagement au malade. A la seconde, il commença à sentir ses forces revenir; à la quatrième il put marcher, et douze jours ne s'étaient pas écoulés que la ville, parcourue par lui, retentit de sa guérison.

Des sueurs, des tremblements nerveux et un commencement de sommeil magnétique furent les seuls effets qui se manifestèrent pendant son traitement.

On m'amena d'autres malades, et je fus assez heureux pour réussir immédiatement sur quelques-uns. Dès-lors mon succès fut certain. Bientôt on vit accourir tous les incurables de la ville : plus de quatre-vingts se firent inscrire pour être traités par le magnétisme; autant de gens distingués vinrent pour être témoins des procédés au moyen desquels j'obtenais les prodiges que l'on vantait déjà partout, et, voulant les produire à leur tour, ils me prièrent d'ouvrir un cours de magnétisme et de vouloir bien les y admettre.

Rien n'était plus curieux que de voir le traitement que j'avais établi. Chaque nouveau magnétiseur avait plusieurs malades à soigner; ces malades étaient magnétisés en même temps dans une immense salle, à la vue de toutes les personnes qui voulaient être témoins de ce spectacle. Ici se produisait le sommeil, là des attaques d'épilepsie que je provoquais avec intention pour montrer à mes élèves le moyen de guérir beaucoup de ces maladies, en excitant les accès et en usant ainsi la sensibilité.

On voyait des paralytiques, dont les membres glacés depuis longues années se réchauffaient sous les mains d'hommes convaincus que la source de vie qui était en eux pouvait s'épancher au dehors; des fiévreux, dont les accès cédaient sans le secours d'amers breuvages. Çà et là, le sommeil lucide venant augmenter l'enthousiasme de mes nouveaux convertis, c'était à qui d'entre eux me témoignerait le plus vivement sa reconnaissance pour les plaisirs purs que j'avais su leur procurer.

Bientôt la médecine magnétique, que les médecins classiques avaient déclarée de leur *suffisante* autorité être du charlatanisme, était reconnue pour si positive, que ceux qui l'exerçaient accusaient les vrais médecins d'être seuls des charlatans.

Enfin je gagnais à mon parti jusqu'au rédacteur du journal, M. Béranger, qui, lui-même, obtint des effets si extraordinaires, qu'il crut dangereux d'aller plus avant, car je lui avais appris que, passé certaines limites, aucun guide n'était assuré.

Que faisaient, pendant ce temps, les médecins de la ville? Hélas! leur rire avait cessé. Ce n'était plus le charlatan seul qu'ils avaient à combattre, mais tout ce que la ville renfermait de respectable, car le sous-préfet lui-même était venu me féliciter de mes succès.

« Nous produisons ce que vous avez contesté, leur criait-on de toutes parts; ne niez donc plus, car vous vous déconsidéreriez à nos yeux. Etudiez plutôt un moyen puissant d'agir sur les malades et de les guérir. Voyez, tous ceux que vous n'avez pu soulager sont entre nos mains; plus de cent reçoivent chaque jour nos soins, et c'est nous qui accomplissons les devoirs de votre état. »

Je m'aperçus de ce salutaire avis; plusieurs médecins vinrent me prier de faire pour eux un cours de magnétisme à l'hôpital. Je dus, dans cette circonstance, faire taire une répugnance bien pardonnable, et n'écouter que la voix de mon cœur qui m'a toujours fait pardonner les injures.

J'eus dans ce nouvel enseignement la majorité des médecins de la ville, et tous les élèves de l'hôpital.

Le premier sujet que l'on me donna à magnétiser fut une jeune fille qui, depuis trois ou quatre mois, était dans un état de délire nerveux, ayant quelquefois cinquante ou soixante accès convulsifs dans un jour. Pendant ses accès, elle chantait, criait, hurlait, et, apostrophant l'un après l'autre les malades de l'hôpital, troublait nuit et jour ce lieu, déjà si rempli de douleurs.

La première séance n'offrit rien de remarquable; et, pendant le temps qu'il me fallut pour cette épreuve sans résultat apparent, mes auditeurs se disaient entre eux : *Est-ce que le magnétisme ne réussirait pas ici comme en ville? peut-être avons-nous de trop bons yeux?*

Le second jour, rien de sensible encore : la malade cherchait à me donner des coups de pieds et à me cracher à la figure. La gaîté de mes auditeurs m'annonçait assez quel était leur désir et l'état de leur esprit.

La troisième séance était presque à sa fin, et aucun symptôme de l'action magnétique ne s'était encore fait apercevoir; j'entendais les plaisanteries que l'on se permettait sur moi; j'étais le point de mire des farceurs de l'assemblée; la toux for-

cée de quelques-uns, les bâillements des autres,
tout m'annonçait que j'avais perdu la confiance
que le récit de mes œuvres avait pu inspirer. Enfin, lorsque je n'attendais plus rien ce jour, et que
je songeais aux peines du lendemain, au moment
enfin où j'allais finir cette épreuve, la jeune fille
tomba tout-à-coup dans le somnambulisme le plus
profond. Plus de sensibilité, plus d'audition, plus
de vision, quoique les yeux fussent ouverts, et ce
corps vivait par moi, et pour moi seul.

Que je fus heureux alors de l'étonnement, je
pourrais dire de la stupéfaction de mes auditeurs,
car ils venaient de passer de l'incrédulité la plus
absolue à une conviction d'autant plus forte, que
les faits qui en étaient la base avaient cessé d'être
probables.

Moi qui, un instant avant, n'étais qu'un être mé-
prisable, ou tout au moins digne de pitié, je me
trouvai de suite être un *homme sincère, courageux,
possédant un grand pouvoir;* mais mes nouveaux
convertis m'avaient fait acheter cher le changement de leur langage.

Les expériences continuèrent quelque temps
sur cette jeune fille; des coups de pistolet lui furent tirés à l'improviste près du conduit auditif,
mais son sommeil n'en fut nullement troublé; on
la pinça, on la piqua, elle ne sentit rien; ses yeux
restaient ouverts une heure entière sans qu'il y eût

un seul clignotement, et tandis qu'elle nous chantait d'une manière ravissante les cantiques et les chansons qu'elle avait appris pendant son enfance, nous vîmes plusieurs fois des mouches se promener sur ses yeux et les bords des cils, sans exciter le moindre mouvement de ces parties.

Pendant que je produisais ainsi des merveilles sur des malheureux affectés de maladies de toutes sortes, des personnes ignorantes et animées d'une fausse piété répandaient dans la ville le bruit qu'ayant magnétisé une malade placée sous l'image du Christ, j'avais été jeté à la renverse. « Vous êtes avertis de ce secret plein d'horreur. Je laisse à un plus savant que moi à éclaircir ce qu'il y a de diabolique dans tout cela ; quant à moi, comme je ne veux pas avoir à faire avec l'esprit des ténèbres, toutes les fois que je verrai venir un de ces magnétiseurs, je lui dirai franchement : *Vade retrò...* » Ainsi se terminait une petite brochure publiée contre le magnétisme.

Les accès de ma jeune malade furent tous prévus et annoncés par elle ; elle indiquait avec précision les divers changements que sa constitution devait subir, et elle sortit au bout de trois semaines de l'hôpital en pleine convalescence. Ce fut un des premiers négociants de la ville, M. Didier, mon élève, qui charitablement recueillit cette malade à sa campagne et acheva son traitement.

C'est dans ce même hôpital que je racontai devant trente personnes l'histoire d'un magnétiseur qui avait abusé de son pouvoir en assassinant dans un duel un jeune homme brave, mais qui ne pouvait se garantir contre une force occulte qu'il ignorait sans doute. Saisi par une espèce de vertige au moment où il se mettait en garde, ce malheureux jeune homme ne put se défendre et fut tué lâchement par son adversaire. Mon récit trouvait beaucoup d'incrédules, quand saisissant à l'instant une canne à épée que portait un des auditeurs, j'en donnai la lame à un interne de l'hôpital, M. Mopinot, je crois, et gardai pour moi le fourreau. Ainsi armé, je marchai résolument sur mon adversaire physiquement bien plus fort que moi, et bientôt on le vit chanceler; ses yeux étaient dans un état de strabisme et ses jambes fléchissaient sous lui; il m'eût été facile de le tuer sans qu'il eût pu opposer la moindre résistance. Les spectateurs ne crurent plus alors mes récits exagérés, et certes aucun d'eux n'eût osé en ce moment me chercher querelle.

Ce n'était pas mal débuter dans ma nouvelle carrière, et le succès m'indiquait la route à suivre désormais pour assurer le triomphe du magnétisme, car laissant plus de deux cents défenseurs de ma cause dans une seule ville, la vérité ne pouvait plus y être étouffée.

Mon cours à l'hôpital avait été commencé le 5 septembre 1835, il se termina le 23 du même mois.

Voici les noms des médecins et étudiants qui le suivirent. — Médecins, MM. Savigny, Chabaud, Lejeune, Philippe, Hennequin, Panis, Henriot, Langlet, Duval, Petit. — Étudiants, MM. Mopinot, Goulet, Bonnard, Robinet, Dubois, Griffon, Cagnet, Colignon, Urban, Charbonnet.

Plusieurs négociants distingués qui n'avaient pu suivre mon cours en ville s'étaient joints aux médecins de l'hôpital; parmi eux se trouvaient MM. Didier, Givelet, Sandelion, Dudin, Champagne, Jacquet. Soixante-six autres personnes avaient suivi mon premier cours. Je n'en possède malheureusement qu'une liste incomplète que je donne néanmoins ici, car elle contient des noms qui me sont bien chers.

Oudin Bansard.	Manem.	Machoté.
Chambal fils.	Bailly.	Feard.
Polliard.	Rouget.	Bourguignon.
Lavialle.	Cretignez.	Hourlier.
Miller.	Binard.	Drouinet.
Desrué.	Voc.	Peigné.
Choppin.	Bredy.	La Joie.
Devillers.	Arnold.	
Hué.	Brice.	

Quelques jours après que j'eus cessé mes expériences à l'hôpital, l'un de mes auditeurs, médecin distingué, en m'envoyant le prix de la souscription au cours, m'écrivit une lettre qui se terminait par le paragraphe suivant : « Recevez, Monsieur, en mon nom et en celui de tous mes confrères, les remercîments qui vous sont bien dus, pour l'obligeance avec laquelle vous vous êtes prêté à nous éclairer sur les phénomènes du magnétisme.

« Veuillez bien aussi croire aux sentiments d'estime que vous ont voués tous ceux qui ont eu l'avantage de vous connaître, et dont je suis heureux d'être l'interprète en cette occasion. Votre dévoué confrère, PETIT, D.-M. »

Je partis, laissant, je puis le dire, des amis en grand nombre. Les témoignages de sympathie que j'ai reçus d'eux m'ont souvent pénétré du regret de ne pouvoir me fixer dans cette ville ; mais poussé par une force secrète, ai-je jamais pu m'arrêter là où je trouvais le repos pour mon esprit et de douces affections pour mon cœur ?

A peine avais-je quitté Reims que je reçus une lettre qui me força d'y retourner précipitamment. Cette lettre était ainsi conçue :

« Mon cher M. Du Potet, je n'ose dire mon cher
« ami, car en vérité vous nous avez, sans le vouloir,
« fait trop de mal pour que je puisse vous donner
« ce nom ; et d'un autre côté, vous nous avez en-
« seigné, à l'état rudimentaire, une science si
« puissante, que le nom d'ami irait mal de disciple
« à maître.

« Mon cher M. Du Potet, nous sommes tous, ou
« presque tous (je veux parler de ceux qui ont ob-
« tenu des succès en magnétisant) dans un grand
« embarras; beaucoup ont produit le somnambu-
« lisme sans grands efforts, mais à la suite du
« somnambulisme se sont développés des phéno-
« mènes effroyables.

« Revenez à Reims achever l'instruction com-
« mencée de vos élèves qui sont plus ou moins
« dans l'embarras. S'il n'y avait que les élèves, ce
« ne serait rien; mais les êtres sur lesquels on ex-
« périmente ainsi sont des femmes, des êtres vi-
« vants : ce seul mot vous déterminera, j'espère,
« à venir passer quelques jours encore dans notre
« ville; dans tous les cas, veuillez me renvoyer
« quelques instructions courrier par courrier.

« Adieu, monsieur, je n'ai pas la force de vous
« en vouloir, mais je vous recommande la pru-
« dence pour l'avenir; je garde tout mon mépris
« pour nos prétendus savants, et vous prie d'a-
« gréer ma cordiale poignée de main.

« BÉRANGER. »

Des faits de somnambulisme déréglés s'étaient
manifestés. On me donnait des détails circonstanciés sur des actes de folie dont le magnétisme paraissait être la cause. Il était arrivé à Reims ce qui
se présente toujours lorsqu'un magnétiseur, peu

sûr de lui-même, se laisse aller à des sentiments de crainte et d'effroi, en apercevant des phénomènes nouveaux qui confondent sa raison. Le trouble de l'âme du magnétiseur se fait alors sentir chez le magnétisé, de manière à occasionner de graves désordres dans son organisation. Mais tous ces faits perdent bientôt de leur gravité. La première précaution qu'il est toujours convenable de prendre en pareil cas, c'est de faire cesser les magnétisations du magnétiseur timoré. Dès-lors les symptômes graves disparaissent à peu près comme ceux de l'ivresse. S'ils persistent, il faut qu'un nouveau magnétiseur ne craigne point d'aggraver momentanément le mal en magnétisant de nouveau, et le principe magnétique dont il dispose, tout différent du premier, chasse bientôt devant lui jusqu'au souvenir des désordres qui s'étaient manifestés.

Je me rendis de suite à Reims, et je trouvai plusieurs de mes amis dans la consternation. Deux femmes étaient endormies depuis quelques jours sans qu'il eût été possible de les réveiller entièrement. L'imagination troublée des magnétiseurs leur créait des monstres qui avaient pour les somnambules toutes les apparences de la réalité; et au milieu de ce désordre on voyait apparaître des phénomènes de lucidité incroyables. L'une des femmes voyait tout ce que faisait son magnétiseur, quoique absent; elle surprenait ses secrets et était capable de révéler ainsi les choses les plus cachées.

Je magnétisai de suite la plus déréglée des deux somnambules, et nous aperçûmes immédiatement un changement favorable dans son état; je pus même l'amener à en causer tranquillement, comme aussi de la personne qui était la cause involontaire de son trouble; et alors lui commandant impérieusement de tout oublier, elle nous avertit elle-même que ces images fuyaient de son cerveau. Dès qu'elle m'assura ne plus les voir, je la réveillai brusquement. Elle était bien. — Mais dans le même jour les accidents reparurent; une seconde magnétisation fut nécessaire, et celle-ci fut suffisante. Le calme ne tarda pas à revenir également chez les magnétiseurs et chez les magnétisés.

Mon éducation magnétique avait été, dès le principe, accompagnée des mêmes angoisses et des mêmes tourments; mais personne n'était venu à mon secours, et il m'avait fallu chercher seul le remède au mal que j'avais pu causer. La crainte alors m'avait rendu bien malheureux; cependant cette crainte ne m'empêcha point de me livrer de nouveau à l'étude du magnétisme; et devenant plus maître de moi, je devins le maître des autres, car c'est là tout le secret : *Soyez maître de vous, si vous voulez l'être de la personne que vous magnétisez.* Jamais, depuis que j'eus découvert la cause des désordres somnambuliques, le moindre accident ne m'est arrivé ; mais j'ai souvent été appelé pour détruire ceux qui étaient causés par des magnétiseurs moins avancés.

En somme, le magnétisme a des dangers; pourtant il n'a tué personne encore.

Les médecins pourraient-ils en dire autant de la médecine?

Combien de temps m'avait-il fallu pour modifier l'esprit d'une grande ville? Six semaines au plus; mais pour y arriver, j'avais dû produire des faits par centaines, et mes forces avaient répondu au besoin que j'avais eu d'elles.

Le bien pour le magnétisme qui résulta de cette mission est incalculable. De bons et estimables jeunes gens, qui s'étaient fait instruire du magnétisme, le propagèrent avec une ardeur égale à la mienne. Beaucoup d'entre eux, dans leurs voyages, ne négligeaient aucune occasion de parler de ce qu'ils avaient vu et de ce qu'ils avaient produit. La table d'hôte et la diligence étaient pour eux une tribune d'où chaque jour les discours les plus sincères et les plus persuasifs étaient tenus pour soutenir et vanter la vérité nouvelle. Puis, joignant l'exemple au précepte, ils provoquaient partout le somnambulisme aux yeux étonnés des spectateurs incrédules.

En présence de tous mes élèves, bien des guérisons ont eu lieu par les seules forces magnétiques; j'en rappelle deux seulement ici parceque j'aurai occasion dans un autre ouvrage de revenir sur les cures que j'ai opérées.

Je ne change rien à l'histoire de ces deux guérisons écrites sous l'impression des faits; elles retracent parfaitement la disposition de mon esprit, et rappelleront aux personnes qui ont été témoins des phénomènes curieux offerts par les malades la vérité entière de ma description.

Le magnétisme n'étant pas de la médecine proprement dite, mon langage doit différer du langage du médecin; il me serait impossible, sans cela, de rendre compte des phénomènes que la magnétisation a fait apparaître tant ils étaient supernaturels!

Le premier cas de guérison s'est produit sur un épileptique, homme grand et robuste, charpentier de son état; ses accès étaient affreux à voir, et il en était atteint une ou deux fois par jour; il fallait alors plusieurs personnes pour le tenir. — Il nous a dit plus tard qu'il avait, avant son traitement, résolu de se suicider.

La seconde guérison a eu lieu sur une jeune femme également épileptique, de vingt-quatre à vingt-cinq ans. — Les accès étaient extrémement fréquents, sept à huit par jour. Depuis son traitement elle a perdu un de ses enfants, et le profond chagrin qu'elle en a éprouvé n'a pas fait revenir de nouvelles attaques.

Premier traitement.

Que veux-tu, toi, dont les forces athlétiques dépassent de beaucoup celles du vulgaire? Ta maladie ne s'aperçoit point; tu souffres cependant puisque tu accours sur le bruit de notre renommée essayer de te faire guérir? Quel est ton mal? tu n'oses le nommer? L'épilepsie! Jeu cruel de tes forces vives, ta virilité ne sert qu'à le rendre plus terrible et plus durable, et les remèdes sont inefficaces pour le faire cesser! Tu viens près de moi sans espoir, car que puis-je contre ton mal? Tu sais que je ne donne pas de remèdes, et ta raison ne va pas jusqu'à concevoir que l'on puisse guérir sans en faire usage. « *Dieu a choisi les faibles pour confondre les forts;* » dans un instant on te verra craintif comme un enfant, tu trembleras de tous tes membres et tu crieras merci! Le doute et un rire d'incrédulité effleurent tes lèvres; tu mesures tes forces aux miennes? tu ne sais pas qu'il s'agit d'une lutte de deux âmes, et que la mienne a remporté le prix dans cent combats. Te voilà averti maintenant; résiste si tu peux aux sensations que tu vas éprouver. Mais déjà tes membres tremblent, ta voix devient chevrotante, et tes entrailles semblent faire effort pour briser leur enveloppe!

Tout s'émeut à ce spectacle, car la lutte est terrible; quel est donc le démon qui t'agite? ta vie va-t-elle se briser? Oh! tu n'es plus qu'un faible roseau sur lequel passe un orage; dans un instant tu vas te redresser et chercher dans ta mémoire ce qui a donné lieu à cette scène étrange. Vains efforts de ton esprit! tu ne découvriras rien. Il ne te restera que le souvenir de ma puissance et le secret pressentiment du bien qu'elle peut te faire.

Maintenant, plus effrayés que tu ne l'étais tout-à-l'heure, ceux qui t'observent se demandent avec anxiété ce qu'est cette puissance qui peut, au gré de celui qui la possède, terrasser à une grande distance l'homme le plus robuste et le plus résolu, et jouant pour ainsi dire avec cette force, en arrêter les effets, les amoindrir et ôter jusqu'au souvenir même de ce qu'elle a produit; et ne trouvant pas de raisons valables pour expliquer de semblables phénomènes, ils s'écrient : C'est la puissance du Christ (1)!

Faiblesse de l'esprit humain, il faut un dieu pour expliquer ce que tu ne conçois pas; à force de chercher, en dehors de l'humanité, la vérité, la force et la puissance, tu finis par t'égarer.

Homme de peu de sens, parceque tu me vois entrer dans le corps d'autrui comme dans un vais-

---

(1) Un médecin, M. Hennequin, m'avait dit devant plus de trente personnes : Monsieur, vous avez la puissance du Christ!

seau sans pilote, et le gouverner à ma volonté, tu supposes qu'il me faut un intermédiaire, et que cet intermédiaire ne peut être que divin. Examine-toi donc! tout ce qui passe en toi est magique (1); Dieu l'a voulu une fois, voilà tout. Combien ton ignorance m'inquiète, car à chaque instant tu formes des vœux, et moi je connais toute leur puissance. Oh! ne levons pas encore le rideau! Il y a trop de méchanceté parmi les hommes pour divulguer un aussi grand mystère; les sages de l'antiquité avaient raison de les éprouver avant de les appeler à l'initiation.

Revenons bien vite à ce que peut connaître le vulgaire; interrogeons la machine humaine que nous venons d'agiter : un tremblement sourd, moléculaire, atteste qu'un agent vient de la traverser; la face est vultueuse, les yeux brillants, un pouls très développé. A la vue de tous ces phénomènes, il ne reste à l'homme, qui veut se servir de ses sens pour examiner, aucun doute sur la puissance de l'homme.

Voyons maintenant quel est notre ouvrage; n'a-

(1) *Magie*, science autrefois si honorée que Platon, dans le *Charmide*, l'appelle la vraie médecine de l'âme, qui s'acquiert de là une parfaite tranquillité, et le corps une bonne habitude; et au *Premier Alcibiade*, il met qu'elle était enseignée aux enfants des grands rois de Perse, par leurs théologiens et philosophes appelés Mages, afin de leur apprendre à former leur domination, etc.

vons-nous produit qu'un phénomène curieux sans utilité pour le malade? pourquoi ce dernier se trouve-t-il mieux? est-ce une illusion de son esprit? Non, non, la nature ne joue point avec les instruments qu'elle a créés; chez elle tout est sérieux et a un but d'utilité; ses moyens sont aussi nombreux que notre ignorance est grande. Il n'est pas plus extraordinaire de voir un homme tomber malade subitement que de le voir guérir subitement. Ne crions pas au miracle à la vue des œuvres d'un homme, la nature seule fait des miracles, et ce n'est qu'en l'imitant qu'un homme peut se rendre supérieur à ceux qui contestent sa puissance.

Tu guériras donc, malheureux, car la nature le veut, puisqu'elle t'a rendu sensible à mon action et m'a mis en rapport avec elle.

C'est moi qui vais lui fournir des matériaux de réparation qu'elle seule sait employer; le travail s'opère, et déjà l'affreux projet que tu avais de te suicider a disparu de ta pensée; tu rêves à des jours meilleurs, ils viendront pour toi bientôt, car tes accès s'éloignent; le goût du travail renaît avec tes forces, et ta femme te sourit de nouveau.

Plus tard, tu ne te rappelleras l'affreux état où nous t'avons trouvé que comme on se rappelle un rêve pénible; tu béniras pourtant la main bienfaisante qui l'a empêché de se prolonger, et si tu sens toute l'importance du bienfait, tu m'appelleras, moi qui écris ton histoire, tu m'appelleras *ton ami*; c'est le seul titre que j'ambitionne, la seule récompense que mon cœur désire; va, je suis bien heureux lorsque la voix de mon âme a trouvé un écho.

MAGNÉTISME! *vérité grande comme le monde, le premier qui pourra décrire tes merveilles méritera une palme immortelle!*

Mais le langage ordinaire opposera longtemps encore des obstacles au récit des scènes de magnétisme. Il faut des mots nouveaux pour peindre des sensations nouvelles, et le génie qui doit les créer n'existe pas encore.

Deuxième traitement.

Et toi qui refuses d'approcher, quel est le mal qui te tourmente? Encore l'épilepsie, mal plus affreux que la mort. Tu jettes l'épouvante dans ton voisinage, et la mère fait fuir ses enfants lorsqu'elle t'aperçoit; tu fais honte à toi-même, car tu vois l'effroi que l'on éprouve lorsque tu parais.

Maudis donc la science de tes esculapes, car elle ne peut rien contre ta maladie; c'est un mal sans remède, dit-on, la tombe seule le guérit. Tu es condamnée à vaguer sur le bord des chemins tant que tu auras une ombre de raison; mais bientôt devenant imbécile, c'est dans un hôpital que tu termineras ton affreuse carrière, et tu n'auras paru sur cette terre que pour y jeter l'épouvante.

Viens, prends confiance, espère de la nature, elle ne peut elle-même briser son ouvrage avant le temps; soulage ton cœur, pleure même, c'est un commencement de ses bienfaits. Ne crains plus rien, mon âme a trouvé la tienne; va, va, ils sont bien à plaindre ceux qui n'ont point de remèdes pour ta maladie, car ils s'ignorent eux-mêmes, et notre langage, simple comme la vérité, ne les touchera point.

Ne parle plus des poisons que l'on t'a donnés, la liste en est nombreuse, je le sais, mais tu n'en prendras plus. A ces vapeurs qui te montent au cerveau, je n'opposerai que des signes sacrés comme ta maladie; et, bientôt maître d'en diriger à mon gré les accidents, si je te fais souffrir, ne crains rien, la douleur est souvent un bienfait. Compare maintenant : tout-à-l'heure huit hommes robustes ne pouvaient te contenir, ma parole suffit actuellement et jette à flots la sérénité dans ton âme.

Pourquoi donc un changement si subit? suis-je donc un dieu pour toi? Non, non, que ton esprit ne t'abuse point, je n'ai qu'une volonté forte et le désir sincère de te faire du bien; la nature secondée a tout fait, et le produit de la fermentation qui existait dans tes organes a trouvé une issue.

Douce émotion que donne la vérité, bonheur sans mélange qui suit l'homme qui la possède! il sait qu'en prêchant le bien il renverse ceux qui vivent du mal, mais son âme compatissante les appelle au partage de ses jouissances; il voudrait les voir revenir de leurs erreurs; il les plaint s'ils y persistent, et ses yeux les cherchent encore au loin lorsque sa voix a été impuissante pour les retenir.

LE MAGNÉTISME A BORDEAUX.

(Janvier 1836.)

> Donc, si l'on trouvait un moyen de faire que tout le monde se portât bien, que personne n'eût besoin de médecins et de remèdes, nous applaudirions à cette découverte. Et s'il était prouvé que ce sont les principes et les errements de la médecine en vigueur jusqu'ici, qui empêchaient, par leur fausseté, cette heureuse découverte, nous dirions que ces principes et ces errements ont été funestes à l'humanité.
>
> CONSIDÉRANT.

> Bientôt, quand nous vous aurons tout dit, l'épouvante vous saisira.

Je pensais trouver à Bordeaux des éléments de succès pour ma propagande; je m'y rendis en quittant Reims. Déjà dans cette ville le magnétisme était connu : M. le comte de Brivasac y avait fait de nombreuses expériences, et si elles ne furent pas toutes convaincantes, du moins elles m'avaient préparé les voies en disposant les esprits à l'examen.

Je commençai par des lectures publiques où je

signalais les causes de l'incrédulité et l'indifférence affectée de nos adversaires au sujet de notre science. Bientôt je vis accourir à mon enseignement une foule d'hommes distingués, et recevant de la plupart d'entre eux des encouragements, je continuai mes attaques.

Le *Journal de Médecine* ne nia plus alors le magnétisme, mais il rejeta la plupart des phénomènes curieux qu'offre le somnambulisme. Cette conduite est et doit être celle des médecins de tous les pays.

Ils nient les phénomènes qui accompagnent le somnambulisme, comme s'ils n'étaient pas la conséquence rigoureuse de la tourmente du corps des dormeurs. Quoi! vous admettez que les liqueurs fermentées produisent des phénomènes incompréhensibles; vous admettez que l'opium détermine des effets plus singuliers encore et d'étranges aberrations du cerveau, et vous ne voulez point admettre que le magnétisme, cet agent si actif, si stimulant de la vie elle-même, et auquel toutes les forces vitales et nerveuses obéissent, produise les phénomènes attestés par tant de gens respectables! Une chose nous rassure heureusement, c'est que vous avez nié d'abord le principe lui-même, vous avez rejeté l'existence du magnétisme, et que plus tard vous avez été obligés de vous rétracter. Aujourd'hui, forcés de l'admettre, vous contestez les faits principaux qui l'accompagnent. Votre marche, nous la connaissons maintenant ; nous sommes assurés que vous admettrez un jour ce que vous rejetez actuellement ; vous n'aurez plus alors de répugnance que pour les faits entièrement nouveaux qui pourront surgir, car ils contrarieront peut-être encore ou vos intérêts ou vos combinaisons.

J'ouvris des cours pratiques de magnétisme, et quatre-vingts personnes se firent inscrire pour les suivre. Mes nouveaux élèves eurent bientôt acquis la conviction que j'exerçais un grand pouvoir sur la plupart des gens que je magnétisais, et cette conviction leur rendit plus facile l'emploi des moyens dont ils m'avaient vu tirer un si grand parti.

Chaque jour quelqu'un d'entre eux produisait quelque phénomène nouveau, et chaque jour aussi l'enthousiasme de mes disciples allait croissant.

Dans des conférences philosophiques, je laissais entrevoir l'avenir de la *nouvelle révélation* ; j'engageais tous mes élèves à *s'aimer entre eux*, à pratiquer le bien dans le silence et à ne se produire à nos adversaires que pour leur montrer des guérisons de maladies sur lesquelles la médecine avait été impuissante.

Une douce fraternité s'établit bientôt entre eux, comme je l'avais désiré. Ils eurent l'idée de former une société académique pour resserrer les liens qui les unissaient déjà ; mais ce fut une faute sans doute, car n'ayant pas une pensée commune, et chacun interprétant les faits selon l'étendue de son esprit, des discussions interminables devaient nécessairement avoir lieu et apporter la division et le désordre où l'harmonie seule aurait dû régner. La société de Paris s'était dissoute de la sorte. Les sociétés magnétiques ne seront durables que lorsque la doctrine philosophique que le magnétisme laisse entrevoir aura été formulée et acceptée par l'intelligence de tous.

Parmi ces nouveaux magnétiseurs il s'en trouva qui servirent avec chaleur la cause du magnétisme. Dans cent endroits de la ville, des expériences avaient lieu, et chaque jour un bon nombre de personnes acquéraient une conviction que les sophismes des savants et des médecins ne pouvaient plus détruire.

Dans mes dernières instructions je disais aux amis que j'allais bientôt quitter :

Ayez une grande pensée lorsque vous magnétisez ; ayez de l'enthousiasme ; il faut que votre âme soit émue par l'amour de l'humanité, par tout ce qu'elle a de sublime ! Il faut en appeler à Dieu dans les chagrins que vous susciteront l'ignorance et la mauvaise foi. — En appeler à Dieu ; cette pensée qui révolterait nos sceptiques modernes est pour moi pleine d'avenir. Mes chers amis, la lumière vient d'en haut, l'homme tourne toujours les yeux vers cette région supérieure ; lorsqu'il cherche la vérité, c'est là qu'il porte ses regards. Le magnétisme fait comprendre Dieu, il en donne plus que la conscience, il vous initie à lui.

Croyez-le bien, la nouvelle vérité doit rendre l'homme meilleur et plus humain; les lois morales de l'humanité sont écrites en entier dans le magnétisme et le somnambulisme. Tous les légis-lateurs de l'antiquité ont puisé à ces *sources d'eaux vives*. Qui ne serait ravi d'être possesseur d'un aussi grand secret! Quoi! l'homme recèle en lui le principe de toutes choses! Sa vie, cette petite flamme bleue, est à sa disposition; il peut en per-dre une partie sans trop s'épuiser, et lorsqu'il la donne par les procédés que je vous ai fait connaî-tre, elle reste souvent à la surface du corps de celui qui la reçoit, elle le tourmente agréablement, elle passe et repasse par ondée sur sa peau, quel-quefois elle s'échappe tout-à-coup et va se perdre on ne sait où; mais souvent elle trouve une partie du corps moins bien gardée, elle entre alors fière-ment dans ce nouveau domicile comme dans le sien propre, elle y porte notre volonté, nos désirs et nous rend maître absolu du logis, bien que le propriétaire y soit. Un médecin habile se sert quelquefois d'un narcotique pour endormir celui qu'il veut rendre insensible à la douleur : le magnétisme fait plus encore, il dépouille l'homme du *moi*, le seul patrimoine qui lui appartienne sur la terre; mais ce bienfaisant génie donne plus qu'il n'enlève. Avant de sortir il regarde si tout est en ordre, si tout n'est pas à sa place ; il travaille lui-même à l'y mettre; il va, il vient, s'inquiète, regarde à droite, à gauche, et sa besogne finie, il sort sans laisser même le souvenir du bien qu'il a fait; il emporte seulement les impuretés de la maison ; *il a nettoyé les écuries d'Augias*. Mais que de vertus il faudrait pour être bon magnétiseur, et quelles douces harmonies on pourrait tirer d'une machine humaine animée par une main habile! Les sons tirés d'un violon par Paganini ne sont rien comparés à l'harmonie qui résulterait de deux âmes ainsi mises en rapport, car là tout serait divin, ce serait le concert des anges s'élevant jusqu'à Dieu.

Puis, cherchant à prémunir mes élèves contre l'art dangereux que l'on nomme *médecine*, je leur montrais que, quoique notre science fût à son berceau, elle était cependant déjà capable de nous affranchir du joug que cet art a trop longtemps fait peser sur nous.

Lorsque la nature est impuissante pour guérir une maladie, est-ce que tous les efforts du médecin ne sont pas inutiles? — Nous savons cela, disaient-ils.

Une lampe qui s'éteint faute d'huile, croyez-vous qu'elle se rallumera si vous n'en ajoutez? — Non certainement. — Pourquoi donc alors vous soumettez-vous à un art dont l'insuffisance vous est si bien démontrée? Nous croyions que Dieu n'avait pas donné plus de lumière aux hommes; mais maintenant nous apercevons toute la faiblesse de la science que vous nous signalez. Ces apôtres en effet sont soumis à toutes les maladies; nul d'entre eux ne sait se garantir des accidents qui accompagnent et menacent sans cesse la vie; ils sont impuissants même à la gouverner.—Celui-là donc seul est véritablement médecin qui sait se guérir lui-même.

Qu'importe le grec et le latin, et ces ordonnances admirablement formulées? Ce n'est pas la science qui guérit, cela sert seulement à masquer un charlatanisme qui donne de l'or et de la considération. Que faut-il de plus dans cette vie? — La vie et la santé, est-ce que quelqu'un songe à leur valeur?

Après avoir passé en revue les maux causés à la société par la fausse médecine et la philosophie menteuse, j'espérais de l'avenir; mais cet avenir ne pouvait exister pour moi et pour ceux que j'enseignais; il nous était permis seulement de le voir en pensée.

Oui, leur disais-je, loin de cet égoût et de ce bois de mancenillier, coule une source faible encore;

son eau est limpide et douce, quelques gouttes vous désaltèrent et vous font sourire à la vie. Cette eau vient du Léthé sans doute, car ceux qui en boivent oublient pour un instant leurs maux et renaissent à l'espérance. Pour trouver cette source il ne faut qu'être simple de pensées et pratiquer le bien; le magnétisme en est la route, la volonté seule y fait arriver; ne sauriez-vous donc le vouloir?

Combien j'ai souffert pour y parvenir! car le chemin m'était inconnu, les hommes à qui je le demandais me trompaient toujours, et lorsque je suivais le sentier battu, je trébuchais à chaque pas. Il m'a fallu du courage pour persister, mais plus j'avançais cependant, plus j'étais certain qu'une grande vérité serait la récompense de ma persévérance; et la possédant enfin cette vérité, tout n'a plus été chagrins dans ma vie. Pures jouissances de l'âme, je vous ai goûtées! Combien n'ai-je pas vu de fois la mort s'enfuir à mon approche, et la vie revenir dans des corps usés par la maladie et les remèdes! Oh! non, ce n'est point un rêve, la fatale sentence avait été prononcée, la nature elle-même avait abandonné la lutte. La lampe s'éteignait, j'ai versé de l'huile dans cette lampe; elle s'est rallumée pour briller encore quelque temps. Cette huile était ma vie, c'était ce feu qui circule en moi, et qui me brûle en ce moment;

c'était cette étincelle qui sort de mes yeux, qui allait, prompte comme ma pensée, porter la vie et la santé dans des organes envahis par le froid de la mort. O scènes délicieuses! qui oserait essayer de vous peindre? C'est l'âme qui vous comprend; la parole ne peut vous rendre. Douce sérénité qui naissez à la suite d'une bonne action, vous grandissez celui qui vous éprouve. Oh! c'est là seulement que l'homme se croit l'image de Dieu sur la terre, et qu'il comprend bien l'immortalité de son âme.

Médecins, vous vous étiez retirés, toute votre pharmacie n'avait pu vous fournir une drogue pour prolonger la vie. Un être sans science, sans aucun moyen physique, n'ayant pour lui que sa conviction, se place au chevet du lit du mourant; il se concentre en lui-même, il rassemble des forces que vous ignorez exister, vous, et les dirigeant par la pensée sur le cadavre que vous lui abandonnez, il le réchauffe, le ranime et donne à la nature un secours qui l'empêche de succomber. Vous niez l'ouvrage de cet homme, vous l'accablez de vos dédains; le malade, plus juste que vous, lui tend la main, il lui sourit, et dans ce langage muet que vous avez le malheur de ne point comprendre se trouve la récompense d'une action bien simple sans doute, mais cette action élève cet homme au-dessus de vous et lui donne un ami.

Non, vous ne savez pas plus guérir les maux du corps que les prêtres ne savent guérir les maux de l'âme; cela ne s'apprend pas dans une école de médecine ou dans un séminaire. Vous, médecins, votre Dieu Esculape, celui dont vous relevez l'autel était devin et guérissait les malades en leur indiquant en songe ce qu'il fallait faire pour se guérir. Tous les médecins de cette époque reculée étaient devins, c'est-à-dire *voyants*. Votre divin Hippocrate lui-même avouait qu'il devait une partie de ses connaissances aux lumières qui lui étaient venues en songe. Comment sauriez-vous guérir, vous? Pas un de vous ne se livre à la méditation; vous avez, il est vrai, des formules pour toutes les maladies. Vous oubliez encore que vos premières pharmacopées furent composées dans les temples anciens, et prises mot pour mot sur des *ex voto* que des malades reconnaissants avaient suspendus aux murs des temples. Votre médecine aujourd'hui est une chose de mode : ce qui était bon hier sera mauvais demain. Que vous importe? chacun vous livre sa vie avec une indifférence vraiment admirable, et mort ou vif on vous appartient. Allez, taillez; mais ce qui devrait vous affecter cependant, c'est que vous êtes soumis au même régime. Comme vous avez traité les autres on vous traitera vous-mêmes; et vos confrères n'auront pas plus de souci de vous que vous n'en avez eu d'eux. La terre, ce vaste Clamart, ne dit jamais : C'est assez. Oh! indifférence coupable qui brises les lois de la nature! continueras-tu de régner parmi les hommes? Nul effort de l'esprit humain ne sera-t-il tenté pour les tirer de cette apathie?

Pleurez, pleurez, mère désolée, sur la mort d'un fils trop tôt ravi à votre amour. Ce n'est point la Parque qui avait marqué l'instant de sa mort; mais que vos larmes se tarissent, vous en aurez besoin plus tard pour votre époux; car les mêmes mains qui vous ont préparé, sous le nom de breuvages, les poisons donnés à votre enfant ne sont point inactives. Voyez ces officines toutes resplendissantes de lumières; là, dans ces vases blancs comme de l'albâtre, dans ces cristaux dorés sont déposés l'extrait alcoolique de noix vomique, l'acide hydrocianique, l'acétate de morphine, l'acide prussique et mille autres poisons, tous destinés à vous être donnés comme remèdes; l'art s'en fait honneur, la nature s'en effraie, car elle n'a jamais prétendu vous guérir par des moyens semblables. C'est pour l'affreux suicide que l'on a dû les préparer, et leur inventeur devrait être traîné aux gémonies.

Où vas-tu, jeune fille toute resplendissante de fraîcheur et de parure? chez toi tout annonce une parfaite santé. Tu crois à un long avenir de bonheur, qui pourrait en douter? car tu n'as pas vingt ans. Le bal où tu cours avec tes compagnes changera en tristesse la joie de tes parents. Ce vent frais que tu respires avec tant de bonheur, prends garde, c'est la mort. Quelques heures de plaisir auront fané cette tendre fleur qui s'épanouit à peine. Oh! ce n'est pas le plaisir qui tue, il fait vivre au contraire, lorsqu'il est modéré; c'est l'affreuse saignée et ces annelides que l'on met par centaines pour des indispositions qui ne seraient rien, car quelques heures de traitement magnétique les feraient disparaître entièrement.

Maintenant, traîne ta vie languissante et flétrie, l'affreuse phthisie dévore tes organes; ta vie! elle s'est enfuie avec ton sang. Il n'est plus temps d'ajouter à tes jours : ils sont comptés; demain tu mourras, tu mourras tandis qu'il était si facile de te faire vivre. La main de ta mère pouvait plus que la science de tes esculapes. Cette main promenée sur toi avec art, en ajoutant à tes forces, donnait à la nature le moyen de rétablir dans tes organes l'harmonie qu'un accident d'abord léger avait dérangée.

Non, non, la médecine ne changera pas de méthode, si la sottise des malades ne s'éclaire point par tant d'enseignements. Le temps n'apprend plus rien aux hommes; ils ont vieilli; c'est en vain que la vérité cherche à se faire jour. Leur cœur, comme la terre, semble s'être refroidi; comme la terre, il faudrait en percer la couche à une très grande profondeur pour y trouver de la chaleur et de la vie.

Malheur à l'homme qui sent la vérité et qui ose la dire! Sa vie n'est plus qu'un long combat, il lutte nu contre des adversaires cuirassés, il doit succomber dans la lutte.

Vainqueurs malheureux, ne vous réjouissez pas, car vous avez éteint un flambeau à l'approche de la nuit.

———

Je partis de Bordeaux avec la certitude que je servirais mieux encore les intérêts du magnétisme, si j'allais faire juger mes actes aux habitants d'une ville au milieu de laquelle étaient nos plus violents antagonistes.

Voici les noms des personnes qui suivirent mon cours de magnétisme, à Bordeaux.

MM.

Malvesin.	Marsaudon.	Duret.
Gabourin.	Valentin.	Bequey.
Guillier.	Duboul.	Le Blanc.
Hovyn.	Escodeca.	P. Destrées.
Winter.	Laroche.	Billot.
Du Rennel.	Cotterel.	Durand.
E. Révé.	Sorbé.	Le consul des Etats-Unis.
Dabadie.	Bitouret.	
Lost.	Delor.	M. Désils.
Bance.	Ulrichs.	Magonti.
Noé.	De Baritault.	Rivierre.
Meilier.	Filloneau.	Stouvenel.
Renateau.	Marchand.	Taillefer.

MM.

Gerrard.	Poytevin.	Arthur de Gaigneron.
Laserre.	Sablon.	Michaud.
Théophile Chenier.	Engler.	Delbruck.
Marrast.	Lacour.	Barckhausen.
Teullère.	Dubroca.	Célerier.
Boileau.	Sciau.	Maigret.
Curcier.	Jonain.	Foulon.
Scholle.	Pagas.	Huyard.
Chaine.	Maléta.	Delbert.
Edouard.	Maignot.	Detmering.
Pence.	Thriouart.	Lallemand.
Desgrottes.	Achard Jules.	De la Tranchade.
Assier.	Vignot.	Lawton.
Pagaut père.	La Forie.	Lajarrisges.
Pagaut fils.	Pfariffer.	Danderaut.
Drouot.	Devestre.	
Couturier.	Boyer jeune.	

Quelques autres personnes devraient être ajou-
tées à cette liste, mais j'ignore leurs noms.

LE MAGNÉTISME A MONTPELLIER.

(Avril 1836.)

Qu'est-ce qu'une science qui n'est plus aujourd'hui ce qu'elle était hier; qui, tour à tour, vante, comme autant d'oracles, Hippocrate, Galien, Boerhave, Frédéric Hoffmann, Brown, etc.; et pour tout dire enfin, qu'est-ce qu'une science dont on a demandé, non pas si elle était, mais si elle était possible?

LAROMIGUIÈRE.

Pourquoi y a-t-il autant de pharmacies que de boulangeries?
C'est qu'il faut nourrir le corps et la maladie.

Montpellier devint le but de ma sainte croisade; c'était un champ de bataille dangereux, car je devais m'y trouver seul en face d'un corps d'élite médical retranché derrière la grosse artillerie de l'université. Mais ce danger même me souriait, j'avais d'ailleurs le sentiment de mes forces, et je trouvai glorieux de faire pénétrer la vérité que je possédais dans ce vieux sanctuaire de la vieille médecine, dans ce lieu si redoutable aux malades.

Pourquoi aurais-je craint en effet si la vérité

marche avec moi? pourquoi aurais-je fui les savants? Ils n'ont en dernier résultat que des arguments à opposer aux faits que je puis produire sous les yeux de tous. — Tel fut mon raisonnement et je marchai résolument vers cette ruche sans miel.

J'arrivai promptement, car le bagage d'un magnétiseur n'est pas considérable, sa pharmacie tient peu de place, et ses instruments il les porte tous dans une paire de gants.

Je tâchai de mettre les procédés de mon côté, en allant faire une visite au doyen de la Faculté, M. Dubreuil, et en lui demandant la faveur de son intervention près des médecins de la Faculté, pour obtenir d'eux l'entrée des hôpitaux qu'ils dirigent et y faire des expériences publiques pour l'instruction des élèves. Ma démarche, je dois le dire, fut trouvée convenable par M. le doyen, et il m'assura que ma proposition et ma demande ne rencontreraient point d'obstacle. Dans deux jours au plus tard, me dit-il, vous aurez une réponse.

M. le doyen vint me voir en effet le surlendemain de ma visite, mais c'était pour m'apporter de mauvaises nouvelles; il avait trouvé partout porte close. Quoi! lui avait dit l'un de ces esculapes, *vous servez de patron à un magnétiseur! Comment,* lui avait dit un autre, *un jongleur trouverait près de vous protection et appui!* Enfin les discours les plus insultants pour moi lui avaient été tenus.

En me les répétant, M. Dubreuil trouvait des paroles sévères pour blâmer la conduite de ses confrères, car si le magnétisme était du charlatanisme, rien n'était aussi facile que d'en faire justice par l'examen; si au contraire c'était une vérité utile, ne pas l'étudier était le comble de la déraison.

M. Dubreuil m'engagea à choisir un autre moyen pour répandre la vérité et pour faire connaître ma doctrine.

J'avais prévu la réponse des médecins des hôpitaux de Montpellier, et j'étais bien résolu à me passer de leur concours. Je commençai donc par faire placarder des affiches pour prévenir les jeunes gens de l'école et les habitants de Montpellier, que pour prouver l'existence du magnétisme animal, je ferais chez moi, tous les jours, des expériences et des démonstrations sur les malades que l'on m'amènerait.

Mais déjà l'on m'avait peint sous des couleurs si favorables que pas un individu ne vint savoir ce dont il était question, et si en effet j'apportais une vérité. A quoi bon? *Le charlatan* ne pouvait avoir accès dans une ville où la médecine est si bien établie, dans un lieu où *la vraie science* fait chaque jour tomber une pluie d'or.

Une semaine se passa ainsi; cependant un élève, M. Chabaud, vint me trouver. — Ce jeune homme avait entendu parler du magnétisme et il désirait s'éclairer sur cette découverte. Je l'engageai à m'amener quelques-uns de ses camarades et au bout de cinq jours ils vinrent au nombre de six. Les inciter à l'étude du magnétisme, détruire les faux rapports et les soupçons injurieux que l'on avait répandus sur mon compte fut l'affaire de peu d'instants, car j'offrais de montrer immédiatement des faits, et me mettant de suite à l'œuvre, je magnétisai l'un de ces jeunes gens qui devint presque sur-le-champ sensible au magnétisme.

Le lendemain, au lieu de six élèves il m'en vint douze; deux jours après plus de trente avaient sollicité la faveur d'assister à mes expériences. Enfin quinze jours ne s'étaient pas écoulés que cent cinquante jeunes gens venaient ensemble écouter les leçons de la science nouvelle que je leur apportais. — Seul représentant de la vérité au milieu d'un si grand concours de jeunes gens, elle était donc bien puissante cette vérité, puisqu'ils étaient tous recueillis et prêtaient la plus grande attention aux discours par lesquels je cherchais à la leur rendre familière!

Hélas! un si beau succès fut suivi de bien des tribulations, et je devais acheter bien cher le privilège que je m'étais arrogé, de répandre la science pour rien.

Comment! un étranger, un charlatan, réunir cent cinquante jeunes gens, lorsque les hommes habiles et *les maîtres en l'art de guérir* ne peuvent en rassembler que vingt-cinq ou trente! Les brebis fidèles quitter le bercail et aller à l'aventure cherchant une autre pâture que celle de la bergerie universitaire! La voix du berger avait donc perdu son empire? Pourquoi cette émigration et comment rappeler à la raison des jeunes gens saisis d'une espèce de vertige?

Le premier moyen employé fut la remontrance et les conseils; *j'étais un rêveur qui n'avait pas même le mérite d'être médecin, j'avais échoué partout. La prétendue science que j'enseignais avait été jugée et condamnée, et ceux qui la prônaient encore étaient des imbéciles.*

Cependant quelques professeurs, peu sûrs de leur fait sans doute, vinrent me faire visite, mais la nuit, de peur d'être aperçus, et après avoir causé longtemps avec moi ils revinrent encore; je trouvai cette démarche peu en harmonie avec les discours qu'ils tenaient dans la ville. — Mais je ne leur cachai ni mon but ni mes projets.

Dans le moment où je me croyais le plus assuré de quelque tranquillité, je reçus de M. Gergonne, le recteur de l'Académie de Montpellier (28 avril 1836), une lettre dans laquelle ce fonctionnaire me demandait si j'avais une autorisation pour enseigner, et dans ce cas que j'eusse à la lui communiquer. Je répondis que je n'avais besoin d'aucune autorisation, puisque ma science à moi, celle que je professais depuis vingt ans, n'avait rien de commun avec les connaissances que possédait l'université. J'ajoutais que ma porte étant ouverte à tout le monde, il était facile de s'assurer que je disais vrai, et j'engageai M. Gergonne à m'honorer de sa visite.

Je reçus bientôt une injonction de cesser toutes mes conférences, avec la menace d'une descente de justice si je les prolongeais davantage. Je prévins les personnes qui se rendaient chez moi des intentions du recteur, les assurant en même temps que je ne discontinuerais point mes expériences, et que j'étais décidé à courir les chances bonnes ou mauvaises que ma détermination pouvait amener.

J'avais le droit pour moi, ma cause devait à la fin être reconnue juste, du moins je le pensais.

Je continuai donc mon cours; ma salle d'enseignement était un grand bosquet où nous avions cherché à nous mettre à l'abri des ardeurs du soleil. Là, entouré de mes élèves, je cherchais à les persuader par des récits simples et sincères, ne songeant point à effacer les gens qui m'étaient opposés, car je suis convaincu que beaucoup d'entre eux ont du mérite. Je voulais seulement faire reconnaître une vérité importante, combattue maladroitement par les gens à qui il était surtout donné de la faire prévaloir. Il n'y avait point de fiel dans mes discours; ils étaient pacifiques, bien que mes adversaires m'eussent abreuvé d'amertume. Paisible, je n'étais préoccupé que par une crainte, celle d'être peut-être au-dessous de la mission que j'essayais de remplir.

J'étais au milieu d'une de mes dernières leçons publiques, lorsque plusieurs hommes de police furent aperçus par les élèves; et tout aussitôt s'élevèrent de toutes parts des cris de *à l'eau le commissaire! à l'eau les mouchards!* Ces cris avaient porté le trouble dans mon âme; et lorsque je vis un tumulte effroyable et la résolution que semblaient avoir prise les élèves d'exécuter leurs menaces, moi, si résolu en présence de mes ennemis, moi, si calme lorsque je recevais à brûle-pourpoint leurs injures, je tombai dans un état difficile à décrire. Mon sang était glacé dans mes veines. Arrêtez! arrêtez! criai-je à mes élèves. Messieurs, leur dis-je, ces hommes je les prends sous ma protection; ils sont ici les envoyés du pouvoir, nul reproche ne peut leur être adressé. Je veux, j'exige de vous que vous supportiez leur présence; notre conduite est innocente, n'allez pas la rendre coupable; n'allez pas rendre impossible par votre colère le bien que je puis faire encore. Et prenant les chaises qui étaient autour de moi, j'engageai les agents de l'autorité à s'y asseoir. Les pauvres gens étaient plus morts que vifs; la pâleur de leur figure annonçait l'effroi dont ils étaient saisis; l'un d'eux pourtant voulut pérorer pour calmer l'orage qui grondait encore. *Nous sommes ici pour le repos de la France,* disait-il, *mais vous êtes tranquilles, nous le voyons bien, et vous n'avez rien à craindre de nous.* Les murmures redoublèrent, et il comprit qu'il était plus sage de se taire.

Je n'étais nullement rassuré sur ce qui allait se passer. Les chuchotements de cent cinquante jeunes gens, loin de la ville, car ma maison en était éloignée d'un quart de lieue, le mouvement imprimé aux bâtons dont étaient armés plusieurs élèves, tout m'inspirait des craintes ; et j'en eusse eu bien davantage encore si j'avais été instruit dans ce moment que les jeunes gens qui se trouvaient chez moi avaient de vieux griefs contre les agents de police, qui, maintes fois, les avaient contrariés dans leurs plaisirs.

J'engageai les agents à écouter mon enseignement, à en faire fidèlement leur rapport, et à revenir s'ils le trouvaient convenable.

J'achevai cette leçon au milieu d'un calme apparent, puis j'accompagnai les hommes de police jusqu'à la porte de mon domicile, et j'en barrai ensuite le passage aux élèves qui, en sortant immédiatement, auraient pu leur faire un mauvais parti.

Dès le soir, je reçus d'un officieux le conseil de partir, et d'aller chercher une ville plus favorable au succès de mes idées. L'avis était sensé sans doute, et la raison le dictait : Pauvre raison humaine que chacun croit avoir en partage, te prendre toujours pour guide serait souvent pure folie ! Je restai à Montpellier, et je fis bien, comme on le verra plus tard. Le lendemain je reçus une assignation pour comparaître en police correctionnelle ; j'appris en même temps qu'une vingtaine d'élèves étaient cités comme témoins. Le papier timbré n'avait pas été ménagé, car on pensait sans doute alors que ce ne serait pas à la justice à en faire les frais.

J'engageai mes élèves à ne rien cacher de la vérité. — J'étais assigné pour répondre à un délit d'enseignement, et la peine qui pouvait m'atteindre pour cette première fois était une amende de mille francs. Mais ce qui me rassurait peu sur les suites de mon procès, c'est que j'appris que mes juges étaient les amis de mes ennemis, que *l'affaire avait été arrangée sous le manteau de la cheminée*, et l'article du code qui devait m'être appliqué, marqué au coin de la page qui contenait la loi.

Hommes privilégiés de la nature, vous qui ne connaissez point les peines de la vie, vous pour qui la plus grande souffrance est une digestion laborieuse, vous ne pourrez comprendre la douleur d'un homme, dont tous les instants ont été consacrés à des recherches utiles, en se voyant conduit devant un tribunal et obligé de se défendre d'un acte qu'il regardait comme un excès de vertu.

Magnétiseurs pacifiques, vous qui voyez s'écouler le temps sans que vous preniez souci des malheureux que *la science* laisse mourir et que votre art sauverait, venez me raconter vos prouesses sur quelques personnes qui pouvaient se passer de la vie que vous leur jetiez à pleines mains, je vous dirai : Vous n'avez rien fait d'utile, puisque le triomphe de la vérité dont vous embrassez la cause n'est point assuré; imitez-moi, frappez courageusement à la porte de la science; si elle ne s'ouvre, brisez-la; et sur le front des hommes que vous trouverez dans le sanctuaire, écrivez *fourberie, mensonge et incapacité;* alors seulement vous aurez bien mérité.

Quoique je ne connusse pas les formes judiciaires, quoique je ne fusse point avocat, je résolus cependant de me défendre moi-même. Après avoir écouté le procureur du roi dont la parole était ardente et élevée comme s'il se fût agi d'un grand criminel, je me rappelai involontairement la fable de La Fontaine, *les Animaux malades de la peste.* — L'âne de cette fable qui fut sacrifié n'était pas plus coupable que moi; car s'il avait tondu d'un pré de moine la largeur de sa langue, moi je n'avais fait que passer sur le domaine de l'université; seulement, il est vrai, j'avais marché à côté du sentier battu, et foulé du pied quelques mauvaises herbes.

Je pris la parole à mon tour et prononçai le plaidoyer qui suit :

« Messieurs les juges,

« Je viens devant vous avouer un fait qui m'honore; je viens vous dire en face que j'ai osé braver l'université de Montpellier, en appelant, malgré sa défense, non point seulement la jeunesse des écoles, mais le public entier de cette ville, à des récits de faits qui doivent être connus de tous.

« Oui, Messieurs, j'ai osé dire devant un grand nombre de personnes ce que j'avais fait pour la science et ce qu'elle attendait de moi.

« J'ai osé solliciter l'examen public, non point d'une doctrine, mais de phénomènes extraordinaires que les savants de votre ville ignorent.

« Je dois le dire, la jeunesse est accourue et vous aurez un jour à l'en remercier. Elle a voulu se former une opinion sur une chose en dehors de la science actuelle; elle a voulu savoir si le discrédit jeté par les savants sur le magnétisme l'avait été en connaissance de cause. Ces jeunes hommes ont voulu se servir de leurs sens pour examiner; et dédaignant, pour un instant, les traditions de l'école, ils sont accourus voir des phénomènes nouveaux qui passent toute croyance. Pouvez-vous me condamner pour ce fait?

« Est-ce un cours de médecine auquel ils ont assisté? Mais si je le disais, un haro s'éleverait à l'instant contre moi pour me démentir, bien que cependant le magnétisme guérisse sans remèdes un grand nombre de maladies.

« Ayez donc la bonté de me dire ce que j'ai enseigné? Vous n'en savez rien; vous ne pouvez rien en savoir, et l'université n'est pas plus instruite que vous. Ceux que j'ai initiés vous le diront bientôt, car vous irez vous-mêmes, pour vous éclairer, assister à leurs expériences; mais lorsqu'ils voudront s'expliquer devant vous, vous verrez leur embarras, car ils manqueront de termes; il n'en est pas encore pour faire comprendre le magnétisme.

« Si vous me condamnez pour avoir fait connaître un sixième sens, vous auriez donc condamné Paganini pour avoir tiré des sons nouveaux de son instrument; l'abbé Parabère, parceque son organisation lui fait trouver des sources?

« Et le premier homme qui aimanta un barreau de fer et le présenta à la foule, était donc coupable aussi? Non, non, il n'est point de loi pour ceux à qui se révèle l'inconnu.

« Vous ne pouviez m'atteindre qu'avec la loi des associations, car j'ai reçu plus de vingt personnes à la fois. Mais je serais venu vers vous plein de confiance; je vous aurais raconté naïvement ce qui se passait chez moi, et vous n'y auriez trouvé rien de blâmable. Je ne me mêle ni de politique, ni de religion; ce n'est point un dogme nouveau que je cherche à répandre, mais une chose plus utile, la découverte d'une force physique dont le foyer est dans nos propres organes; est-ce un motif pour me condamner?

« Auriez-vous condamné Galvani et Volta, s'ils fussent venus vous démontrer les incroyables effets d'une pile de métaux diversement superposés? Non, vous seriez allés les premiers assister à leurs expériences; vous auriez fait des vœux pour qu'une semblable découverte fût utile à l'humanité, et encouragé de tout votre pouvoir les expériences faites par des hommes éclairés qui enrichissaient la science d'une belle découverte.

« Et si le premier qui fit une machine électrique eût appelé le public pour être témoin des merveilles de son instrument, auriez-vous puni cet homme pour n'avoir pas demandé à l'Université l'autorisation de produire sa découverte au grand jour? Harvey et Jenner n'eussent donc pas trouvé grâce devant M. le recteur? L'un prouvant publiquement la circulation du sang, l'autre faisant connaître les bienfaits de la vaccine, ne pourraient donc, de notre temps, établir leurs découvertes!

Mais les juges qui auraient condamné ces heureux enfants du génie eussent été livrés à la risée publique, et, comme les juges qui condamnèrent Galilée, leurs noms flétris eussent survécu au temps! En quoi suis-je donc plus coupable qu'eux, et pourquoi me condamneriez-vous? Est-ce pour avoir répandu des idées contraires aux bonnes mœurs? Mais jamais paroles ne furent plus morales que les miennes. J'apprends aux hommes à faire un noble usage de leur vie. Encore une fois, est-ce pour m'être mêlé des affaires politiques? Ce que j'enseigne éloigne des discussions de ce genre. Est-ce enfin pour avoir lutté avec l'Université sur une science de son domaine? Non, cent fois non; jamais l'Université n'a parlé du magnétisme et n'a magnétisé. Si l'on dort à l'Université, c'est du sommeil naturel, et non point du sommeil lucide. Quelques-uns des membres de ce corps sont-ils venus dire à la foule assemblée : « L'art que nous enseignons est tout-à-fait conjectural; mais il y a dans la nature une chose ignorée du plus grand nombre, un principe supérieur à notre raison. Celui qui sait l'employer, serait-il du dernier rang de la société, produira des merveilles supérieures aux œuvres des plus grands génies. » Oh! non, l'Université n'a rien dit de semblable; elle ignore ce que c'est que le magnétisme; et, tandis que dans d'autres pays on étudie avec soin ses effets, on n'en parle ici que pour le combattre et tourner en ridicule ceux qui y croient.

« Par quelle fatalité l'habile recteur de l'académie de Montpellier a-t-il été entraîné à me défendre d'enseigner une découverte qui n'existe pas, selon lui? Craignait-il que j'abusasse la jeunesse par des faits mensongers? Mais l'erreur aujourd'hui ne peut durer longtemps. Si mes expériences se font au grand jour et sur mes propres élèves, je ne puis avoir de compères, et si je n'ai pas de compères et que je ne sois point un charlatan, quel homme est-ce donc que M. le recteur? L'Université ignore ce qui se passe chez moi; les phénomènes que je provoque lui sont inconnus; et elle me fera défendre cependant de faire et dire quoi que ce soit! Mais il me semble que si je puis marcher sans aucune autorisation du ministre de l'instruction publique et du recteur de l'académie de Montpellier, je puis aussi magnétiser sans leur consentement, car marcher et magnétiser sont deux propriétés naturelles de l'homme.

« Il est vrai, messieurs, qu'interrogé sur les conséquences des phénomènes magnétiques, j'ai bégayé ce que ma faible raison en avait aperçu. Mais pouvais-je être seulement une machine physique, et aurais-je à regretter de n'être pas muet? Peut-être ai-je déploré devant mes auditeurs l'aveuglement des savants, qui laissaient à un enfant perdu des sciences le soin d'accomplir leur tâche. Là serait sans doute le crime pour M. le recteur. Mais vous, messieurs les juges, vous ne pourrez reconnaître le délit qu'on vous a signalé, et condamner un homme, parceque cet homme n'aura pas voulu courber injustement la tête sous la verge de M. le recteur.

« Votre bon sens vous dira même que demander une pareille autorisation eût été, de ma part, non point une marque de faiblesse, mais une erreur de mon jugement; car, encore une fois, le magnétisme n'est pas actuellement une science. Ce n'est ni de la physique, ni de la chimie, ni de la médecine, c'est une découverte qui surpasse en grandeur toutes ces sciences.

« Un grand nombre de savants croient beaucoup s'honorer en la rejetant sans examen; le temps leur donnera une sévère leçon. Un jour, la découverte du magnétisme fera la gloire des écoles; les médecins emploieront alors les procédés qu'ils condamnent aujourd'hui. Votre jugement, quel qu'il soit, messieurs, ne sera point oublié, il accompagnera l'histoire de la lutte qu'ont eue à soutenir les magnétiseurs; il passera de cette manière aux générations futures, et leur rappellera l'ignorance et l'intolérance des savants de ce temps.

« Montpellier se souviendra de ma lutte et de

mes efforts pour détruire des préjugés. Montpellier se souviendra que j'ai été cité à la barre d'un de ses tribunaux pour avoir à me justifier d'une action vertueuse. Et lorsque, parmi les habitants de cette ville, de nouveaux apôtres de la vérité apparaîtront, on saura bien leur dire que, s'ils ont trouvé la route unie, c'est qu'un homme laborieux était venu en arracher les épines.

« Messieurs, si ma conduite est coupable, la justice a donc bien mal fait son devoir, car voilà vingt ans que je pratique le magnétisme; il y en a dix que je l'enseigne à Paris sous les yeux de l'Université, qui n'y a rien trouvé de blâmable. Ce que j'ai fait à Paris, à Bordeaux et dans d'autres villes, sous les yeux de l'autorité, pouvait certainement se faire à Montpellier. Mais non, mon domicile a été envahi par des agents de police : qu'ont-ils donc vu? voulez-vous le savoir? Ils ont vu d'abord beaucoup de jeunes gens écoutant un récit de faits magnétiques; à une seconde visite, ces mêmes agents ont trouvé trente-quatre jeunes gens causant avec moi et m'interrogeant sur la découverte du magnétisme; à une troisième, oh! c'est bien différent, les commissaires ont vu un jeune homme endormi, et près de lui dix-sept jeunes gens examinant avec attention les singuliers effets du magnétisme; est-ce là un délit? Et si c'est un délit, il fallait, chez moi, à Paris, saisir les membres de l'académie de médecine et des sciences qui s'y rendaient souvent en grand nombre pour être témoins des scènes de magnétisation.

« Il fallait, comme on l'a fait ici, prendre les noms des personnes que je recevais ; ce n'était plus alors des étudiants, mais des hommes graves, des hommes qui exercent la première magistrature, des médecins renommés ; il fallait les amener à un tribunal comme témoins du délit que je commettais, et me faire un crime d'avoir cherché à les éclairer, ou d'avoir reçu leurs lumières, car plusieurs pratiquent avec zèle le magnétisme.

« Il fallait, lorsqu'avec des somnambules je me rendais à l'académie de médecine de Paris, provoqué par plusieurs de ses membres, faire intervenir la police, car c'est là surtout que je cherchais à expliquer et à faire comprendre le magnétisme. Il fallait, il y a vingt mois, lorsque, sous les yeux de l'Université de Paris, j'osais, devant plus de huit cents personnes, présenter le tableau de ce qu'offre de merveilles la découverte que je propage, me saisir en flagrant délit d'enseignement.

« Plus tard, lorsque professant à l'Athénée de Paris, j'arrachai à nos grands savants le masque de la fausse science, il fallait m'arrêter et me conduire devant un juge.

« Et lorsque, dans une circonstance des plus mémorables de ma vie, à peine encore sur les bancs de l'école, je provoquais les médecins jusque dans leur sanctuaire, osant me soumettre à des expériences publiques devant un grand nombre d'auditeurs, tous juges compétents, réunis dans l'un des premiers hôpitaux de Paris, l'Hôtel-Dieu, il fallait arrêter ma main qui guérissait une jeune fille réduite au dernier degré de marasme et condamnée à mourir; il fallait s'emparer de moi, et, pour prix d'une bonne action, me condamner à l'amende ou à la prison, car, dans aucune de ces circonstances, je n'avais demandé une autorisation.

« Mais on ne l'a pas fait, on n'a pas pu le faire. On ne peut empêcher un homme de donner des preuves de ce qu'il croit être un pouvoir nouveau; on ne peut empêcher un être humain de parler sur les propriétés de son organisation.

« Taire une vérité utile, est à mes yeux un crime; craindre les savants que cette vérité détrône, une grande lâcheté. Mais il paraît que les savants de votre ville sont comme les habitants d'Éphèse. « Si parmi nous, disaient-ils, quelqu'un veut exceller et trouver un nouvel art, qu'il soit banni, qu'il aille ailleurs porter sa supériorité et ses lumières. »

« Car, messieurs, dans un pays où les habitants eussent été éclairés et généreux, après avoir donné des preuves authentiques de mes assertions et de la vérité dont je me dis l'interprète, c'est une couronne civique que j'aurais dû recevoir pour récompense de mes longs travaux, et non point une citation devant un tribunal comme un homme accusé d'une mauvaise action.

« Ce n'est donc pas devant vous, messieurs les juges, que j'eusse dû et voulu comparaître, c'est devant l'Université assemblée; mon plaidoyer eût été bien plus facile, j'eusse été sur mon terrain; le peu de lumières que Dieu m'a départies m'eût servi; j'eusse fait rougir tous ces vieux fronts, j'eusse reproché à ces hommes qui se croient savants leur déloyauté et leur déni de justice.

« Mais on peut être bon philosophe et mauvais avocat; on peut défendre la cause de l'humanité et ne pas vouloir se défendre soi-même, car je pourrais prolonger ma défense. Mais qu'ai-je à craindre? la justice de ma cause me rassure complètement!

« Quel que soit, au reste, votre jugement, il m'honorera. Si vous m'acquittez, il sera dit qu'un homme généreux est venu un jour, en face d'un vieux corps universitaire, faire connaître à la jeunesse une vérité nouvelle, ignorée des savants; que cet homme, dénoncé par des gens assez dépourvus de vertu pour n'oser avouer des faits qui renversent des préjugés, trouva des juges éclairés qui surent reconnaître la haine du savant, cherchant à s'abriter sous le manteau de la loi. Si vous me condamnez, votre jugement, loin de me flétrir, accablera encore plus les hommes qui me poursuivent; la postérité ne leur pardonnera pas, car les faits que je produisais n'étaient opposés qu'à leurs systèmes mensongers, et ma pratique n'avait pas le caractère qu'exige la loi pour être soumis à la censure de l'Université.

« Encore un mot, messieurs, et j'ai dit.

« Ce n'est point une grâce que je vous demande, c'est votre sévère justice; mais, pour l'honneur de votre ville, ne faites pas qu'un jour on puisse dire : M. Du Potet sacrifia ses intérêts, ses affections pour répandre généreusement une vérité utile; il vint à Montpellier, croyant y trouver des savants éclairés, il y trouva des juges; partout ailleurs les savants l'accueillirent en frères; ici on fut inhospitalier pour lui, et on l'abreuva de dégoûts! »

Pendant la délibération, j'éprouvai un malaise indéfinissable, car si un arrêt défavorable ne pouvait me flétrir, il m'empêchait du moins de suivre la route que je m'étais tracée. Il fermait également la carrière aux hommes qui eussent voulu, comme moi, combattre en plein jour les ennemis de la vérité, et assurait, pour un plus long temps, le triomphe d'hommes qui, sous le masque de profondes connaissances, trompent l'humanité qu'ils exploitent.

Les juges prononcèrent mon acquittement en se fondant sur ce que *mon art n'était point une science, mais seulement l'exercice de certains procédés naturels qui n'étaient pas plus condamnables que ceux que l'on voit chaque jour au théâtre et sur les places publiques.* Merci, messieurs.

Joyeux de cet acquittement, bien qu'il m'assimilât aux escamoteurs et aux faiseurs de tours, je regagnai ma maison avec le dessein de ne plus irriter mes ennemis et de ne plus m'attirer leur haine. Mais, insensé que j'étais, leur colère venait de mes succès, leur haine pour moi des malades que je traitais, et qui, déjà, accusaient du mieux, lorsque avec toutes les ressources de la pharmacie les habiles médecins n'avaient su qu'aggraver leurs maux.

Je ne pouvais donc, sans déshonneur, quitter cette ville, où, dans chaque homme que je rencontrais, je croyais reconnaître un ennemi.

J'annonçai de nouveaux cours pratiques de magnétisme, et soixante jeunes gens se firent inscrire pour les suivre, moyennant une certaine rétribution. D'autres élèves devaient plus tard être initiés à cette science, et dès-lors l'avenir se présentait couleur de rose, car ma réputation devait grandir avec les œuvres magnifiques que mes élèves auraient produites. Mais ici encore j'avais compté sans mes hôtes.

A peine avais-je commencé mon cours que la police, qui connaissait la route de ma maison, fit une nouvelle descente chez moi, et *constata, par procès-verbal, qu'il y avait dans mon salon un grand nombre de jeunes gens bien éveillés, et deux seulement profondément endormis.*

Bientôt une nouvelle pluie d'assignations vint fondre sur moi, car le recteur en avait appelé en cour royale, et il me fallait de nouveau venir justifier mes actes.

Comment se fait-il donc que moi qui ne m'occupe point de politique, moi dont les doctrines éloignent des discussions de ce genre, je sois traqué comme un révolutionnaire, comme un carbonaro? Enseignais-je par hasard des principes subversifs de la morale? Eh! non; mes discours sont marqués au coin de la morale, de la sagesse. C'est que ce n'est pas le gouvernement qui me fait poursuivre, ce n'est pas la sûreté publique qui exige qu'on me fasse des procès, c'est une coterie que je suis venu troubler dans sa douce quiétude et dans son trafic de drogues inutiles.

« Le peuple croit à nos lumières, les drogues se vendent au poids de l'or; si tout le monde peut devenir médecin, s'il faut peu de médicaments pour se guérir, l'art qui les prescrit à foison et celui qui les prépare sont donc nuisibles aux hommes. Chassons loin de la ville cet étranger qui apporte avec lui une science si dangereuse pour nos intérêts; à quoi bon la vérité qu'il préconise, si ceux qui nous entourent croient à notre infaillibilité?

« Les malades, jusqu'ici, nous ont-ils refusé le sang et l'or que nous leur avons demandés? Non, c'est un droit de notre art qu'ils croient imprescriptible; empêchons donc que la lumière n'arrive jusqu'à eux, et pour ne pas paraître coupables il faut frapper l'innocent. »

Ainsi raisonnaient sans doute ceux qui me faisaient poursuivre.

Il s'agissait de savoir si la cour royale réformerait le jugement des premiers juges; on y comptait sans doute, car sans cela, à quoi bon un appel? Je parus donc une seconde fois devant la justice; quel honneur pour moi! je n'étais déjà plus un charlatan, et savez-vous pourquoi, chers lecteurs? c'est que pour me condamner il fallait absolument que je fusse un savant; aussi, quel mal se donna l'avocat-général pour arriver à le prouver! Rien n'était plus difficile en effet. Cependant, bon gré mal gré, je devais être un savant, car sans ce titre j'étais blanc comme neige. « Bienheureux les pauvres d'esprit », avait dit Jésus. — Je dus *ce* jour-là reconnaître la vérité sublime de ces paroles.

Mes amis m'informèrent qu'avant même d'entrer au tribunal ma condamnation était décidée, et j'ai quelque raison de croire que l'avis était exact. Quelle révolution s'opéra donc dans l'esprit de mes juges, puisque cette fois encore j'obtins un complet acquittement ? Je ne puis le savoir.

Voici mon second plaidoyer, car devant cette cour comme devant les premiers juges je ne voulus point d'avocat.

« Messieurs,

« Quelle est donc cette obstination aveugle qui pousse certains hommes à poursuivre, de tribunaux en tribunaux, un homme qui n'est jusqu'ici justiciable que de l'opinion publique ?

« Avant de prononcer quelques mots pour ma défense, veuillez croire, messieurs, que je suis profondément blessé de la conduite des savants de votre ville à mon égard, et de leur peu d'urbanité. C'est un procès bien ridicule qu'ils me font ; car, messieurs, ce n'est pas devant vous que j'eusse dû comparaître, mais devant un jury composé de physiologistes et de médecins. Ils auraient constaté si mes assertions pouvaient se justifier par des faits ; et, dans l'un ou l'autre cas, en m'accordant la louange ou le blâme, ils eussent éclairé les esprits.

« Mais vous, messieurs, qu'avez-vous donc à faire dans cette grande question de l'existence du magnétisme? L'Université, ne voulant ou ne pouvant pas la juger, trouve donc plus opportun de faire intervenir la justice?

« Votre jugement, quel qu'il soit, messieurs, frappera les savants bien autrement que moi. Il restera pour attester leur intolérance et justifier, encore une fois, un fait malheureusement trop vrai : c'est que tout homme qui apporte une vérité nouvelle est nécessairement l'ennemi de ceux qui n'ont pas eu assez de génie pour la découvrir. L'histoire du progrès des sciences offre partout des exemples du mauvais vouloir des savants, car il n'est pas, sachez-le bien, une seule vérité qui n'ait eu contre elle les hommes les plus éclairés du royaume où Dieu l'avait inspirée.

« Laissons là les savants. Ils ne me tiendront pourtant pas compte de ma modération, car ma cause est si belle, mon bon droit si évident, que je pourrais ici changer de rôle, et d'accusé devenir accusateur, et cela sans vous offenser, messieurs, car vous êtes les défenseurs nés de l'opprimé.

« On ne demande qu'une chose de moi, messieurs, un simple aveu : ai-je ou non enseigné? Le seul grief apparent que l'on me reproche, c'est le mot *Cours*, employé par moi pour faire venir à mes expériences les gens désireux de connaître des phénomènes nouveaux. Le reste, on n'y attache aucune importance. Que ce que j'enseigne soit vrai ou faux, l'Université s'en moque; elle n'a rien à y voir. Une légère amende suffit à sa colère; mille francs, avec défense de produire la vérité au grand jour, voilà tout ce qu'il lui faut.

« Détrompez-vous, messieurs, sur cette feinte douceur! Si je dis vrai, si je ne suis point un imposteur, les grands savants, à la tête de la science, mentent dans leurs enseignements; et ce bon M. Gergonne se trouvera lui-même bien arriéré.

« Mais, messieurs, n'envisageons ici cette cause que sous le premier point de vue; l'Université divulguera bientôt les sentiments secrets qui la font agir en ce moment.

« La loi peut-elle m'atteindre pour un mot mal employé, et suis-je destiné à devenir victime de la pauvreté de notre langage?

« J'espère vous faire reconnaître en un instant combien ceux qui m'ont dénoncé se sont trompés sur mon compte. En lisant mon programme, ils ont cru prendre un savant en flagrant délit d'enseignement, et ils n'ont fait que constater, par le procès-verbal de leur agent, le fait le plus matériel de ma pratique. La police a trouvé chez moi un homme endormi, et beaucoup de jeunes gens examinant ce curieux phénomène. Mais, messieurs, je ne me suis jamais caché; mes portes ont été toujours ouvertes; je n'ai rien à désavouer;

mes actes et mes discours vont vous être à l'instant révélés.

« *Écoutez donc*. Ce que j'enseigne m'est inconnu dans sa nature, mais c'est le moyen de s'emparer de l'homme le plus robuste et le plus résolu, et d'en faire un automate.

« C'est le moyen de guérir sans remèdes les maladies les plus rebelles à la médecine ordinaire.

« C'est le moyen d'opprimer de nouveau l'humanité ou de la rendre heureuse. C'est le bien et le mal tout ensemble. Ne prenez pas pour exagérées mes assertions ; elles reposent sur des faits que je suis venu montrer aux savants de votre pays.

« Que veut-on m'empêcher de produire au grand jour ? Est-ce une science ? Non. Cela sera plus tard sans doute. Est-ce un art ? Pas encore ; mais je cherche à l'établir. Vous voyez, en deux mots, quelle différence existe entre les savants et moi ; vous allez être encore bien plus étonnés.

« Je fais connaître le moyen de procurer du sommeil aux malades sans leur donner de l'opium, de guérir de la fièvre sans quinquina. Mais c'est donc un cours de médecine ? Nullement, car je bannis les drogues, je n'ai point d'officine, et mon art ruine les apothicaires. Vous voyez bien que l'Université et moi sommes les deux antipodes.

« Ce n'est pas tout.

« J'indique le moyen de donner plus de force à l'organisation humaine, de la soutenir quand elle succombe, de mettre enfin de l'huile dans la lampe près de s'éteindre. Ceux qui possèdent toutes les sciences ne savent que diminuer la vie; moi je je sais l'augmenter. Vous voyez bien encore que je n'empiète nullement sur le domaine de l'Université!

« Toute la science de l'Université est dans les livres, et, moyennant quelque peu d'argent, vous possédez un grand trésor, c'est-à-dire l'esprit de ces messieurs. Ma science à moi est dans la nature de chaque être; chaque cervelle humaine m'offre des connaissances que l'on ne trouve point dans les bibliothèques. Il n'y a donc aucune analogie entre ce que l'Université enseigne et ce que je fais connaître.

« Nous n'avons pas comme elle un Corps, une Faculté; nos enseignements sont faciles et peuvent se faire sans dissection de cadavres; notre science n'est pas une science de mots, mais une science de faits réels, et nous n'avons besoin que d'un langage pour l'approfondir.

« Si le jour de l'éclipse j'étais venu dire à la foule : Vos yeux voient mal ce phénomène; tenez, avec ce verre dépoli, vous allez reconnaître par-faitement la position des deux corps qui passent à l'instant sur vos têtes, m'auriez-vous condamné pour ce fait? Non. Que fais-je donc? A peu près la même chose. Je dis à ceux qui viennent chez moi : Vos yeux de chair vous font mal juger de vos savants; ils sont trop éblouissants de splendeur; la vive clarté qu'ils jettent vous empêche de pouvoir bien les observer. Je vais vous passer quelque chose sur la vue, et vous allez reconnaître à l'instant leur valeur intrinsèque. Si c'est là enseigner, alors je suis comme M. Jourdain, qui faisait de la prose sans le savoir. Moi j'ai fait de la science sans m'en douter, et si votre jugement ne n'absout, me voilà forcé de prendre rang, bien malgré moi, parmi les honorables savants qui me poursuivent. Et vous, messieurs, tribunal devenu exceptionnel, vous pourrez faire des savants et donner des brevets de capacité; mais je vous avoue d'avance que vous pourrez quelquefois vous tromper, et gratifier d'un titre envié des gens qui, comme moi, n'y auront aucun droit. Où est donc le droit de l'Université et dans quoi s'immisce-t-elle? Je n'enseigne ni le grec, ni le latin; de la physique et de la chimie, pas davantage; tout ce qu'enseigne ce corps respectable a toujours été sacré pour moi. Je n'ai jamais osé y toucher. A peine je parle ma langue, et cependant je suis professeur, et ma science est si certaine que je ferai sortir de leur état de quiétude les savants de ce pays,

et que j'agiterai autant que je le voudrai leurs esprits. Loin de vivre dans un isolement semblable
à celui dans lequel ils vivent, tout peut s'animer
près de moi. Et pourtant je n'aurai pas, comme
eux, de l'éloquence; ma parole, loin de me servir,
sera contre moi, car les faits que je produirai pour
attirer la foule ne peuvent encore être expliqués!

« On a cru que le meilleur moyen pour me chas-
ser de la ville, sans trop faire crier, était un procès. On s'est trompé, sans doute, car partir sans
justifier mes assertions eût été une lâcheté; craindre la justice, lorsque ma conduite n'était point
répréhensible, une erreur de jugement; et je n'ai
voulu être ni faible ni déraisonnable. Autrefois ce
n'eût pas été devant vous que j'eusse comparu,
c'eût été devant une inquisition, et pendant mon
jugement on eût apprêté les fagots pour exécuter
la sentence, car le pouvoir dont je me sers est tout-
à-fait occulte; c'est ainsi que des juges revêtus
d'une autre robe que la vôtre ont, dans notre pays,
fait brûler Jeanne d'Arc, Urbain Grandier, et tant
d'autres victimes qui n'avaient qu'une faculté
inhérente à la nature humaine; on en ignorait
alors la source, et, dans leur simplicité, les juges
croyaient que c'était le malin esprit.

« Me condamnerez-vous pour avoir cherché à
reconnaître cette loi qui donne à certains hommes
un pouvoir surnaturel? Me condamnerez-vous

pour avoir donné des preuves de son existence?
Provoquez donc une loi qui proscrive toute recher-
che, et, comme Dieu, dites au génie de l'homme :
Tu viendras jusqu'ici, tu n'iras pas plus loin!

« Lorsque l'Université connaîtra le magnétisme,
qu'elle en aura établi la réalité, qu'elle l'ensei-
gnera sous forme de science dans les écoles, elle
pourra peut-être, en vertu de son privilège, si elle
le possède encore, troubler ceux qui prétendront
l'avoir approfondi plus qu'elle. Mais jusque là les
prétentions de l'Université vous paraîtront absur-
des, et ses actes pour empêcher la vérité de se produire par des expériences, des actes de démence.

« Voyez dans quel embarras je pourrais vous
jeter par un seul mot. Si je venais vous dire : Mes
récits sont mensongers, les phénomènes que je
produis, pure illusion ; que diriez-vous ? Condamneriez-vous un homme pour avoir enseigné une
chose qui n'existait pas.

« L'Université ne vous a pas encore dit : Nous
admettons le magnétisme, nous connaissons tout
le parti qu'on peut en tirer pour parvenir à la connaissance de l'homme, et pour trouver les moyens
de le guérir. Non ; loin d'adopter le magnétisme, les
corps savants actuels le nient ; forts du jugement
de leurs devanciers, ils nous regardent comme des
rêveurs, des imposteurs, et notre science ne mérite pas un nouvel examen.

« Nous, nous avons osé donner un démenti à ces sublimes génies, et semblables à cet ancien philosophe qui se contenta de marcher devant quelqu'un qui niait le mouvement, nous nous sommes mis à produire des faits au grand jour, sans chercher encore à les expliquer. Messieurs, s'il s'agissait de prouver notre découverte, nous le ferions sans sortir de cette enceinte. Mais c'est une querelle de mots que l'on me fait : on ne pouvait attaquer les actions de l'homme, on attaque ses discours ; il ne sera pas condamné pour ce qu'il a fait, mais pour ce qu'il a dit.

« Il s'agit de savoir si vous, messieurs, religieux observateurs de la loi, vous consentirez à fausser son esprit dans l'intérêt de gens blessés dans leur amour-propre de savants.

« Il s'agit de savoir si vous verrez un coupable dans l'homme simple qui n'a fait que chercher à prouver les propriétés de son être, car le magnétisme est une faculté naturelle de l'organisation humaine, et vous la possédez comme moi.

« Il s'agit de savoir si vous verrez un délit ou une infraction à la loi là où il ne peut y avoir ni délit ni infraction, ou bien si vous suivrez l'exemple des autres juges qui m'ont acquitté. Mais rappelez-vous, messieurs, que ce n'est point une grâce que je vous demande, mais votre justice. En me l'accordant vous serez vous-mêmes sans reproche, car il ne peut y avoir de droit, de loi, contre ce qui n'existe pas encore; il ne peut exister de privilège pour assujétir l'inconnu.

« La nation qui aurait une semblable loi dans son code mériterait d'être mise au ban de l'humanité.

« Malgré tout, si votre jugement venait tromper mon attente, ceux qui viendraient me signifier votre sentence me trouveraient pratiquant et faisant connaître le magnétisme, car je ne ferai que cela toute ma vie.

« Je ne paierais nullement l'amende qui me serait infligée; j'irais en prison. Et savez-vous, messieurs, que ce serait glorieux pour moi, car tandis que j'y demeurerais enfermé, la vérité que j'aurais fait connaître se produirait au grand jour! On finirait par demander quel est celui à qui on la doit; et apprenant qu'il est sous les verroux, expiant le tort d'avoir eu trop tôt raison, il n'y aurait pas assez de mépris pour accabler mes persécuteurs. »

Je l'échappai belle, car le président, M. de Podenas, paraissait bien résolu à m'appliquer la loi. Son doigt, constamment fixé sur l'article fatal, et ses mouvements et ses conversations avec ses collègues annonçaient assez que son avis était contraire à la sentence que les autres juges voulaient rendre.

Aussi sa colère fut on ne peut plus manifeste quand éclatèrent les applaudissements des spectateurs qui rendaient hommage à une justice *juste*. Il donna aussitôt l'ordre aux gendarmes d'empoigner ceux qui applaudissaient; mais ils étaient trop nombreux sans doute, ou bien les gendarmes peut-être avaient été endormis par mon discours, car ils ne parurent pas entendre la voix du président, que la contrariété, pourtant, avait rendue si forte qu'elle fit, je crois, trembler les vitres.

Ma réputation grandissait avec les persécutions que l'on me suscitait, les malades m'arrivaient de toutes parts; je n'interrompis pas pour cela l'éducation de mes élèves. Cependant je dus diviser mon travail, car la rancune des hommes que je venais de vaincre avait presque obtenu de me faire poursuivre avec la loi contre les associations; craignant dès lors de recevoir plus de dix-neuf personnes à la fois et de me commettre de nouveau avec la justice, je fus obligé de me donner quatre fois plus de peine. Au fond c'était encore un bien pour moi, puisque de cette manière, m'exerçant sur des hommes robustes, je préparais mon organisation à soutenir un travail que jamais magnétiseur n'aurait cru possible d'exécuter.

Les amers déboires de chaque jour, en me laissant entrevoir qu'il n'y aurait point de repos prochain pour moi, me faisaient éprouver quelques moments dc découragement et mes discours s'en ressentaient. Dans la crainte de passer pour un enthousiaste aux yeux de mes élèves, je cachais la moitié de la vérité pour ne pas être obligé de la soutenir tout entière. Je souffrais sans doute de cette disposition, car dès-lors la lutte était en moi et ne me laissait nul repos.

« Les esprits froids, disais-je à mes élèves, sont sans sympathie pour les maux d'autrui, et pour ceux qui admirent de grandes choses ; avec eux il ne faut aucune chaleur d'âme ; ils ne peuvent s'imaginer que l'on sente autrement qu'ils ne sentent. Ah ! messieurs, plaignez-les, ces hommes durs et négatifs, car ils n'illustreront jamais leur patrie ! Ils ne feront jamais une œuvre digne d'exciter l'enthousiasme ; mais pour cela ne croyez pas qu'ils ne puissent s'égarer, au contraire. Comme leur sensibilité, l'horizon de leurs facultés est borné ; leur esprit rétréci ne pouvant rien découvrir ni rien créer, ils s'attaquent à ceux qui créent, à ceux qui découvrent, et les poursuivent quelquefois jusqu'au-delà du trépas.

« Les hommes que je vous signale, véritables frêlons humains, bourdonnent toute leur vie sans apporter à la ruche commune une seule goutte de miel ; ils ont fait des piqûres, voilà tout. Vous les verriez bientôt me faire un crime du regard que je jetterais dans l'avenir, si, plein de mon sujet, je m'y élançais pour vous montrer les changements certains que nos mœurs et nos sciences doivent subir par une connaissance plus parfaite de la science que je vous enseigne. Si j'ai soulevé tant de passions par l'annonce de simples faits physiques, que serait-ce donc si je venais révéler ce que vingt-cinq années de travail et d'observations m'ont fait connaître de contraire aux idées reçues !

« Aussi je cacherai la vérité par amour pour elle; c'est un sacrifice dont vous me saurez gré plus tard, puisqu'il aura servi à aplanir quelques difficultés qui s'opposent au progrès de nos idées. »

Les jeunes gens de l'école qui suivaient mon cours regrettaient vivement que je ne fusse point admis dans les hôpitaux. Souvent ils me parlaient d'une femme qui était attaquée d'une maladie épileptiforme, dont les accès irréguliers étaient infiniment variés et curieux à observer; parfois elle tombait dans un état de coma qui durait plusieurs heures, quelquefois même plus d'un jour, sans connaissance et sans aucune sensibilité. Cette malade était dans les salles du docteur Kesergue, antagoniste du magnétisme. Il n'y avait donc nul espoir de la soumettre à un traitement magnétique à l'hôpital; mais connaissant l'humanité et la charité d'une dame de la ville, Mme de Saint-Pierre, j'invoquai si bien sa pitié qu'elle sollicita la sortie de cette malade. Elle l'obtint non sans quelques difficultés et en subissant les plaisanteries du médecin qui, sachant qu'elle serait magnétisée et la jugeant incurable, croyait jouer un bon tour à Mme de Saint-Pierre en consignant la malade à la porte, pour que désormais ce triste refuge du pauvre ne lui fût plus ouvert.

Je magnétisai cette malade en présence d'un grand nombre de personnes de la ville, et de plus de cinquantes élèves qui tous la connaissaient. Les effets du magnétisme furent subits; elle tomba dans le somnambulisme lucide dès la première magnétisation; prédit ses crises, régla la durée de ses sommeils, annonça des crachements de sang et l'apparition de ses règles qui depuis longtemps étaient supprimées, et fixa enfin la durée de son traitement à une époque assez rapprochée. Elle nous offrit des phénomènes extrêmement remarquables; les élèves y puisèrent d'utiles leçons pratiques de magnétisme, et nous eûmes le bonheur de la voir partir pour son pays en état de convalescence; bientôt après son départ, elle écrivit à Mme de Saint-Pierre pour la remercier de ses bons soins et lui faire part de sa parfaite guérison.

Un étudiant nommé Courbassier était affecté d'une paralysie des muscles d'une moitié de la face; je le magnétisai, et il survint sur le front et les tempes un gonflement assez considérable. Il alla consulter M. Kesergue qui lui assura gravement que c'était un zona et qu'il en avait pour quarante jours. — La semaine n'était pas écoulée que tout avait disparu, même la paralysie. Par reconnaissance pour moi, ce jeune homme fit insérer dans le *Journal du Midi* un récit succinct et sincère de son traitement et de sa guérison.

Un célèbre professeur de l'école de médecine de Montpellier, M. Lordat, me fit demander si je consentirais à magnétiser devant lui quelques malades qu'il m'amènerait. J'y consentis sans hésiter et dès le lendemain je magnétisai en sa présence et en celle de plusieurs médecins une jeune fille de dix-huit à vingt ans, qui depuis dix-huit mois avait une aphonie (extinction de voix); les moyens en pareil cas indiqués avaient été tentés, et la saignée seule lui avait plusieurs fois rendu la voix, mais pour quelques heures seulement, et le jour où la saignée était pratiquée. Dans son sommeil, interrogée sur les moyens à employer pour la guérir, elle répondit que dans trois jours elle recouvrerait la voix pour ne plus la perdre. Le fait était trop curieux pour que chacun ne désirât pas le vérifier. Je la magnétisai donc trois jours de suite, suivant ses ordres, et vers le milieu du troisième jour sa voix revint tout-à-coup. Aussitôt remplie de joie, elle parcourut toute la ville en criant : *C'est moi qui parle, c'est moi qui parle !* et son débit était si animé que l'on aurait pu croire qu'elle cherchait à rattraper le temps perdu.

Son sommeil magnétique avait offert des faits très curieux qui furent recueillis par M. Lordat. Cet homme distingué m'offrit de me donner un certificat du fait de guérison de cette fille; mais je le remerciai, lui répondant que je multiplierais tellement les exemples de guérison que ceux-là seuls qui auraient intérêt à ne pas y croire refuseraient leur croyance au magnétisme.

Les bruits qui avaient couru sur mon compte, les soupçons de compérage, de jonglerie, commençaient à s'évanouir. En effet, c'était au grand jour que j'opérais, et mes actes ne pouvaient être contestés.

Déjà ma clientelle était nombreuse; de toutes parts affluait autour de moi une grande quantité de malades. Quoi! me disais-je, dans cette ville où tout ce qui vit est médecin ou aspire à l'être, dans ce lieu, près du temple d'Épidaure, il y a des milliers de malades; la pharmacie est ici florissante et tant de gens sont souffrants? Jamais cité n'eut plus besoin que Montpellier de l'art du bienfaisant Mesmer!

Mon domicile, comme je l'ai déjà dit, était loin de la ville; les visiteurs devaient parconséquent braver les ardeurs du soleil pour être témoins des scènes de magnétisation; mais la curiosité était si vivement excitée par ce qu'on en racontait d'extraordinaire, que pour venir il n'était pas besoin de demander le chemin. La route était couverte de gens qui se rendaient chez moi ou qui en sortaient. — Les uns étaient en charrette, d'autres sur des brancards; quelques-uns dans de brillants équipages. — De loin on pouvait apercevoir une longue file de gens à béquille, et tous allaient *chez l'homme qui guérit.* C'était le nom qu'ils m'avaient donné.

Trois cents personnes au moins venaient chaque jour chez moi, et là où naguère j'avais enseigné les procédés du magnétisme, on pouvait voir les merveilles qu'il produisait entre mes mains. Quelquefois cinquante malades étaient rangés autour de moi et subissaient tour à tour la magnétisation que j'avais su rendre aussi puissante que l'action électrique; ils étaient frappés d'une manière si subite que presque toujours les effets magnétiques avaient atteint tout leur développement à la troisième minute!

Combien de volumes ne faudrait-il pas pour rendre compte des faits produits pendant un an sur plus de mille malades! Qui pourrait décrire les effets merveilleux qu'un seul homme put produire, animé qu'il était par le feu d'un divin enthousiasme! Les âmes et les corps semblaient obéir à un signe de ma volonté, et les lieux où se passaient ces merveilles pouvaient être regardés comme des lieux enchantés.

Combien de fois, la nuit, frappé de ce que j'avais produit d'admirable dans la journée, ne me prit-il pas envie de le décrire et de laisser un monument digne des sentiments qui m'avaient inspiré! Mais, cruelle fatalité! ne pouvant trouver les mots pour rendre mes pensées, une fièvre délirante s'emparait de mon esprit, et je gémissais accablé par le sentiment cruel de mon impuissance.

C'est alors qu'une main amie venait calmer l'ardeur de mon cerveau et me rendre le calme dont j'avais tant besoin pour poursuivre mon œuvre, car chaque jour mon travail devait recommencer avec autant de constance et non moins de fatigue.

Plusieurs des malheureux malades que le bruit de mes cures attirait près de moi venaient de trente lieues; comment les renvoyer? Parmi eux il s'en trouvait qui n'auraient pu se procurer un gîte; c'est ainsi que, me laissant gagner par la pitié qu'ils m'inspiraient, j'en logeais dans tous les coins de ma maison. Étaient-ils du moins reconnaissants de ce que je faisais pour eux? Dieu seul le sait; mais moi, en appréciant leur conduite, je crus reconnaître que leur misère morale était encore plus grande que leur misère physique. *J'étais payé par le gouvernement pour guérir,* disaient-ils; et ne voulant pas reconnaître mon désintéressement pour une œuvre humaine, au milieu d'une ville où la médecine ordinaire est si cupide, ils voulaient faire de moi un dieu pour ne pas être obligés de récompenser l'homme.

Mais avais-je au moins fini par éteindre la haine de mes persécuteurs? Hélas! non. Ne pouvant venir à bout de moi en employant le ministère de la justice, ils eurent recours au ministère des prêtres. Ils firent si bien que ceux-ci, animés bientôt des mêmes sentiments qu'eux, car ils n'avaient pas plus de vertu, montèrent en chaire pour me signaler au peuple comme *un suppôt de Satan*. Dans quatre églises, en même temps, mes œuvres furent dénoncées comme diaboliques (1). — Je possédais un grand pouvoir, cela était incontestable, mais le diable était de moitié dans la partie; et *celui qui se faisait guérir ainsi perdait son âme*. Puis me comparant à un Saint-Simonien, à un républicain et à un buveur de sang, ils cherchaient à inspirer au peuple une grande horreur de moi, afin de parvenir à l'exécution de leur projet.

(1) « Vous brûlez d'apprendre ce grand mystère... Eh! bien, « quoi qu'il m'en coûte, je vais vous dire ce mot affreux; ce ma- « gnétisme, cet art merveilleux, prodigieux, ténébreux, n'est autre « chose que le démon. Oui, le démon même; c'est lui qui conduit « la main du magnétiseur; c'est lui qui guérit les malades les plus « désespérés; c'est lui qui donne aux somnambules le don de pro- « phétie et celui des miracles; c'est lui enfin qui se sert de cette « dernière ressource pour pervertir le genre humain. »

O France! terre qui passes pour être la plus éclairée et la plus civilisée du monde, quoi! tu renfermes encore dans ton sein le hideux fanatisme; la vérité peut encore y rencontrer mille entraves! Une ville universitaire laisse impunément le peuple croupir dans l'ignorance, et tu n'exiges pas du prêtre plus de lumières! A quoi donc servent les savants? l'or qu'ils reçoivent est donc un vol qu'ils font à la nation?

Où suis-je donc venu? est-ce un rêve? l'ai-je bien entendu? des gens stupides lancent des pierres aux fenêtres de ma maison en criant au sorcier (*quant a masque*). J'ai donc rétrogradé de deux siècles? non, ce n'est point un rêve, il faut fuir ces lieux inhospitaliers! Ici le bien passe pour être un mal, la philantropie est un crime, et l'homme qui s'en rend coupable doit être lapidé!

Mais non, je resterai, je détromperai ces hommes que le fanatisme aveugle, et un jour ils me rendront justice!

Ainsi luttant contre tant d'obstacles, ma vie n'était plus qu'un long combat, et mes organes affaiblis ne trouvaient de compensation que dans la joie secrète qu'éprouvait mon cœur; car je croyais avoir plus de vertu que mes persécuteurs. L'évêque, homme éclairé, empêcha bientôt les prédications insensées, mais déjà les malades pauvres avaient réfléchi, et plusieurs disaient tout haut : *J'aime mieux être guéri par le diable que de toujours souffrir;* et se couvrant d'objets bénits, ils accouraient de nouveau chez moi.

Un conducteur de bateaux, qu'un refroidissement subit avait perclus de tous ses membres, venait, couché dans une charrette, recevoir les soins des médecins des hôpitaux de Montpellier. Aperçu, lorsqu'il traversait la ville, par des gens du peuple, ceux-ci détournèrent la voiture de sa direction en criant : *chez l'homme qui guérit! chez l'homme qui guérit!* et l'accompagnant en grand nombre, ils me l'apportèrent au milieu des autres malades déjà réunis dans mon jardin.

Il était dans un cruel état : ses membres contournés et rapprochés du tronc lui ôtaient la possibilité de faire un mouvement, et lorsqu'on faisait effort pour le soulever il criait d'une voix lamentable.

Magnétisé immédiatement, il fut endormi en moins de cinq minutes; je lui commandai alors de marcher, et me plaçant devant lui en faisant un pas je l'attirai dans ma direction. Bientôt on vit ses membres s'allonger; puis, se levant avec effort, il me suivit sans pousser un seul cri; je le ramenai de la même manière, et l'interrogeant sur le nombre de fois qu'il faudrait le magnétiser, il répondit : Trois fois. Je le réveillai, et déjà il n'était plus le même homme; il pouvait mouvoir ses membres et se mettre sur son séant.

Les sensations de plaisir que j'éprouvais étaient partagées par la foule; ce fut bien autre chose lorsque le lendemain on vit cet homme se promener dans la ville, n'ayant qu'un bâton pour soutien. Le troisième jour, comme il l'avait annoncé lui-même, il put songer à son départ; il ne lui restait que le souvenir de toutes ses douleurs. Il était promené de porte en porte; on se le montrait en criant au miracle; sa joie, il faut le dire, était empreinte sur tous ses traits.

Un menuisier de Gignac, qui depuis sept années avait aux jambes un gonflement considérable qui l'empêchait de se livrer à ses travaux, se fit conduire chez moi. Je crus que cette maladie, à cause de son ancienneté, était incurable, et je refusai de le traiter; mais il me pria et me supplia tant pour que j'eusse pitié de lui, que je me décidai à le magnétiser; les effets furent subits, pour ainsi dire; dès la deuxième séance il sentit plus de facilité à mouvoir ses jambes, et le gonflement avait déjà diminué; au bout de sept jours elles étaient dans leur état naturel. Cet homme ne se sentait pas de joie; il me remerciait avec transport, montrait à tout le monde ses chaussures, ses bas qui semblaient avoir été faits pour un géant, et appendait ses béquilles à un arbre de mon jardin, lorsqu'un médecin, à qui j'avais accordé l'entrée de ma maison (et c'était une grande faveur alors, car j'avais eu tant à me plaindre d'eux que je refusais toutes les demandes qu'ils m'adressaient), avisant ce malade et le reconnaissant pour lui avoir donné des soins, l'attira dans une partie écartée du jardin, et lui dit : *Tu ne vois pas que tu es ici chez un charlatan, et que ton mal va revenir plus fort et plus incurable!* Ce misérable venait de me solliciter avec importunité même pour que je donnasse mes soins à deux prêtres malades qui l'avaient choisi pour me faire cette demande.

Le malade que je venais de guérir s'en retourna à pied chez lui, et je crois que la distance est de sept lieues. Sa guérison causa une très grande sensation dans la ville, car il y était très connu. Il revint me voir à quelque temps de là ; il avait pu travailler plusieurs heures dans l'eau sans rien ressentir de son ancienne incommodité. De tous ceux qui, dans la classe de cet homme, reçurent mes soins, aucun ne fut plus reconnaissant.

Des guérisons si extraordinaires amenaient chez moi une si grande quantité de malades que je me trouvai bientôt dans l'impossibilité de les traiter tous. Je m'adjoignis plusieurs jeunes gens de l'école, et tous les jours cent cinquante malades étaient magnétisés. Les pauvres furent cause que j'eus bientôt les riches, et ceux-ci, malgré leurs offres d'argent, malgré leurs supplications, durent attendre quelque temps avant que je consentisse à les recevoir.

M. de Boisserolles, fils de l'ancien général de ce nom, riche propriétaire de Ganges, était atteint, depuis plusieurs années, d'une maladie que les médecins de Montpellier regardaient comme incurable. C'était une espèce de goutte qui affectait principalement les jambes et les reins. La carié de toutes les dents et la couleur jaune de la peau annonçaient assez le ravage que cette humeur avait causé dans toute l'organisation. Ce malade ne pouvait marcher que courbé en deux et appuyé sur deux personnes; de cette manière, il se traînait péniblement plutôt qu'il ne marchait; c'est en vain qu'il avait cherché un soulagement à un état si cruel. Ce monsieur m'appela pour lui donner des soins; je le trouvai sensible au magnétisme, quoique le sommeil magnétique ne se fût pas développé. J'osai lui promettre de le faire marcher droit et sans aide dans les rues de Montpellier; mais j'exigeai de lui que, quoi qu'il arrivât, il ne suivît d'autres conseils que les miens, et que sa docilité fût aussi grande que ma persévérance.

Ma recommandation, en effet, fut on ne peut plus utile.

Douze jours ne s'étaient pas écoulés que déjà

l'humeur, qui avait causé tant de souffrances à M. de Boisserolles, commençait à s'en aller. Les urines furent d'abord très chargées, la peau devint huileuse et laissait échapper une grande quantité d'humeur épaisse ; les garde-robes se multiplièrent d'une manière effrayante ; il en avait jusqu'à soixante par jour ; les crachats même étaient abondants, et le nez laissait également écouler une grande quantité de sérosité. Cette crise extraordinaire alarma bientôt la famille, qui était accourue sur le bruit que le malade était dans un état désespéré. Mes exhortations rassuraient pleinement M. de Boisserolles, mais mon influence était combattue par des raisonnements contraires, venant de gens qui n'étaient ni mes amis, ni ceux de la vérité.

Mᵐᵉ de Boisserolles, pour acquérir plus de confiance, passait chaque jour plusieurs heures au milieu des malades ; et là, je la voyais interrogeant chacun d'eux sur ce qu'il éprouvait, sur ce que j'avais pu lui dire de sa maladie et de son traitement ; et n'apercevant que des gens joyeux et pleins d'espoir, des malades soulagés et en voie de guérison, elle devint elle-même mon auxiliaire pour contre-balancer les craintes que l'on avait cherché à faire pénétrer dans l'esprit de son mari.

Que prenait donc M. de Boisserolles pour qu'un

changement si extraordinaire eût lieu dans son état habituel? Au grand désespoir des pharmaciens, je ne lui donnais que du magnétisme et de l'eau magnétisée. A coup sûr je mettais quelque chose dans les bouteilles, du moins les médecins et les pharmaciens l'assuraient. Hélas! ils se trompaient encore, car on m'apportait les bouteilles d'eau parfaitement bouchées, et je n'en décachetai aucune. Ils en furent réduits à dire que je m'entendais avec les domestiques; quelle pitié!

Après dix ou douze jours de crises, qui avaient produit un grand état de faiblesse et une extrême maigreur, les forces commencèrent à revenir. A sa grande surprise, le malade put se tenir sur son séant; je l'engageai à prendre peu d'aliments, à se ménager beaucoup, et surtout à ne pas dépenser trop promptement la force nouvelle que je lui donnais.

Ce que je lui avais prédit arriva. Il y avait à peine six semaines que je le traitais, que j'eus le plaisir de le rencontrer dans la rue venant seul au-devant de moi. Il marchait droit et avait pour tout soutien une canne légère. La jambe droite, où on avait établi maladroitement un cautère, était seule encore souffrante et faible. Ce malade était-il parfaitement guéri? Je ne le pensais pas, et je l'engageai à se faire magnétiser chaque année à pareille époque, un mois durant, pour modifier totalement sa constitution qui me paraissait mauvaise.

M. de Boisserolles apprit bientôt lui-même à magnétiser. L'ayant réuni chez moi au docteur Pigeaire, à MM. de Montvaillant, Faventine, Olivier, Léon, et à d'autres personnages distingués, je commençai pour eux un cours de magnétisme.

Que disaient mes antagonistes au récit de mes heureux traitements? Ils répandaient le bruit que mes guérisons n'avaient pas tenu, que telle personne était retombée malade, que d'autres étaient mortes, etc. J'eus la bonhomie de croire d'abord à ces bruits; mais bientôt je pris des informations, et, à ma grande satisfaction, ces bruits étaient mensongers. Telle avait déjà été à mon égard la conduite de gens remplis de lumières et de bonne foi qui nient le magnétisme. M. Récamier, fameux médecin, n'avait-il pas dit aussi, en pleine Académie, que Mlle Samson, que j'avais guérie à l'Hôtel-Dieu de Paris, y était rentrée quelque temps après et était morte dans ses salles? Et l'assertion de cet homme distingué aurait sans doute passé aux yeux de tous pour la vérité, si le hasard, à quelques jours de là, ne m'eût fait rencontrer cette fille, qui consentit à m'accompagner à l'Académie, et à venir en pleine séance donner un éclatant démenti à celui qui avait osé avancer qu'elle était morte. M. Husson, que ce fait intéressait comme moi, en dressa un procès-verbal qui fut signé par vingt personnes.

Allons, messieurs les ennemis du magnétisme, du courage! vous n'êtes pas au bout. Ne faiblissez pas! donnez-vous la main. Que ceux de Paris répondent à ceux de Montpellier! Mais vos armes sont usées, et si elles font toujours feu, désormais elles ne blesseront que vous.

Déjà le magnétisme se répandait dans les villes voisines de Montpellier; un de mes élèves, M. Olivier, de Beziers, m'écrivait de cette ville, le 19 décembre 1836, la lettre suivante :

« Monsieur,

« Malgré les deux terribles adversaires du su-
« blime magnétisme, l'ignorance et l'égoïsme
« sous une robe doctorale, depuis que j'ai eu le
« bonheur de vous écrire, j'ai défié l'incrédulité
« en plein café, et cette audace m'a parfaitement
« réussi. Je n'ai pas échoué dans une seule expé-
« rience, et cependant on exigeait beaucoup de
« moi, car ne pas endormir, ce n'était rien faire,
« et cela au milieu des ris, du bruit et des plaisan-
« teries. J'ai constamment vaincu sur les plus in-
« crédules et les plus robustes. Notre cause est ici
« généralement gagnée. Lorsque vous arriverez,
« vous trouverez le terrain préparé; vous n'aurez
« qu'à y jeter la semence; toute notre jeunesse

« intelligente vous attend avec impatience. »

Quelques jours après, M. Olivier m'écrivait encore, et je donne cette lettre en entier.

  « Mon cher monsieur,

 « Gloire à votre science, honneur à vous, qui,
« loin d'en faire un monopole, cherchez à la pro-
« pager! Convaincu du plaisir que je vous ferai, je
« m'empresse de vous faire connaître les effets
« surprenants que j'ai produits hier, et dont je suis
« encore aussi étonné que ceux qui en ont été les
« témoins.

 « La maîtresse du café où j'étais me propose en
« plaisantant de la magnétiser; j'accepte. Dans
« deux minutes ses paupières s'abaissent, des
« mouvements inusités se montrent accompagnés
« de légers cris plaintifs; je l'interroge : « Dormez-
« vous? — Non. — Souffrez-vous? — Non. — Vou-
« lez-vous dormir? — Non, je ne puis ouvrir les
« yeux. — Si je vous laisse dans cet état, souffri-
« rez-vous? — Non. » Vers la fin de cette expé-
« rience, entre un jeune homme de dix-huit ans
« assez à temps pour voir dans quel état se trou-
« vait cette femme; il en est surpris, mais il dit
« tout bas à quelqu'un : Je n'y crois pas. On lui
« répond : Demandez à M. Olivier de vous magné-
« tiser. Il s'avança et me dit : Voulez-vous me ma-
« gnétiser? je suis bien sûr que vous ne me ferez

« rien. — Volontiers, mettez-vous là. Il se place
« sur une chaise, et dans deux minutes ses yeux se
« ferment, des mouvements convulsifs se décla-
« rent, sa poitrine se gonfle, des hoquets violents
« se font entendre et il cherche à me fuir; je dis
« aux personnnes qui sont là : Ce jeune homme
« souffre certainement de l'estomac, soit acciden-
« tellement, soit habituellement. Enfin, ne pou-
« vant supporter mon magnétisme, il se leva pour
« fuir; je le prends doucement par la main, je lui
« ordonne de s'asseoir et il obéit. Il est telle-
« ment agité que je n'ose l'interroger en cet état,
« et je l'éveille. Il demande où il est, d'où il
« vient et s'il a été aussi sensible au magné-
« tisme que la femme qu'il avait vue endormie.
« On lui répondit : Cent fois plus. Il ne veut pas
« le croire tant il était profondément endormi, et
« il est stupéfait quand on lui rend compte de
« tous ses mouvements. Je lui demande s'il ne
« souffre pas habituellement de l'estomac; il me
« dit que non, mais qu'il avait beaucoup trop
« mangé à déjeûner et que lorsqu'il était entré la
« digestion était pénible. Il se place à une table et
« s'adosse heureusement au mur. Pendant que
« chacun cause de cela, deux de mes amis entrent,
« s'informent et me prient de renouveler l'expé-
« rience. Je m'empare d'une canne, je me mets à
« quatre pas, je la dirige sur l'épigastre de ce jeune

« homme ; dans une minute il se renverse violem-
« ment, casse les flacons qui étaient sur la table, et
« je n'ai que le temps de l'empêcher de tomber à
« terre. Je renouvelle l'expérience, mais cette fois
« la foudre n'est pas plus prompte. Enfin enhardi,
« je pousse l'épreuve jusqu'à la pensée et je réussis
« complètement.

« J'espère que vous n'oublierez pas la pro-
« messe que vous avez faite de venir passer quel-
« que temps ici. Je suis convaincu que vous aurez
« beaucoup de malades et je vous garantis un
« cours nombreux et bien composé ; tous nos
« jeunes gens sont impatients de le suivre, sur-
« tout depuis qu'ils ont vu ou su ce qui est arrivé
« hier. Du reste je vous confesse que de tous je ne
« suis pas le moins étonné. Ce jeune homme a dit
« que lorsqu'il était en ma présence il osait à peine
« me regarder, et que ma voix ou le moindre de
« mes mouvements dans l'appartement le tenait
« sous le charme. Ce qu'il y a de singulier, c'est
« qu'il rompait tous les jours des lances contre le
« magnétisme et que lorsqu'il en a subi la puis-
« sance, il venait d'avoir une discussion très vive
« avec un oncle qui est prêtre et qui voulait qu'il
« crût. Je vous garantis de sa conversion.

« En attendant le plaisir de vous voir, etc.

« OLIVIER. »

Béziers, le 27 décembre 1836.

Voici une autre lettre qui me fut écrite de Roujan, le 24 décembre 1836 :

« Mon cher professeur,

« Fidèle à la promesse que je vous fis lors de
« mon départ de Montpellier, je viens m'acquit-
« ter envers vous d'une reconnaissance sans
« bornes en vous annonçant, comme vous me l'a-
« viez si souvent assuré, la guérison de mademoi-
« selle ; elle entend comme si elle n'avait jamais
« eu de surdité. Encouragé par cette cure, je me
« suis livré au magnétisme ; j'ai dans ce moment
« six malades en traitement, dont deux épilepti-
« ques qui doivent être guéris l'un le 6 janvier
« et l'autre le 7 ; ils sont excellents somnam-
« bules et très clairvoyants, car je les ai souvent
« mis à l'épreuve en leur faisant consulter les
« mêmes malades dans des appartements différents
« et sans qu'ils en eussent connaissance ; ils m'ont
« plusieurs fois étonné par la désignation des
« mêmes maladies. Mais ce qui fait mon admira-
« tion, ce sont les mêmes moyens thérapeutiques
« qu'ils m'ont souvent indiqués sans aucune con-
« naissance de la médecine.

« Je fus appelé la semaine dernière à Pézénas
« par deux de mes confrères pour voir un brave
« capitaine atteint de paralysie depuis quatre ans,
« et qui voulait se soumettre au magnétisme. Je

« le magnétisai; il ne fut nullement sensible. Le sur-
« lendemain j'y revins avec un des somnambules
« dont je vous ai déjà parlé ; je le mis en rapport, et
« il m'annonça que le capitaine avait de l'eau dans
« la tête, le foie gâté et qu'il n'y avait aucun remède
« à faire. Heureusement que le somnambule parla
« assez bas pour que le malade ne pût l'entendre ;
« il n'y eut que ses deux médecins que j'avais
« placés très près qui l'entendirent comme moi.

« Toute la faculté de médecine de Pézénas fut
« assemblée et me pria l'après-dîner de faire
« quelques épreuves sur le malade que j'avais
« amené. J'y consentis dans l'intérêt de la science ;
« j'endormis quatre fois le malade, à dix pieds
« de distance, en dirigeant sur lui ma main, et
« cela dans deux minutes. Si je l'appelais il me
« répondait, tandis qu'il était sourd à la voix de
« ces messieurs, quoiqu'ils cherchassent à imiter
« ma voix. On eut beau faire du bruit à ses oreilles,
« il fut toujours plongé dans le sommeil. Ce qui
« les surprit le plus, ce fut de l'entendre désigner
« le nombre de personnes présentes ; il dit qu'il y
« en avait vingt-une, ce qui était vrai. M. le maire
« en tête et tout ce qu'il y avait de plus distingué
« dans Pézénas sous le rapport des sciences en
« faisaient partie. Je regrette bien, mon cher
« professeur, que vous ne fussiez point présent
« à cette assemblée, vous auriez joui de voir leur

« surprise. Et ne pouvant comme d'ordinaire ex-
« pliquer ces divers phénomènes, les incrédules
« ont pris le parti de parler de compérage; cepen-
« dant, comme je leur faisais observer que j'avais
« mal choisi mon compère, puisqu'il avait annoncé
« qu'il n'y avait rien à faire au capitaine, et que
« c'était pour lui seulement que je l'avais amené
« et qu'il était de mon intérêt de le traiter, cette
« réflexion fit penser à plusieurs que j'avais rai-
« son, que ce qu'ils avaient vu était l'effet du ma-
« gnétisme animal.

« J'ai fait à Pézénas autant de sensation que
« vous en avez fait dans le temps à Montpellier;
« tout le monde s'entretient du magnétisme. Je
« n'aurais eu besoin que de votre présence et de
« quelque autre sujet; vous auriez été enchanté de
« voir l'avidité et surtout la curiosité de ces mes-
« sieurs. Je me propose, une fois que les malades
« que j'ai en traitement seront guéris, d'aller pas-
« ser quelques jours dans cette ville, pour con-
« vaincre les incrédules de l'existence du magné-
« tisme et des effets qu'on peut en obtenir comme
« moyen curatif.

« J'ai appris avec plaisir par M. Kuhnholtz que
« vous aviez ouvert un cours et que vous aviez un
« grand nombre d'élèves.

« Votre très dévoué,

« L. Carles, D-M. »

Un autre élève, M. Faventine, m'écrivait du Vigan, le 20 janvier 1837 :

« Permettez que je vous entretienne de mes suc-
« cès magnétiques ; j'ai entrepris la guérison de
« quatre personnes attaquées de maux d'yeux et
« de douleurs rhumatismales ; elles sont toutes gué-
« ries, au grand désespoir des médecins, qui tous
« les ans à la même époque étaient dans l'usage
« de les traiter sans les guérir.

« J'ai l'honneur de vous saluer,

« FAVENTINE »

Je recevais en même temps des lettres d'Arles et de Nîmes, où des expériences étaient faites pour convaincre du magnétisme. Mais ce qui me remplissait de joie, c'était d'apprendre que mes anciens élèves ne m'oubliaient point et s'élevaient par degrés jusqu'à comprendre la valeur du magnétisme ; leur reconnaissance surtout me touchait jusqu'au fond du cœur.

Voici ce que deux de ces messieurs m'écrivaient :

« .... Chacun de nous opère de son côté. Nous avons
« des épileptiques, des engorgements scrofuleux,
« des gastrites, des suppressions de règles, etc., en
« traitement. En général, il y a de l'amélioration
« dans l'état des malades.

« Plusieurs des membres de la Société ont des
« somnambules fort curieux ; des phénomènes du
« plus haut intérêt se sont présentés. Les incré-
« dules ne rient plus du magnétisme, ils en ont
« peur. — Etant moins de vingt membres dans
« notre Société, nous n'avons pas eu besoin d'au-
« torisation ; mais si elle devient nécessaire, nous
« sommes sûrs de l'obtenir de l'autorité.

« En un mot, tout va bien ; la semence que vous
« avez jetée ici germe et promet une belle ré-
« colte.

« Nous vous devons tous bien de la reconnais-
« sance, et quant à moi, je vous le proteste, un
« jour nouveau s'est fait dans mon esprit. Je vis
« dans une sphère nouvelle et je ne voudrais pas
« pour dix années d'existence ne pas avoir reçu
« l'initiation. Et cependant que suis-je? qu'est-ce
« que cette faible étincelle auprès du foyer de lu-
« mière que je pressens, que je devine, mais que je
« ne puis voir encore !

« En vous quittant, monsieur, nous vous avons
« témoigné le vif désir d'attacher votre nom à
« notre Société. C'est au nom de tous ses membres
« que je viens vous prier d'accepter le titre de Pré-
« sident honoraire de la société de l'Harmonie de
« Bordeaux. Vous nous donnerez en l'acceptant
« un nouveau témoignage de la bienveillance et
« de l'affection que vous avez bien voulu nous

« montrer. Il nous serait aussi bien agréable d'a-
« voir votre nom sur nos diplômes ; dès que j'aurai
« reçu votre réponse je m'empresserai de vous les
« adresser pour que vous y apposiez votre signa-
« ture.

« Ce sera pour la société un jour de fête que ce-
« lui où elle recevra de vos nouvelles. Veuillez
« nous en donner le plus tôt possible. Dites-nous si
« vous avez de nombreux élèves à Toulouse, et
« comment le magnétisme y a été reçu.

« Tout à vous de cœur et à toujours,

« V. M. »

Bordeaux, 3 mai 1836.

« Mon cher professeur,

« Que de remercîments ne vous dois-je pas pour
« l'initiation à laquelle vous m'avez appelé ! quel
« vaste champ s'est ouvert devant mes yeux, et
« comme mon esprit s'est élancé dans une sphère
« plus élevée ! Le livre de la nature, dont j'ai à
« peine vu la première page, m'a laissé entrevoir
« un avenir plein de charmes; mes études se sont
« encore plus fixées aux choses sérieuses, et mainte-
« nant je peux apprécier toute la portée de ce fa-
« meux *connais-toi* des anciens, sur lequel ils fai-
« saient reposer la science et la philosophie. Cette
« ère nouvelle dans mon existence est votre ou-

« vrage. C'est à vous qu'en revient le mérite, car
« sans vous je chercherais encore la verité que
« j'avais vainement demandée à toutes les sectes, à
« toutes les écoles.

« Les succès que vous avez obtenus à Montpel-
« lier sont d'un heureux présage. Vous avez su
« rendre impuissantes les attaques, les jalousies et
« les vengeances de l'aéropage médical ; c'est un
« triomphe. Poursuivez votre route. Elle doit vous
« conduire, non pas au repos, car l'homme de
« bien est toujours poursuivi par la haine et l'en-
« vie, mais à la récompense de tous vos efforts.
« L'humanité qui a besoin de guides finira par vous
« comprendre malgré les docteurs et les savants;
« et les germes que vous répandez produiront de
« bons fruits. Le monde n'a pas été créé pour res-
« ter la proie de l'ignorance; espérons donc que
« le Dieu de la vérité renversera tous les faux
« dieux.

« Nous travaillons toujours ; malheureusement
« nous sommes dans une ville où règnent l'igno-
« rance et la vanité! Ici, vous l'avez vu, on re-
« pousse toute science; l'argent est le mobile de
« toutes les actions, de tous les calculs, de tou-
« tes les liaisons. Que faire devant tant de sottise
« et d'orgueil? se résigner , travailler et attendre.
« Nous le ferons. Vos lettres, qui seront toujours
« reçues comme d'utiles leçons, nous encourage-

« ront, et, ouvriers persévérants, vous nous trou-
« verez toujours prêts à vous seconder dans votre
« entreprise noble et bienfaisante.

    « Veuillez recevoir, mon cher président, l'assu-
« rance de l'affection vive et sincère et de l'amitié
« inaltérable que vous avez inspirées à votre très
« dévoué,

« E. »

Bordeaux, 5 août 1836.

Un congrès de savants était assemblé à Montpellier; je devais saisir cette occasion d'appeler
l'attention des hommes qui en faisaient partie sur
la science nouvelle que j'enseignais. J'écrivis à ce
sujet un mémoire que je lus en séance publique;
les conclusions en furent adoptées et on me vota
des remercîments *pour avoir le premier appelé l'attention du congrès sur les phénomènes du magnétisme.*

Voici quelle était la fin de mon mémoire :

Après avoir relaté les faits attribués au magnétisme en général, « Maintenant, ajoutais-je, il me
« reste à tirer quelques conséquences de ces faits.
« En admettant pour un instant leur réalité, voyons
« ce que deviennent vos connaissances qui ne sont
« point purement physiques ou mathématiques?

    « Que faites-vous de votre physiologie, où vous

« avez déposé ce que vous saviez de l'homme et
« des lois qui le gouvernent ?

« Oserez-vous placer votre raison et vos vues en
« médecine en présence de l'instinct, et vos systè-
« mes en face des faits nouveaux qui les renver-
« sent ?

« Et que deviendra votre médecine d'aujour-
« d'hui, s'il est bientôt reconnu que sans aucun
« médicament on peut guérir le plus grand nom-
« bre des maladies ?

« Vous aimerez mieux contester les faits que de
« les adopter ; mais, encore une fois, ce n'est point
« une propriété de quelques individus ; tous les
« hommes la possèdent ; elle est le produit de no-
« tre organisation ; il ne faut point de génie pour
« la mettre en œuvre, et maintenant plusieurs mil-
« liers d'hommes propagent avec zèle cette nou-
« velle révélation et ce nouveau moyen de guérir.

« J'attends de vous, messieurs, non pas que vous
« vous déclariez partisans du magnétisme, mais
« que dans l'intérêt de la science et de l'humanité
« dont vous êtes ici les nobles représentants, vous
« preniez une délibération sur le sujet dont je viens
« de vous entretenir. Je demande qu'il soit expri-
« mé, dans votre rapport général, le vœu formel
« qu'à un prochain congrès des mémoires soient
« présentés sur le magnétisme animal, et que des
« discussions solennelles viennent enfin apprendre

« au monde que le magnétisme est une des plus
« grandes vérités surprises à la nature ou une des
« plus grandes erreurs de l'esprit humain. »

Tout allait donc au mieux à Montpellier : M. le
professeur Lordat soutenait le magnétisme dans
sa chaire de la Faculté; le docteur Kunholtz, agrégé
à la même Faculté, traitait déjà un certain nombre
de malades par cette méthode, car deux mois d'examen et d'études à ma clinique magnétique, la plus
belle que l'on eût jamais vue, lui avaient appris tout
le parti que l'on pouvait tirer du magnétisme.

Une jeune, riche et belle personne de Montpellier, qui tous les mois ressentait des douleurs af-
freuses à l'approche de ses époques et pendant leur
durée, douleurs que les ressources de la médecine
classique n'avaient pu ni guérir ni soulager, fut
guérie par moi en la magnétisant quatre jours
avant et quatre jours après chaque époque; les douleurs ne reparurent plus au troisième mois.

Mlle Casalis, atteinte d'une fièvre intermittente
que le quinine avait plusieurs fois fait disparaître,
mais qui revenait plus opiniâtre au bout de quelque temps, fut parfaitement guérie par mes soins
sans qu'elle prît pour une obole de drogue.

Un jeune homme dans une position moins opu-
lente fut guéri de la même maladie et par les mêmes
procédés. Lorsqu'il fut revenu complètement à la
santé, je l'envoyai à son médecin pour lui faire

constater le fait, mais celui-ci le chassa de chez lui en lui disant qu'il était un imbécile.

Un meunier de Sommières, le nommé Gaillet, épileptique depuis dix ans, vint me voir pour se faire guérir. Cet homme, que ses attaques avaient plusieurs fois pris dans son bateau, n'avait dû la vie qu'au courage de quelques personnes qui l'avaient aperçu se noyant. Il s'endormit dès les premiers instants de magnétisation, et dans son sommeil il déclara devant une foule immense qu'il serait guéri dans cinq jours. Une guérison si prompte ne me paraissait pas durable; en effet il eut une rechute et revint comme je le lui avais recommandé. — Endormi de nouveau, il dit que cette rechute n'était pas de même nature que ses anciennes attaques, qu'elle était seulement l'effet d'une peur qu'on lui avait faite récemment, mais qu'il était parfaitement guéri; et depuis, mes informations m'ont confirmé l'exactitude de son assertion.

Un sergent du corps d'élite de la ville de Montpellier, que des rhumatismes avait rendu impotent au point que l'on était obligé de l'habiller comme un enfant, éprouva de tels effets du magnétisme qu'au bout de quelques jours il fut en état de mettre lui-même son habit et de reprendre ses occupations.

Ma maison était alors fréquentée par les officiers

de la garnison de Montpellier ; le conseil général vint assister en corps à mes expériences et à mes démonstrations ; les jurés du département à l'issue des audiences ne manquaient pas de se rendre chez moi, et je reçus d'eux tous les témoignages les plus sincères de la satisfaction qu'ils éprouvaient de voir un moyen aussi simple que celui que j'employais rendre tant de services à l'humanité.

La curiosité ne pouvait pas être satisfaite, car les faits étaient toujours nouveaux ; chaque malade étant affecté d'une manière différente, les expériences variaient aussi à l'infini et laissaient ceux qui en étaient témoins dans un étonnement indicible.

En effet, celui-ci, épileptique de Bédarieux, homme grand et robuste, était entraîné dans ma direction lorsque je le voulais, et six hommes ne pouvaient l'en empêcher.

Cet autre, M. Jouve, de Béziers, affecté d'une paralysie de tout un côté du corps, éprouvait de si puissants effets que, soumis à la magnétisation, on voyait au bout d'un instant les deux membres paralysés entrer en convulsion et exécuter des mouvements si rapides et si inconcevables, qu'ils inspiraient l'effroi à ceux qui les voyaient. Lorsque la magnétisation avait commencé et que je m'éloignais de lui, il se levait tout-à-coup et courait après moi sans pouvoir s'en empêcher; quelquefois même je me suis plu à tourner autour d'un arbre, afin de voir si la puissance qui l'attirait perdrait de son action; mais, loin de là! il tournait avec autant de rapidité que j'en mettais à le fuir!

Un garçon épileptique était pris d'un accès aussitôt que je le magnétisais; et c'est ainsi qu'en en provoquant en grand nombre chaque jour, je parvins à le guérir.

Une jeune fille affectée d'une tumeur blanche aux genoux éprouvait, par le seul effet du magnétisme, des mouvements convulsifs des muscles de cette partie, capables par leur nature d'y occasionner les désordres les plus grands; et cependant elle ne se plaignait de nulle douleur, tandis que dans son état habituel le moindre contact de cette tumeur était on ne peut plus sensible. Cet effet si singulier du magnétisme eut pour résultat de diminuer considérablement l'engorgement et de mettre la malade en état de marcher sans béquilles.

Une autre fille, Julie Brunelle, appartenant à une honnête famille de Sommières, qui était depuis sept années paralysée des membres inférieurs et ne pouvait se mouvoir qu'à l'aide de deux béquilles, avait été amenée par ses parents à mon traitement. N'ayant pu la magnétiser moi-même à cause de mes nombreuses occupations, j'avais chargé de ce soin un élève en médecine. Depuis quinze jours traitée par cet élève sans éprouver d'amélioration dans son état, elle se persuada qu'elle ne pourrait guérir que si je la magnétisais moi-même. Apprenant son chagrin et la voyant toute triste sortir de la maison, je l'appelai, et dès qu'elle fut rentrée je l'endormis en moins de six minutes. Elle déclara devant beaucoup de monde qu'elle quitterait ses béquilles dans dix-neuf jours; qu'elle marcherait d'abord avec difficulté, mais qu'au bout de quelques mois, la sensibilité revenant dans ses membres, il ne lui resterait qu'un peu de gêne que le temps seul était appelé à détruire; mais que cette gêne du reste ne l'empêcherait nullement de marcher.

Le dix-neuvième jour, après son réveil du sommeil magnétique, je l'engageai à marcher, ce qu'elle fit sans tomber, mais aussi sans allonger beaucoup les jambes; il lui fallait une heure pour faire le trajet que j'eus pu faire en quelques minutes. Cependant l'élasticité des membres est revenue petit à petit, et cette fille a pu se livrer depuis à des occupations pénibles sans aucune souffrance, et sans être obligée de se servir d'appui.

Une jeune femme devenue sourde à la suite d'une couche fut amenée par son mari pour tenter sa guérison; elle n'entendait qu'avec une extrême difficulté le bruit le plus fort que l'on pût faire, et depuis près de deux ans cet état persistait.

Magnétisée, elle s'endormit à l'instant, et à la grande surprise des auditeurs la faculté d'entendre revint immédiatement; mais je savais que cette faculté ne durerait que pendant son sommeil, et que réveillée elle serait aussi sourde qu'avant; aussi je la pressai de questions sur les moyens à employer pour rendre permanent l'état actuel de l'ouïe; elle assura que ce que je faisais était bon, et que dans cinq jours la sensibilité de cet organe serait revenue.

Le cinquième jour expiré, en sortant du somnambulisme où je l'avais plongée pour lui faire répéter son assertion, nous la vîmes dans un étonnement que la plume ne saurait décrire; elle entendit d'abord un grand bourdonnement dans les oreilles; les sons y étaient arrivés confus, sans valeur, puis au bout d'un instant elle comprit ce que l'on disait autour d'elle. La joie qu'elle en éprouva la jeta dans des convulsions extraordinaires; de grosses larmes inondaient son visage. Mais enfin, revenue à elle, je l'engageai à mettre du coton dans ses oreilles, à ne pas prêter trop d'attention à ce qui se passait autour d'elle, et à ne jouir de la faculté qu'elle venait de retrouver que par degrés. Elle a suivi mes conseils, et sa guérison a été complète et durable.

Je magnétisai un jeune sourd-muet de Montpellier, qui ne devait rester dans cette ville que

peu de jours; il fut endormi au bout de quelques
instants. Dans son sommeil, je lui dis à l'oreille,
et d'une voix peu élevée, *du-po-tet*, et notre surprise fut grande lorsque nous l'entendîmes répéter *du-po-tet*. Il s'éveilla un instant après, sans
qu'il lui restât rien de l'émotion que nous suppo-
sions lui avoir causée. J'aurais voulu continuer à
le magnétiser, mais comme je ne pouvais garantir
sa guérison, ses parents le firent partir pour Toulouse, où son éducation de sourd-muet devait être
continuée.

Une jeune fille, qui ne pouvait se former, fut
amenée à mon traitement; aussitôt qu'elle fut endormie, elle assura qu'en la magnétisant trois semaines ses règles paraîtraient; elle en fixa l'heure
précise, et le temps venu, la mère vint nous assurer que sa fille ne s'était point trompée. J'engageai un médecin qui connaissait la famille à vouloir bien vérifier l'exactitude de son assertion avec
tous les ménagements possibles, et il vint me dire
qu'il ne conservait aucun doute, la certitude matérielle lui étant acquise. Des crachements de sang
qu'avait fréquemment cette jeune fille ne reparurent plus, et elle recouvra un teint coloré qu'elle
avait perdu depuis longtemps.

Deux hommes de Lodève étaient affectés tous
deux d'une maladie ayant les mêmes caractères,
maladie ancienne, réfractaire à tous les remèdes;

c'était une espèce de paralysie des membres inférieurs. Ils avaient une extrême difficulté à faire le
trajet de la ville à mon domicile, et ce n'est qu'ap-
puyés sur deux bâtons, et marchant en frottant le
sol, qu'ils gagnaient péniblement le lieu où ils devaient trouver la guérison de leurs maux.

Tous deux cependant ne furent pas guéris
en même temps; l'un fut soulagé au bout de
quelques jours seulement, et je me plaisais à lui
faire descendre cinq marches d'un escalier de mon
jardin sans être appuyé. Bientôt, devenant plus
entreprenant, il retourna à la ville son bâton sur
l'épaule, mais sans être parfaitement guéri, car
il a fallu plus de deux mois avant que son rétablissement fût complet.

L'autre malade était jaloux de la prompte amélioration survenue dans l'état de son camarade;
mais je fis si bien qu'il n'eut bientôt plus rien à
lui envier.

Ils éprouvaient tous deux des effets surprenants : aussitôt qu'ils étaient magnétisés, ils trem-
blaient et étaient agités de mouvements convulsifs, comme s'ils eussent eu la danse de saint Guy.
La magnétisation terminée, ils éprouvaient beaucoup de chaleur dans les membres ordinairement
froids, et accusaient chaque fois un sentiment de
force que depuis longtemps ils ne connaissaient
plus.

Leur maladie venait d'un refroidissement; tous mes malades les connaissaient et les désignaient sous le nom *des deux panards*.

Un jeune homme de Paris, envoyé à Montpellier pour essayer du climat *comme moyen de ralentir une maladie de poitrine* et de prolonger une vie dont la terminaison était malheureusement trop prochaine, vint me solliciter de faire quelque chose pour lui, et de lui rendre la vie plus supportable. Il était voûté, crachait avec difficulté, ne mangeait plus et ne pouvait dormir; chaque nuit, des sueurs abondantes venaient encore augmenter son état de faiblesse. La médecine de la ville savante lui avait fait appliquer huit cautères sur la poitrine, et ces émonctoires ne suppuraient point. Je ne voulais pas magnétiser ce malade, je connaissais trop bien sa maladie, et l'impossibilité de la guérir m'était trop démontrée. Cependant je finis par céder à des sollicitations de personnes qui m'étaient chères, et je le magnétisai. A la grande surprise du malade et de sa famille, dès le lendemain les cautères rendirent abondamment; la respiration et l'expectoration devinrent plus faciles. Le sommeil ne se fit point attendre, et ce malade, éprouvant des effets si heureux, crut qu'il était guéri; il l'assurait avec tant de certitude qu'il m'en coûtait de le détromper; seulement je prévins tous ceux qui l'avaient vu et qui le connaissaient que cette amélioration n'était que momentanée ; je leur disais : Bientôt les accidents reparaîtront ; dans ce moment seulement il jouit d'une vie factice due au principe vital que j'ai introduit dans ses organes, mais cette impulsion doit avoir un terme, et ce terme sera le signal de sa mort. Et que faisait le malade pendant un pronostic si cruel ? Pour montrer que ses forces étaient revenues, il dansait devant ses amis, il assurait que j'étais *le dieu de la médecine ;* mais plus il me louait, plus j'étais affligé, et je n'avais pas tort. Le magnétisme, au bout de quelque temps, ne pouvait plus que le soulager momentanément et pendant la séance ; à quelques jours de là, il ne pouvait plus en supporter l'action ; et renonçant à un traitement qui avait produit le seul bien dont il pouvait jouir, bien que nul ne le lui aurait procuré, il se remit entre les mains d'un des médecins de la ville, qui, l'excitant charitablement contre moi, lui fit croire que j'étais cause des accidents nouveaux qui se développaient et qui n'étaient que la suite rigoureuse de la marche de la maladie.

Trop souffrant pour ne pas être crédule, il alla par la ville disant que je l'avais tué et que j'étais un assassin ; il me menaça même par écrit de me traduire devant un tribunal. Je voyais là l'influence trop facile d'un ennemi sur un cerveau déjà malade ;

je plaignais l'injustice des hommes, et j'attendais qu'il mît à exécution ses projets pour pouvoir librement démasquer la bassesse de mes ennemis et mettre sous les yeux du malade la vérité fatale qu'il devait ignorer !

Un garçon de vingt-cinq ou vingt-six ans, aveugle depuis deux années, vint avec sa pauvre mère me supplier d'essayer de lui rendre la vue ; l'œil paraissait être sain, une paralysie du nerf optique avait déterminé seule la perte de la vue, et depuis toutes les tentatives avaient été infructueuses pour lui donner même la sensation de la lumière.

Tous les jours à la même heure sa mère me l'amenait et chaque jour j'essayais en vain de l'endormir ; déjà quinze jours s'étaient écoulés et nulle modification n'avait eu lieu ; ce qui me désolait surtout, c'est qu'il ne se développait point de sensibilité au magnétisme. — Au moment où je désespérais de rien obtenir, je le vis tomber dans un demi-sommeil, et mettant à profit cet instant je lui magnétisai la région de l'œil avec toute la force dont j'étais capable. Le lendemain nouveau sommeil, nouvelle action de ma part sur l'organe de la vision ; le troisième jour pareille manœuvre sans que cet homme annonçât le moindre changement ; seulement sa figure et celle de sa mère me paraissaient toutes rayonnantes. Je m'aperçus aussi que la rétine se dilatait par une légère pression, ce que je n'avais point encore remarqué. Enfin au bout de quelques jours il ne put garder son secret, il m'avoua qu'il avait commencé à voir, et que s'étant trouvé devant une glace et cherchant à s'y regarder il avait aperçu distinctement ses dents. Ce qui n'avait été qu'une lueur reparut d'une manière plus marquée après quelques nouvelles magnétisations; il vit ses doigts, son bâton, sa mère. Ah! quelle sensation délicieuse il dut éprouver!

Au bout de quelques jours encore, il aperçut une petite poterne qui existe au bas du rempart qui termine la promenade de l'esplanade; il en était pourtant encore éloigné, car il se trouvait sur la route. A partir de ce moment il vint seul chez moi, et tous les jours sa vue prenait plus de force et plus d'étendue; il reconnaissait les gens de sa connaissance, les lettres en tête d'un journal, et bientôt les couleurs des cartes; enfin il put jouer et lire.

Un sien parent, l'Hippocrate et l'oracle de la ville, qui lui avait donné des soins pendant sa cruelle infirmité, devait recevoir sa première visite; je l'avais presque exigé de lui et il me l'avait promis.

Amis lecteurs, que croyez-vous qu'il fut répondu à cet homme qui voyait à jouer aux cartes et qui marchait par toute la ville sans sa mère et sans son bâton? Je vous le donne en mille. Ce médecin très clairvoyant le congédia très cavalièrement en lui

disant : C'est ton imagination, tu n'es qu'un sot.
— Je crois qu'à dater de ce moment ils ne furent
plus cousins.

Je rendis aussi la vue à une femme mère de famille ; chez celle-ci la sensibilité des yeux n'était
pas entièrement éteinte ; elle voyait la lumière du
soleil, mais ne pouvait rien distinguer que confu-
sément. Mise en somnambulisme elle indiqua avec
précision le jour où elle commencerait à voir ; un
séton qu'elle portait au cou fut supprimé par ses
ordres comme inutile ; elle nous avoua que plusieurs fois elle avait eu envie de se jeter par la
fenêtre, et que la crainte de Dieu l'avait seule
retenue.

Le terme peu long qu'elle avait fixé pour un
changement favorable dans l'état de ses yeux arriva, et sa prévision ne fut pas en défaut. Elle ne
laissa ignorer à personne ce qu'elle me devait ; elle
était au reste la meilleure preuve de l'efficacité de
mes procédés. Que pouvait-on lui objecter ? elle n'y
voyait pas avant de venir chez moi ; sa vue s'était
affaiblie par degrés, et aucun médecin ne lui avait
donné d'espoir. Maintenant elle travaillait, allait,
venait ; l'idée du suicide ne s'était plus présentée à
son esprit ; il n'en fallait pas davantage pour me
faire de cette femme un défenseur éloquent.

J'avais en traitement une foule d'incurables capable de remplir un vaste hôpital ; toutes les infir-

mités du département s'étaient donné rendez-vous chez moi. — Je ne pouvais prétendre guérir tous ces malades, mais le plus grand nombre pouvait être soulagé. Ce bien qu'ils goûtaient venait d'une dépense de mes forces, et je les avais tellement prodiguées qu'il était temps de songer à la retraite; la raison m'en faisait un devoir. Cependant ce n'était pas sans un amer regret que je quittais des lieux si propices à la propagation du magnétisme, des lieux où j'avais tant fait pour cette science!

Jamais vie de magnétiseur ne fut plus active; longtemps je magnétisai jusqu'à cent malades dans un seul jour; j'ai eu jusqu'à quarante somnambules à la fois; dans certains cas huit, dix, quelquefois plus même étaient endormis en même temps. Jamais on ne vit le moindre accident, la moindre crise se manifester, sans qu'à l'instant même tout ne fût calmé. Le mouvement trop fréquemment répété de mes bras avait tant fatigué l'articulation de l'épaule que parfois encore j'y ressens des douleurs. Aujourd'hui je ne pourrais certainement faire ce que je faisais alors. Ma vie à Montpellier a été une débauche de bien, un excès de devoirs d'un homme envers les autres; ai-je au moins été récompensé de tant de fatigues, de tant de peines et de soins?...

Les habiles viendront tout-à-l'heure comme les traînards à la suite d'une bataille gagnée; ils n'auront rien fait, mais ils auront la parole élevée, ils éblouiront par de grands mots, et le vulgaire toujours ignorant croira qu'ils ont été des martyrs; ils demanderont de l'or, on leur en donnera, parceque personne ne doutera plus alors de la vérité qu'il m'aura fallu défendre jusque dans l'enceinte d'un tribunal.

Trop heureux, si le pouvoir, qui se déterminera tôt ou tard à créer des chaires de magnétisme dans les écoles de médecine, ne nomme pas, pour les remplir, des hommes qui n'auront que les notions les plus vulgaires de la science profonde qu'ils seront chargés d'enseigner.

L'humanité s'éclairera lentement sur la découverte la plus importante de toutes celles que le génie humain a pu faire. Doit-on se décourager à cette pensée et cesser tout travail? Non, au contraire. Bien des ouvriers ne doivent pas assister à l'inauguration du temple qu'ils élèvent; leurs oreilles n'entendront jamais les hymnes sacrées qui y seront chantées en l'honneur de l'Éternel; qu'importe, s'ils emportent en mourant la conviction que leur passage n'a pas été inutile, puisqu'ils ont préparé le bonheur de leurs successeurs?

LE MAGNÉTISME A BÉZIERS.

Mais ces hommes ont beau être excusa-
bles et avoir voulu le bien, leurs erreurs
n'en sont pas moins des erreurs, des erreurs fatales, des erreurs qu'il faut détruire par amour pour le bien.

L'ami de son souffle rejoint son ami.

Proverbe arabe.

Avant de quitter tout-à-fait le Midi, je me rendis à Béziers, à la sollicitation de beaucoup de personnes distinguées; j'ouvris dans cette ville deux cours de magnétisme, et là encore je laissai de nombreux élèves dont la croyance reposait sur des faits physiques irrécusables. Voici leurs noms :

MM.

Fayet.	Azaïs.	Bellot.
Brunot.	Bertrand.	La Borrd.
Owjals.	Giret.	Glouteau.
Moulines.	De Barbot.	Delirou.

MM.

Sabatier.	Crouzat.	Cellier.
Dubousquet.	Gache.	Fourés.
Boyer.	Durivage.	Delort.
Perréal.	Thiberancq.	Mandeville.
Donnadieu.	Barbé.	Coulon.
Basclet.	Denattes.	Fuzier.
Mazel.	Salvan.	Hillaire.
Dalichon.	Mauri de Nissan.	Bourbon.
Crouzet.	Plantade.	Crozals.
Pascalis.	Calvet.	Audouard.
Fabregat.	Martin.	Martin Nre.

A la fin de mes cours ces messieurs me traitèrent en ami; ils m'offrirent un banquet que j'acceptai, et là, un libre épanchement vint établir entre nous une douce fraternité; ils étaient convaincus du magnétisme et voulaient réaliser le bien qu'il peut faire. Une société devait être constituée et un traitement public ouvert pour les pauvres; le magnétisme aurait établi une douce sympathie entre des hommes mus par le sentiment du bien; la vérité philosophique qui ressort clairement des phénomènes somnambuliques pouvait répandre des idées contraires aux préjugés qui perpétuent le mal. Mais aujourd'hui quel lien peut unir les hommes entre eux! tout se divise, tout se rompt; c'est par hasard que l'on rencontre des actes de vertu, et ce n'est que par une grande constance et une grande opiniâtreté que l'on peut par instants y rappeler les hommes; tout s'efface bien vite, et la vie commune recommence pour se terminer misérablement. On sait que tout est faux et mensonger autour de soi, on sent que la vérité pourrait régner en place de l'erreur; mais entraîné par un tourbillon on cède sans combat et on devient le jouet des éléments que l'on aurait pu asservir.

Je partis de Béziers et je ne m'arrêtai plus qu'à Bordeaux, où je retrouvai mes élèves, devenus encore plus croyants par les expériences qu'eux-mêmes avaient faites et plus heureux peut-être par les conséquences morales que leur esprit avait su tirer de ces faits.

Je ne voulus point que mon passage fût inutile; je prononçai deux discours devant une assemblée nombreuse que la grande salle du Cirque pouvait à peine contenir; et incitant mes auditeurs à l'étude du magnétisme, je m'aperçus, par les nombreux témoignages de sympathie qui me furent donnés, combien cette science nouvelle avait d'avenir en cette ville.

Que le pouvoir ose donc prendre l'initiative! Il ne s'agit pas ici de républicanisme, de saint-simonisme, mais seulement d'une grande vérité morale et physique; les hommes aujourd'hui sont comme seraient des aiguilles non aimantées; elles ne prendraient que par hasard la direction du pôle; les hommes, dis-je, ne croient à rien, n'espèrent en rien, marchent sans savoir où est le but, et le trouble de l'intelligence qui ressemble à de la folie a fait naître l'affreux suicide.

Assez de systèmes, assez de théories sur l'humanité; aujourd'hui personne n'en veut plus parcequ'elles sont toutes mensongères et le fruit des combinaisons de l'esprit et non de la nature.

Le magnétisme révèle un monde nouveau; encore une fois il ne s'agit pas d'idées creuses, mais de faits; et avant que ces faits se répandent dans les masses et y portent des croyances erronnées qu'il sera difficile ensuite de détruire, le gouvernement devrait, s'il était pénétré de sa haute mission, nommer des hommes choisis, non pas des médecins comme les Magendie, les Cornac, les Bouillaud et les Dubois d'Amiens, non pas des hommes lettrés comme il en fourmille dans toute académie, car ceux-ci, pleins de leurs œuvres et infatués de leur propre mérite, ne verront dans la nature que de la matière et du mouvement et n'en feront sortir ensuite qu'une loi grossière et morte; mais des hommes qui ont senti la vérité et qui ne demandent pas mieux que de sacrifier leur vie à l'étudier plus encore et à la répandre. Qu'on daigne les écouter et leur fournir un lieu convenable, où leur art puisse d'abord s'exercer dans le silence et loin des passions des hommes, et bientôt il sera reconnu que les magnétiseurs n'avaient point exagéré leur découverte, car outre une nouvelle médecine essentiellement conservatrice et non meurtrière comme celle qui existe aujourd'hui, il en sortira encore des moyens de moraliser les hommes et de les rendre heureux.

La philantropie des Anglais, leur amour pour la science, ces deux vertus d'un grand peuple, avaient tant résonné à mes oreilles, qu'il me prit envie de faire le voyage de Londres afin de m'assurer par moi-même si en effet cette nation valait mieux que la mienne.

Là peut-être, me disais-je, les savants ont moins de préjugés que dans ma patrie; là, toutes les découvertes utiles sont protégées et ceux qui les enseignent sont honorés, respectés, souvent même enrichis; pourquoi le magnétisme animal ferait-il exception à la règle commune?

Je savais bien que Mesmer avait échoué quand il avait entrepris de répandre le magnétisme à Londres; je n'ignorais pas non plus d'autres tentatives isolées, comme celle des savants Chenewix et Colqhoun, etc., mais je pensais que la vérité avait été mal présentée, et que pour la faire réussir et prospérer dans ce pays il fallait la dégager des merveilles dont on l'avait entourée.

Une seule chose m'embarrassait beaucoup, je ne savais pas la langue anglaise; mais je faisais cette réflexion : *On me croira d'autant plus que la diffi-*

culté de tromper sera plus grande pour moi. En effet la fraude, s'il y en avait, devait bientôt être découverte, puisque je devais à chaque instant avoir besoin d'un confident.

Je me décidai donc à franchir le détroit, et missionnaire d'une doctrine nouvelle je ne devais point redouter les obstacles. Triompher où d'autres avaient échoué me paraissait digne d'envie; je n'écoutais plus les conseils des gens expérimentés qui connaissaient le pays que je voulais mettre en possession du secret du magnétisme, et qui cherchaient à me détourner de mon entreprise. Les raisonnements n'ont point de puissance sur l'homme convaincu par son instinct que ce qu'il a conçu peut se réaliser. Il peut acheter le succès par des tourments sans nombre, par des fatigues inouies; mais enfin il réussit, laissant à d'autres les plaisirs de la récompense; car la nature semble n'avoir pas voulu que les hommes pussent goûter en même temps les douceurs de la gloire et celles de la richesse.

LE MAGNÉTISME A LONDRES.

———

Vous qui de l'avenir creusez les vastes champs
Et semez du progrès la semence céleste,
Si plus d'un épi meurt sous le pied des méchants,
De l'incrédulité si le souffle est funeste,
Sachez d'un dur labeur vaincre les longs ennuis ;
Par la persévérance enfantez des prodiges ;
De grandes vérités mûriront sur leurs tiges,
Dont les peuples, un jour, recueilleront les fruits.....

Comme Luther, j'ai crié réforme ! ce n'est pas contre le pouvoir de délier les âmes que je viens m'élever, mais contre celui plus terrible d'asservir les corps et de les appauvrir.

J'arrivai à Londres, le 5 juin 1837, sans une lettre de recommandation, n'y connaissant pas une seule personne, et, comme je l'ai déjà dit, sans savoir la langue. Me voilà donc dans cette immense ville avec une vérité dont personne n'avait encore voulu.

Si j'eusse apporté une bête curieuse, un antropophage, par exemple, un orang-outang ou quelque chose d'analogue, ma fortune était certaine, toute la ville serait accourue à l'instant.

Si j'eusse su chanter ou danser, comme c'était la saison où l'on chante et où l'on danse outre mesure à Londres, les guinées me seraient arrivées de tous côtés, et mon nom serait devenu européen.

Mais je n'avais aucun animal curieux à montrer, et on avait eu la maladresse de ne faire de moi ni un danseur ni un chanteur ; ici j'étais véritablement un être inutile.

A peine débarqué, je publiai un prospectus dont voici quelques fragments :

COURS DE MAGNÉTISME ANIMAL.

« On appelle magnétisme animal l'action qui se manifeste sur les êtres vivants mis dans certains rapports ; cette action, que l'observation est parvenue à saisir, donne des idées positives sur les mystères de la vie et révèle un monde nouveau. J'ai considéré comme une mission sainte la tâche glorieuse d'enseigner une vérité si utile à l'humanité.

« Voici le programme et l'ordre du cours qui commencera le 20 juin 1837.

PREMIÈRE PARTIE.

« 1re *séance*. — Histoire du magnétisme animal depuis sa découverte, et obstacles que cette science a eus à combattre jusqu'à ce jour.

« 2e *séance*. — Faits physiques qui prouvent indubitablement l'existence du magnétisme, et exposé des divers comptes qu'en ont rendus les sociétés savantes.

« 3ᵉ *séance*. — Merveilles du somnambulisme, de l'extase et de la catalepsie.

« 4ᵉ *séance*. — Traces du magnétisme dans l'antiquité.

« 5ᵉ *séance*. — Procédés qui servent à développer les phénomènes magnétiques, et études de la puissance par laquelle ils se produisent.

6ᵉ *séance*. — Vertu curative du magnétisme reconnue par plusieurs grands médecins.

SECONDE PARTIE.

« *De la 7ᵉ à la 12ᵉ séance*. — Expériences nombreuses faites sur des sujets sensibles à l'action magnétique, et production du somnambulisme et de ses merveilles.

« Le magnétisme étant une propriété de l'organisation humaine, tout homme la possède et peut l'exercer; les personnes qui suivront le cours magnétiseront sous les yeux du baron Du Potet.

« De toutes les découvertes qui honorent l'humanité, celle du magnétisme animal est, sans contredit, la plus extraordinaire et la plus utile!

« A quoi sert en effet que nos sens soient sans cesse éblouis par la vue d'objets nouveaux ? Que nous importe le luxe et l'abondance, si la possession de la richesse ne peut nous éclairer sur les lois qui régissent l'humanité, et sur les moyens de parer aux accidents qui sans cesse menacent et accompagnent la vie?

« L'étude des forces occultes de l'homme par le somnambulisme nous tire du doute où nous étions plongés; en apprenant à nous connaître nous cessons d'être le jouet du hasard et notre vie peut être prolongée.

« Les phénomènes extraordinaires et *divins* qui s'offrent sans cesse à l'observation de ceux qui magnétisent, leur procurent des jouissances inconnues et toujours nouvelles; les autres sciences, lorsqu'on veut les posséder, usent et énervent la vie; le magnétisme, au contraire, entretient l'homme en santé, favorise le développement de son intelligence et le rend meilleur et plus humain.

« Déjà les corps savants ont senti qu'ils ne pouvaient plus longtemps rester étrangers à l'étude du magnétisme. Partout en France et en Allemagne des hommes distingués s'en occupent et cherchent à l'approfondir. Dans les facultés de médecine de ces deux pays, on soutient des thèses en faveur de la vérité dont nous sommes le plus ardent apôtre.

« L'Angleterre, si fertile en hommes de mérite et d'une philantropie vraie; l'Angleterre, qui sait avec noblesse accueillir tout ce qui peut favoriser le développement des sciences et contribuer au bonheur de l'humanité, restera-t-elle, dans l'étude du magnétisme, en arrière des peuples que nous venons de citer? Nous ne pouvons le penser, et le projet que nous avons formé, d'y répandre la découverte du magnétisme, justifie l'opinion élevée que nous avons des savants dont elle se glorifie. »

Qui fut bien étonné, le jour de l'ouverture de mon cours? Ce fut moi, je vous assure, car personne ne vint; et isolé, je déplorais déjà l'idée fatale qui m'avait conduit chez un peuple qui paraissait n'avoir point de goût pour la vérité mesmérienne, et nulle envie même de savoir si cette vérité existait. J'annonçais dans les journaux que j'enseignerais, à qui voudrait le connaître, le moyen de produire des phénomènes merveilleux; pas un seul Anglais ne se dérangea pour voir ce dont il était question.

Lorsque je parlais du magnétisme avec des gens éclairés, ils semblaient me plaindre de ma croyance; quelques-uns même étaient moins indulgents. Enfin ils tenaient le langage de nos savants de France, il y a vingt ans : *Embogue*, tromperie charlatanisme, etc.

J'écrivis à tous les dispensaires de Londres, en faisant l'offre aux médecins de ces établissements de magnétiser devant eux les incurables qu'ils voudraient bien m'amener; aucun d'eux ne répondit. Absolument comme à Montpellier.

Je faisais demander de tous côtés des malades à traiter gratuitement, mais peines inutiles! Les malades sont là bien autrement qu'ici sous la férule médicale; aucun d'eux n'aurait osé essayer un médicament nouveau sans consulter son pharmacien.

Enfin il vint un Anglais, un vrai gentleman, qui avait lu beaucoup de livres sur le magnétisme, et produit quelques phénomènes magnétiques. Il ne pouvait consentir à m'amener des personnes de sa connaissance, parceque mon appartement, disait-il, quoique dans le beau quartier, n'était point confortable (il ne me coûtait que cent francs par semaine).

LE MAGNÉTISME

AU MIDDLESEX HOSPITAL.

Un médecin vint quelques jours après me demander si je consentirais à faire quelques expériences dans un hôpital; je lui répondis que c'était toute mon envie. A quelque temps de là il vint me prendre et m'introduisit au *Middlesex hospital.* Je fus reçu en riant par toute l'assemblée, qui était fort nombreuse. Pour me mettre à l'épreuve, on fit descendre une espèce d'idiote, et un des beaux esprits du lieu dit en anglais que si je n'endormais pas cette femme il irait me chercher un âne. Ce savantissime se sentait sans doute de force à remplacer l'animal qu'il me proposait. Je ne pus, du reste, lui en faire l'offre, car ce n'est qu'après être sorti de l'hôpital que j'appris cette fine plaisanterie.

Mes expériences commençaient, comme on le voit, sous *d'heureux* auspices. Aussi j'étais tellement contrarié que ce fut seulement à la troisième séance que l'on put observer des effets certains, et, je dois le dire, mes auditeurs devinrent dès-lors plus attentifs. Le docteur Mayo et le docteur Wilson se félicitaient sans doute de l'accueil qu'ils m'avaient fait. Mais plus les phénomènes devenaient curieux et satisfaisants, plus aussi mes auditeurs devenaient rares; je n'y concevais absolument plus rien, cela me paraissait inexplicable. Enfin un beau jour je me trouvai seul avec mon interprète, les malades ayant successivement refusé de se laisser magnétiser, et les médecins n'étant pas venus pour les y engager; ne sachant à quoi attribuer cet isolement, je le pris pour une insulte, ou tout au moins pour un manque d'égards. Je me trompais dans toutes mes conjectures; tous les médecins eussent voulu assister à mes expériences, mais aucun ne voulait en porter la responsabilité; et la crainte d'être signalé par la presse avait été plus forte que la curiosité et le désir de s'instruire. Ces gens-là connaissaient leur pays...

Je ne savais plus comment m'orienter; les difficultés m'apparaissaient insurmontables; mais dans ce pays singulier, si on n'aime pas la vérité pour elle-même, on l'estime beaucoup pour le mal qu'elle peut faire à son ennemi; ainsi le veut la civilisation avancée.

Un hôpital tory ne voulait pas du magnétisme, un hôpital wigh allait s'en emparer. Rebuté par Middlesex, j'allais être cajolé par le North-London. Pour une chose ordinaire c'eût été très bien; le succès de celui qui me prenait sous sa protection eût *coulé* les hommes qui m'avaient maladroitement abandonné; on les eût signalés comme des gens manquant de discernement au point de ne pouvoir reconnaître les vérités les plus évidentes; mais *c'était du magnétisme* qu'il s'agissait : mon protecteur avait mal calculé, car des hommes ordinairement ennemis allaient se réunir pour combattre le médecin maladroit qui se rendait le patron d'une vérité qui pouvait un jour nuire à toute la profession.

Ainsi ballotté par des coteries opposées, j'aurais dû perdre courage; mais pour arriver dans ce pays j'avais eu le mal de mer : c'était une continuation du même malaise et des mêmes souffrances.

Pauvres novateurs, combien vous êtes à plaindre! car si la vérité est votre compagne, si votre bouche ne s'ouvre point pour répandre le mensonge, la misère morale des gens que vous voulez éclairer doit bien affliger votre cœur! Toutes ces petites passions qui se choquent et se heurtent devant vous doivent vous donner une triste idée des hommes, je veux dire des philosophes.

LE MAGNÉTISME

AU NORTH-LONDON UNIVERSITY COLLEGE HOSPITAL.

Je n'eus pas plutôt fait acte de présence à ce nouvel hôpital et produit quelques faits, qu'ils furent dénaturés par le journal qui devait, par sa position, prendre la défense de la vérité attaquée. Je crus qu'il serait bon de prévenir d'autres attaques et j'envoyai à la *Lancet* une réponse à son article; je dois le dire, cette réponse fut immédiatement insérée. Je donne ici la traduction de cette lettre parcequ'elle fera bien connaître ma position et le progrès que le magnétisme commençait à faire puisqu'on l'attaquait.

A monsieur le rédacteur de la LANCET.

« Monsieur,

« Le dernier numéro de votre journal contient un article sur les expériences de magnétisme faites par moi en ce moment à l'hôpital de North-London. Le désir que j'ai de répandre une vérité utile, dégagée de toute erreur, me fait vous écrire pour rectifier tout ce qu'il y a d'erroné dans le compte que l'on a rendu de mes séances, et rétablir des faits que des préventions et une connaissance peu profonde du magnétisme ont fait altérer.

« Votre journal ayant pour but d'éclairer les savants sur des questions physiologiques et médicales d'une grande importance, vous ne me refuserez pas, j'en suis certain, les moyens de me défendre et de faire cesser les doutes que l'article que je vous signale a pu faire naître sur mes intentions et sur la réalité de la découverte que je suis venu propager en Angleterre.

« Il serait trop long de suivre M. T. dans toutes ses explications hasardées; sa lettre en fourmille, et l'esprit qu'il y a mis est là sans doute pour tenir lieu de profondeur. On peut *avoir été dans l'Inde, avoir vu les psylles et les nécromanciens du grand Caire, avoir parfaitement écrit sur toutes ces choses,* et ignorer complètement un fait nouveau; car M. T. ne sait rien sur le magnétisme, et n'a jamais ouvert un seul des cinq cents volumes qui existent déjà sur cette science.

« M. T. avoue n'avoir assisté qu'une seule fois à mes expériences; ses renseignements n'ont pas été donnés par les médecins qui étaient journellement là lorsque j'opérais ; enfin son récit semble bien plutôt fait pour amuser ses lecteurs que pour les instruire.

« Introduit, il y a près d'un mois, à l'hôpital de North-London par le docteur Elliotson, médecin de cet hôpital, pour y démontrer l'existence du magnétisme, j'ai, sous les yeux de ce médecin distingué, procédé à quelques essais qui ne présentèrent pas d'abord de très grands résultats ; mais nous vîmes bientôt arriver successivement ce qui faisait l'objet de nos recherches ; des phénomènes de la plus grande importance s'offrirent à nos regards, et nous n'eûmes plus qu'à poursuivre nos essais pour être témoins de faits singuliers, bien capables par leur nature de jeter un nouveau jour sur le domaine des sciences, et surtout sur la physiologie et la médecine.

« Le récit de toutes ces expériences sera fait, je n'en doute pas, par le docteur Elliotson lui-même. Il rendra hommage à la vérité, et dira ce qu'il a vu. On connaît trop bien le caractère de ce savant pour n'être pas convaincu d'avance que son récit sera rigoureusement exact.

« N'anticipant point sur l'avenir, je puis ici pourtant raconter ce que des centaines de personnes ont déjà vu, et ce que des milliers d'autres sont appelées à voir.

« Oui, M. le rédacteur, un pouvoir nouveau se

révèle au monde, et déjà ce n'est plus un mystère ; on rencontre partout des hommes qui cherchent à l'approfondir et à en reconnaître les lois. Ce n'est pas dans l'ombre, mais en plein jour que ce pouvoir peut être démontré ; rien de merveilleux n'existe dans les procédés qui servent à le faire reconnaître ; et bientôt il n'y aura pas plus de mystère dans son emploi que dans celui des machines électriques et galvaniques.

« Vous sentirez combien il importe que les premières impressions causées par l'apparition de cette nouvelle découverte ne soient point faussées par des récits peu sincères. L'opinion publique, bientôt appelée à se prononcer, doit être prémunie contre l'erreur, de quelque part qu'elle arrive.

« Permettez-moi d'entrer dans quelques détails et de ne point imiter M. T. Le rire et la plaisanterie ne doivent point être permis lorsqu'il s'agit d'une haute question scientifique.

« S'il était vrai qu'un homme pût faire pénétrer dans un autre homme une partie du principe vital que son organisation recèle, les phénomènes qui résulteraient de cette addition de vie faite à cet individu devraient avoir un caractère surnaturel, et surprendre tant par leur nouveauté que par la dissemblance qu'ils présenteraient avec les autres phénomènes de la nature. Eh bien, cette hypothèse devient une réalité par l'acte magnétique :

l'individu soumis à la magnétisation, l'homme qui éprouve les effets de cette puissance, cesse pour un instant d'être le même être; tout se modifie dans son organisation; ses perceptions sont plus promptes, plus étendues, et il devient capable d'exécuter des choses qu'il n'eût pas pu faire et auxquelles il n'eût pas songé dans son état habituel. De là une série de merveilles inconcevables, et qui ont à leur apparition frappé d'admiration ceux qui en furent les premiers témoins. L'agent qui produit un semblable état donne le moyen de guérir beaucoup de maladies rebelles à tous les remèdes de la médecine ordinaire; et l'état extatique qu'il provoque appelle la philosophie et la médecine à des méditations nouvelles qui, j'en suis certain, enfanteront des doctrines fécondes en heureux résultats.

« Pour propager une semblable découverte, il faut beaucoup de prudence à ceux qui en acceptent la mission : car les hommes sont prompts dans leurs assertions, et les soupçons d'imposture et de charlatanisme pèsent toujours sur celui dont on ne s'explique pas parfaitement les actions. Déjà on a dit que j'avais des relations intimes avec les malades, et que je m'entendais avec eux pour tromper les hommes qui cherchaient à s'éclairer. Sans considérer que je ne parle pas la langue des gens que je magnétise; sans considérer que je prends les premiers venus pour sujets de mes expériences, et que je ne demande, pour en juger la valeur, que des savants éclairés, il y aurait plus que de la folie de ma part à espérer convaincre si je n'avais pas la vérité avec moi.

« La malveillance est à la porte de tout novateur; elle y reste jusqu'à ce que la vérité dont il se dit l'interprète ait été *reconnue, étudiée, prouvée*, et alors la justice humaine éclate, et l'homme qui eut assez de génie pour découvrir l'inconnu, reçoit sa récompense; mais souvent, avant cette sentence des nations, il a cessé de vivre, car les chagrins que lui ont suscités l'envie et l'ignorance ont abrégé ses jours.

« Il n'en sera pas de même ici, je l'espère; on me laissera en liberté répandre une science nouvelle et en tracer les règles. Vingt années d'expériences et d'observations m'ont fait connaître bien des faits occultes que je vais révéler. J'appelle tout le monde à mes enseignements; pour que la vérité soit accessible à tous, il faut qu'elle soit claire, évidente, compréhensible, et j'accomplirai toutes ces promesses. Bientôt, sans doute, des milliers de vos compatriotes seront capables de produire les merveilles dont ils auront été les témoins et quelquefois les agents. Ils diront si ma bouche s'ouvrit pour répandre l'imposture, et si les faits que j'annonçais devoir produire étaient simulés. Alors on jugera l'homme qui est venu plein de confiance trouver une nation libre et éclairée, pour lui apprendre une découverte dont l'importance ne peut encore se calculer.

« J'attends de vous, M. le rédacteur, que vous voudrez bien, dans l'intérêt de la vérité, insérer cette réponse aux hommes qui, animés sans doute du désir d'éclairer leurs concitoyens, manquent cependant d'une qualité bien essentielle, celle d'étudier leur sujet.

« Si vous me le permettez, monsieur, je vous donnerai une suite d'articles propres à faire connaître en Angleterre les travaux des savants de mon pays au sujet du magnétisme, et à donner des notions certaines sur l'emploi de ce moyen comme agent thérapeutique.

« J'ai l'honneur d'être, etc. »

Je continuai mes expériences, et dejà des hommes de la plus haute distinction y assistaient. Lord Stanhope fut un des premiers visiteurs; il se rappelait sans doute que son père avait été le défenseur de Mesmer en Angleterre; et me prenant peut-être pour son continuateur, il fut pour moi plein de bienveillance. Plusieurs professeurs de l'Université vinrent ensuite, et le mouvement ne devait plus se ralentir. Cependant les vacances arrivèrent; or, à cette époque de l'année, ne pas partir de Londres quand on est médecin du grand monde; ne pas fuir la ville à un temps donné, c'est une trop grande déconsidération pour que tout ce qui occupe un rang dans la hiérarchie médicale ne l'évite pas avec le plus grand soin. Mais ce temps fortuné ne devait pas être pour moi celui du repos: la guerre était déclarée, il était impossible de reculer.

Le docteur Elliotson, trop grand médecin pour rester à Londres durant les vacances, quelque attrait que lui offrissent des expériences nouvelles, prit son vol vers la Suisse. L'ordre avait été laissé par lui de me laisser en liberté continuer mes traitements dans ses salles; mais il n'était pas arrivé en France que déjà des empêchements de toute sorte avaient surgi. C'était l'amphithéâtre que l'on me refusait, parcequ'il appartenait au professeur seul de l'occuper; c'était les malades étrangers à l'hôpital à qui on en refusait l'entrée. Bientôt même les visiteurs furent repoussés, et comme ce n'était pas pour mon instruction seule que je faisais des expériences, je cessai de me rendre au North-London hospital.

Cette suspension, et l'éloignement de l'homme qui pouvait seul défendre avec succès la vérité des faits dont il avait été témoin, donnèrent beau jeu à la presse; les adversaires du magnétisme allaient avoir gain de cause, ou plutôt les rivaux du docteur, ceux qui n'avaient pas su se faire une position aussi belle que la sienne, allaient tromper l'opinion pour perdre M. Elliotson.

J'écrivis à M. le comte Stanhope pour lui apprendre la suspension de mes expériences et lui demander ses conseils ; il me répondit immédiatement la lettre suivante :

« Monsieur,

« J'étais sur le point de vous écrire pour appren-
« dre la suite de vos expériences avec Okey, Lucy
« Clarke, Rebecca, et un jeune homme épileptique,
« et vous annoncer qu'un chirurgien de ce voisi-
« nage a l'intention d'aller à Londres pour les voir.
« Les nouvelles que vous me communiquez dans
« votre lettre me font une peine très sensible,
« d'autant plus qu'elles m'étaient tout-à-fait inat-
« tendues. J'ignore le prétexte qui a fait cesser les
« expériences à l'hôpital de l'Université, je n'ai
« pas vu les journaux dont vous me parlez, à l'ex-
« ception d'un article satirique dans *Blackwood's*
« *Magazine*, et je ne sais rien de M. Berna, de Paris,
« de sorte que je suis dans l'ignorance sur tous ces
« points, et parconséquent hors d'état de former
« un jugement compétent. Je me flatte que l'on
« pourrait faire recommencer les expériences
« quand le docteur Elliotson, qui vous rend jus-
« tice dans son discours, sera de retour, ou bien

« par la permission de quelque autre médecin;
« mais si l'on se trompait dans cette espérance, il
« n'y aurait rien qui vous empêcherait de conti-
« nuer les expériences chez vous et de le faire con-
« naître par une affiche dans le *Lancet*, comme
« journal de médecine, ou par d'autres moyens.
« L'affiche devrait être courte et je prends la liberté
« de vous proposer l'incluse que j'ai rédigée, mais
« je compte me rendre en ville dans peu de jours
« et avoir l'occasion de discuter avec vous cette
« affaire.

« Le magnétisme est une vérité réelle et très
« importante qui offre des résultats du plus haut
« intérêt, et je suis toujours d'avis : *Magna est veri-*
« *tas et prævalebit.* Dans ce pays-ci l'esprit de parti
« se mêle de tout, mais vos procédés devaient suffire
« à convaincre les plus incrédules. Il est cependant
« fort désagréable et décourageant d'être exposé
« à des attaques où l'ignorance s'allie avec la gros-
« sièreté, quand même on pourrait y répondre en
« faisant traduire vos justifications.

« M. Colqhoun, avocat à Edimbourg, a publié
« en deux volumes un livre très instructif et éclairé
« sur le magnétisme et parle de vous. Si vous avez
« envie de lui écrire sur les difficultés qui se sont
« présentées, je me chargerai avec plaisir du soin
« de lui faire parvenir votre lettre et je lui écrirai
« aussi de mon côté.

« J'ai l'honneur d'être, Monsieur, votre très
« humble et très obéissant serviteur,

« Comte STANHOPE. »

Pauvre public, toi qui crois que les savants et les médecins se respectent entre eux et qu'ils estiment les vérités qui doivent influer sur ton bonheur, qu'ils ont enfin quelque pitié des maux que tu souffres ; va, je les connais tes maîtres et tes directeurs ; devant moi leur âme a parlé, leurs instincts se sont fait connaître ; j'ai tout recueilli ; rien ne se perdra de ce que j'ai vu et entendu ; bientôt sans doute, leur arrachant le masque dont ils se couvrent, tu verras ce qu'il y a de *généreux* dans l'homme que tu honores.

Moi qui croyais qu'il y avait plus de vertu, plus d'amour sincère des droits de l'humanité chez les savants d'un peuple dont la puissance gouverne vingt nations, et que là je trouverais près d'eux un appui qui m'avait manqué dans ma patrie, j'étais ébloui par ta renommée ; tes philantropes m'apparaissaient comme des géants ; mais semblable au bâton flottant de la fable, *de loin c'est quelque chose et de près ce n'est rien.* Ta renommée, puissante Albion, est fondée sur le charlatanisme, le mensonge et l'orgueil ; tout ce qui n'est point mu par un de ces mobiles languit dans ton sein et se dessèche. Mais déjà ton empire se déchire, le poison corrupteur de tès faux sages et de tes faux savants a pénétré dans les entrailles du peuple; les cris de sa souffrance et de sa misère retentissent d'un pôle à l'autre, et tu n'as nul remède à opposer à ce terrible fléau.

Fuyez, vous qui avez de la sensibilité; ici on ne peut vous comprendre; vous voulez alléger les maux d'autrui, portez ailleurs vos pas, ici il n'y a point d'écho pour vous. Voyez, tout est froid et glacé; ce n'est que l'ombre de l'humanité, la chaleur est encore sur le continent.

Ce cri de la souffrance m'est échappé en songeant à tout ce que j'ai supporté d'insulte et d'ironie en répandant en Angleterre le germe de la vérité nouvelle, en me rappelant que la presse m'a traîné dans la boue sans que ceux qui me déchiraient ainsi m'aient personnellement connu, sans qu'ils aient étudié la science dont je venais les enrichir.

« *Dans la morale Angleterre*, s'écriait l'un des journalistes, un homme comme le magnétiseur devrait être jeté en prison avec les voleurs; » et signalant ma maison comme un lieu suspect, il engageait ses concitoyens à se garder d'en approcher. Et savez-vous pourquoi? c'était tout simplement de l'or qu'il voulait m'arracher, cet homme de la *morale Angleterre* (1). Mais il ne

______

(1) Savez-vous comment s'y prend un journaliste pour avoir de

parvint pas à son but ; seulement deux ou trois médecins, poltrons de leur nature, n'osèrent plus reparaître dans la crainte d'être signalés comme mes compères.

Attaqué de tous côtés, je dus courber la tête et laisser passer l'orage ; car comment répondre à vingt feuilles à la fois ? Je plaçai donc ma confiance dans l'avenir, et l'avenir ne m'a point trompé ; la vérité n'a-t-elle pas à la fin toujours raison ?

J'écrivis un seul mémoire justificatif ; il ne peut manquer d'offrir quelque intérêt, car il contient des explications et des réfutations bonnes à connaître pour ceux qui défendent notre cause.

l'or dans ce pays de la liberté ? il ne se borne pas à attaquer l'homme qu'il veut exploiter ; il fera, *une* par *une*, toutes les histoires de la vie privée de chacune des personnes qui oseront mettre le pied dans la maison sur laquelle il a posé son cachet rouge ; il les exposera sur la sellette, en fouillant dans la famille pour y découvrir les faiblesses de chaque membre, qu'il aura bientôt traduites en turpitudes, jusqu'à ce qu'enfin il ait réussi à faire un désert de cette maison. Et si vous, homme de cœur, vous voulez obtenir justice, vous ne le pouvez pas, car celui que l'on condamnera à l'amende ne sera pas l'auteur des diatribes dont vous aurez eu à souffrir ; ce ne sera qu'un homme de paille qui, sans se plaindre, se laissera mettre en prison parceque l'on aura soin que sa vie y soit confortable. Il y passera ses jours si vous voulez, tandis que l'homme qui vous a déshonoré est chez vous, à vos côtés peut-être, car vous ne pouvez le connaître ni parconséquent le poursuivre ou le tuer.

Réponse du baron du Potet de Sennevoy aux atta-
ques dirigées contre ses expériences du Middlesex
et de University college hospital, *et réfutation de*
quelques objections que l'on oppose à l'existence
du magnétisme animal.

« Lorsqu'un homme a reconnu une vérité en opposition avec des préjugés, et surtout des intérêts
nombreux, il doit se demander, avant d'entreprendre de la répandre, si cette tâche n'est pas
au-dessus de ses forces. Il doit étudier les obstacles
que l'on opposera à ses efforts, le nombre d'ennemis qu'il aura à combattre et l'époque où il vit.
Ceci bien examiné, il doit se demander encore s'il
aura assez de courage pour accomplir son œuvre
et combattre à outrance les ennemis du progrès.
Cette marche indiquée par la raison, je ne l'ai point
suivie; sûr de posséder une grande vérité, je n'ai
rien calculé, et je suis allé plein d'ardeur au-devant
des gens qui la contestaient. Je ne tardai pas à reconnaître qu'en me faisant le défenseur d'une cause
juste, je suivais une carrière épineuse, remplie de
difficultés qui devaient me priver de la vie douce
qui semblait m'être réservée.

« En effet, à peine avais-je fait quelques pas que
je reconnus combien il serait difficile de faire adopter par la science un fait nouveau dont la cause

était occulte et que l'on avait déjà déclaré ne pas exister. Mais reculer, c'eût été mentir à ma conscience et commettre une grande lâcheté. Je jurai donc de consacrer ma vie entière à la défense d'une vérité sur la valeur de laquelle tous mes sens avaient été consultés.

« C'est ce dévouement à la science nouvelle qui m'amène aujourd'hui devant vos lecteurs pour justifier les magnétiseurs du soupçon infâme que l'on a lancé contre eux. C'est enfin pour répondre aux attaques injustes que l'on dirige de toutes parts contre une découverte utile, et protester de tout mon pouvoir contre les idées erronées que l'on cherche à faire prévaloir

« Si j'ai choisi, monsieur le rédacteur, l'Angleterre de préférence à d'autres pays pour y faire connaître le magnétisme, c'est que j'ai jugé que l'Angleterre, fertile en bons observateurs et en hommes animés d'une philantropie vraie, serait capable de tirer parti et d'approfondir une découverte appelée à agir moralement et physiquement sur les nations. Je suis loin encore d'être détrompé; les obstacles que l'on oppose à mes premiers pas une fois franchis, je trouverai des hommes généreux, amis de la vérité surtout; ce sera à moi de les convaincre de l'existence et de l'importance du magnétisme; et, si je parviens à mon but, leur appui ne me manquera pas.

« Le magnétisme étant plus spécialement du ressort de la médecine que de la philosophie, c'est aux médecins que je me suis d'abord adressé : car on doit naturellement les considérer comme meilleurs juges de tout ce qui se passe dans une machine humaine. Le magnétisme d'ailleurs agissant davantage sur l'homme malade que sur celui qui est en bonne santé, c'est dans les lieux consacrés à la douleur que sa vertu curative devait être constatée.

« Étranger et ne sachant pas un mot d'anglais, j'ai dû, à mon arrivée, rechercher les personnes qui, comme moi, croyaient au magnétisme, ou celles qui avaient le désir de se convaincre de son existence. Présenté à une séance de la Société royale par un membre de ce corps, j'ai fait la connaissance de quelques médecins qui, sans croire à tout ce qu'on raconte des merveilles du magnétisme, étaient cependant portés à en adopter une partie. Plusieurs me dirent qu'ils n'avaient rien vu, mais que des témoignages venant de personnages dignes de foi ne leur permettaient pas de douter de l'existence du magnétisme. Des expériences me furent proposées, et le 12 juin dernier, en présence de vingt personnes, je commençai l'emploi du magnétisme au Middlesex hospital. Une jeune fille presque idiote fut d'abord magnétisée, et n'éprouva aucun effet sensible ;

mais dans les séances suivantes je fus plus heureux : plusieurs femmes éprouvèrent des effets très marqués ; l'une surtout, à qui l'on bandait les yeux par précaution, car on accusait son imagination d'être la cause des phénomènes produits, éprouva des contractions dans les membres, malgré son bandeau et la résistance volontaire qu'elle opposait elle-même à la manifestation de ses sensations. Une autre malade, magnétisée à plus de trente pas de distance, éprouva des effets très marqués malgré cet éloignement. Cette expérience, répétée devant plusieurs personnes, fit dire à M. Mayo que ce phénomène surprenant déterminait sa croyance au magnétisme. Plusieurs autres malades commençaient également à être impressionnés par le magnétisme, lorsque, je ne sais par quel motif, on les retira successivement de mes mains ; et je dus, à la huitième séance, cesser, à mon grand regret, des expériences qui promettaient une ample moisson d'observations. Mais pour continuer mes essais, il m'eût fallu le concours des médecins de l'hôpital, et je ne l'avais pas : dans les dernières séances, chacun d'eux avait un motif pour ne pas être présent à mes expériences ; des occupations nombreuses les en empêchaient sans doute.

« On a cherché à faire croire que ma retraite était survenue à la suite d'insuccès, tandis qu'elle n'avait que d'honorables motifs pour cause. Le récit de la *Gazette Médicale* est donc erronné ; et si l'on démentait de nouveau mes assertions, je proposerais de recommencer des expériences, bien certain du succès : car si la lucidité ne se manifeste pas toujours quand vous le désirez, les effets physiques magnétiques sont faciles à obtenir.

« Plusieurs autres hôpitaux me furent offerts pour y démontrer le magnétisme. Si j'ai bonne mémoire, je crois me rappeler que le plus violent de mes antagonistes était un des plus empressés dans cette offre, et qu'il me témoigna combien il était fâché des procédés des médecins du Middlesex hospital.

« Introduit au North-London, les premières paroles du docteur Elliotson, médecin distingué de cet hôpital, furent celles-ci : « Dans les tentatives que vous allez faire pour prouver le magnétisme, si vous ne produisez aucun bon effet, je le dirai ; si vous obtenez *devant moi* des résultats utiles, je le dirai également. » Cette franchise me plut beaucoup, je l'avouerai : car c'est la vérité que je veux répandre et non point l'erreur. C'est devant des gens éclairés que je veux faire prévaloir le magnétisme : car ma crainte n'est pas que cette découverte reste ignorée ; mais mon chagrin serait de la voir descendre dans le peuple avant que les savants aient tracé les règles de son emploi.

« On sait que mes expériences se sont longtemps prolongées au North-London. On sait que j'ai magnétisé plusieurs malades qui devinrent sensibles au magnétisme et en éprouvèrent de bons effets. Ces expériences dureraient encore, si, en l'absence du docteur Elliotson, on ne m'eût fait signifier que les réglements de l'hôpital s'opposaient à ce que je reçusse dans ce lieu des personnes étrangères. Il faut dire qu'il en venait beaucoup : car mon désir de convaincre m'avait fait engager les curieux à assister à ces expériences, et à y amener des malades.

«On a écrit que le North-London hospital devenait par mes essais *une école de jonglerie*, et moi j'ose dire qu'un jour, la vérité étant reconnue, le North-London s'énorgueillira d'avoir été le premier à ouvrir ses portes à une vérité que tous les corps savants rejetaient.

«On a crié haro sur moi de toutes parts; on m'a traité comme un frelon dans un essaim d'abeilles. Eh! pourquoi donc, si je n'ai réussi nulle part, a-t-on tant de peur? Est-ce parceque je suis étranger? Mais je puis assurer qu'en France j'ai reçu chez moi bon nombre d'Anglais, et qu'ils n'ont pas eu à s'en plaindre. J'ai beau chercher le motif d'aussi peu de courtoisie, il n'en est qu'un que je puisse deviner; mais je ne le dirai pas maintenant : on me fournira sans doute plus tard l'occasion de ne pas le laisser ignorer; mais aujourd'hui celui qui connaît les secrets de ses ennemis veut bien laisser ignorer le sien.

« On s'est mis en frais de publicité ; on a exhumé des cartons toutes les pièces contre le magnétisme, sans considérer que cette artillerie formidable n'avait tué aucun de ses partisans ; qu'au contraire cette guère injuste avait déterminé beaucoup de bons esprits à approfondir la question, et que de cet examen il était résulté des convictions en faveur de nos idées.

« Il faut bien que nous parlions aussi de ces rapports. Oui, il existe celui de Deslon, l'ancien docteur régent, de Varnier, et de plusieurs autres médecins que l'on a chassés de l'école, comme on l'avait fait des premiers partisans de l'émétique ; celui de Jussieu qui vous est un peu contraire ; celui de 1784 signé par de grands noms ; mais il faut avouer qu'il y a une grande contradiction : car dire qu'une chose est dangereuse, c'est avouer implicitement qu'elle existe. Il y a celui plus récent de Husson, Fouquier, Guéneau de Mussy, Itard, Tillay, Marc, Guersent, Bourdois de la Motte, etc. ; celui-là on ne peut le contredire, et on se gardera de le faire imprimer. Il est très probable même que celui du grand observateur, M. Dubois (d'Amiens), aurait été passé sous silence, s'il eût été favorable.

« Il faut bien aussi que l'on tienne compte des trente-cinq voix sur soixante membres de l'Académie qui ont voté dans cette question ; et ces trente-cinq voix étaient données par des gens qui avaient vu des faits et examiné le magnétisme.

« Il faut encore ajouter M. Cloquet, qui ne dément point son opération, bien qu'on ait prétendu qu'il avait signé un rapport négatif ; et ce n'est point à lui que nous devons en vouloir, mais à M. Dubois (d'Amiens) qui dans cette circonstance n'a pas voulu dire la vérité.

« Et puisque les antagonistes du magnétisme donnent leur opinion, il faut aussi qu'ils nous permettent de citer celles de Cuvier, Laplace, Deleuze, Georget, Bertrand ; car, s'ils adoptent ce dernier pour antagoniste du magnétisme, le plus grand plaisir qu'ils puissent nous faire, c'est de recommander ses ouvrages. On tiendra compte aussi de l'opinion du doyen des physiologistes de France, M. Lordat, de celle de M. Ampère, le physicien célèbre, de celle de M. Francœur : c'est encore un homme dont l'opinion vaut quelque chose. Il me serait bien difficile d'épuiser la matière ; et j'assure que ma liste ressemblerait à une encyclopédie, car Fouquier, Marjolin, Dumas, Delpit, Despine, Rostan, sont des hommes dont on ne peut contester le mérite. Mais ce n'est pas tout encore : je puis citer les noms des premiers magistrats de mon pays; des hommes qui ont le malheur d'être étrangers à la médecine, mais qui n'en ont pas moins de très grandes lumières. Et enfin la France n'est pas le seul lieu où le magnétisme soit pratiqué : l'Allemagne, la Russie, l'Amérique, tous ces pays ont un grand nombre de partisans de cette science. On a cru qu'une faible digue suffirait pour arrêter un fleuve qui déborde; c'est une pensée qui ne pouvait venir qu'à Dieu : car comment serait-il possible à des savants qui ne peuvent détruire un des mille systèmes existants, systèmes bâtis seulement sur des raisonnements, comment, dis-je, auraient-ils la prétention d'empêcher la doctrine magnétique de se répandre, elle qui a des faits innombrables pour base ?

« Il est douloureux de penser que le plus grand tort des magnétiseurs pour faire admettre leur découverte a été de soutenir que les effets magnétiques sont le produit d'une force dont le foyer est dans nos propres organes; force qu'ils ont appelée *magnétique*. S'ils eussent dit : C'est notre imagination qui agit sur les malades; c'est l'action d'une âme forte sur une âme faible qui est la cause des phénomènes que nous obtenons; nous connaissons mieux que personne comment l'esprit agit sur la matière, etc.; tous les savants se seraient récriés sur cette assertion; ils eussent bien su prouver que la nature astreint tous les individus aux mêmes lois; que ce n'est ni l'imagination, ni l'âme du magnétiseur qui agit, mais tout simplement l'action qui résulte de deux corps organisés, mis dans certains rapports. Ils eussent appelé en témoignage les phénomènes de la sympathie et de l'antipathie généralement reconnus. Ils eussent bientôt reconnu en nous le fluide magnétique, ou une sorte d'électricité : car on ne voit pas pourquoi, l'ayant trouvé dans l'air, dans le règne minéral et dernièrement dans le règne végétal, pourquoi, dis-je, l'homme, ce chef du règne animal, en serait privé. Ici encore, ils eussent prouvé que plusieurs poissons possédaient la propriété électrique, et pouvaient même tuer à une assez grande distance d'autres poissons et même des hommes. Mais la contradiction est quelquefois profitable; elle fournit l'occasion d'écrire des raisonnements lumineux et de faire des réputations : pendant ce temps les honneurs et l'argent vous pleuvent. Il arrive un jour où tout cet échafaudage d'opinions s'écroule : vous cessez d'être un grand homme sans cesser pour cela d'être des académies; qu'importe alors votre réputation si vous avez bien vécu ? car pour bien des hommes c'est le but de la vie. Ici, M. le rédacteur, c'est seulement de mon pays que je veux parler.

« Lorsque le magnétisme sera bien compris, et qu'il ne fera plus sur les savants l'effet que la lumière produit sur certains malades, on expliquera son action irrésistible sur le corps humain, comme on explique maintenant celle des différents agents de la nature. Il ne paraîtra alors ni absurde ni ridicule de croire à des effets singuliers, parcequ'on aura trouvé que la cause en est naturelle.

« Aujourd'hui il faut encore répondre à des objections, et montrer comment un expérimentateur peut très bien ne pas prouver ce qu'il avance, sans pour cela qu'on soit en droit de classer ses insuccès au rang des *fraudes volontaires et préméditées.*

« Lorsque quelques hommes seulement racontent des faits merveilleux en assurant les avoir produits, on peut contester leur témoignage et croire qu'ils sont dans l'erreur, surtout si ces faits sont d'un ordre supérieur aux phénomènes habituels de la nature. Ces dénégations acquièrent plus de valeur encore, lorsque, ayant voulu montrer et prouver ces faits, on n'y est point parvenu. Mais si de toutes parts les mêmes faits sont attestés par les personnages les plus honorables; si des milliers d'hommes assurent de nouveau qu'ils les ont vus de leurs propres yeux, on doit croire alors qu'il y a quelquefois impossibilité de les montrer quand on le désire, et que la nature peut bien ne pas toujours obéir aux désirs du magnétiseur lorsque surtout ces désirs sont contraires aux lois qu'elle a établies. Appeler jongleurs, mystifica-

teurs, charlatans, les hommes qui sont assez malheureux pour ne pas réussir dans une expérience
délicate, c'est se montrer animé par une haine
profonde contre le magnétisme : car les meilleurs
professeurs de chimie et de physique, agissant sur
des corps inorganiques et parconséquent cons-
tants dans leur action, manquent quelquefois cependant des expériences, parceque des causes
étrangères et souvent très faibles sont venues
détruire ou altérer les conditions du succès.

« L'action de voir sans le secours des yeux, même
à distance, phénomène que l'on nie, moi je l'a-
dopte, parceque je l'ai vu et produit souvent,
même au grand jour. La loi en vertu de laquelle
cette faculté existe, j'avoue que je l'ignore entièrement ; mais je sais parfaitement ce qui en empêche
la manifestation dans certains cas, car il m'est arrivé aussi à moi de ne pas toujours réussir, et en
voici l'explication :

« Lorsque j'agissais sur un somnambule dans le
silence et dans le recueillement, et que je n'avais
près de moi que des personnes inoffensives qui
ignoraient ce qui allait se produire, ou qui l'attendaient sans suspecter mes intentions, j'étais
calme et tranquille ; l'action de mon être sur le
somnambule était régulière presque comme celle
d'une machine physique ; et ce qui se passait dans
le somnambule était aussi régulier. La nature alors

se manifestait sans contrainte, et les phénomènes qui en résultaient avaient un caractère particulier, et presque toujours satisfaisant. Mais il en était autrement, lorsque mon désir de faire participer des gens qui doutaient de mes récits me faisait les admettre à mes expériences. Bientôt ceux-ci agissaient sur moi par leur doute exprimé souvent par des paroles mordantes ou des rires amers. Dès lors je cessais d'être calme et tranquille, mon esprit entrait dans une agitation extrême; mon cœur battait avec violence, et c'est dans cette disposition physiquement et moralement défavorable que j'étais obligé de justifier mes assertions. J'aurais dû avouer que je ne le pouvais plus, mais l'orgueil empêchait d'écouter la voix de la sagesse. Qu'arrivait-il alors? L'être que je magnétisais, et qui n'avait aucun motif pour être troublé, car il ignorait souvent ce qui devait se passer dans son sommeil, ne s'endormait plus de la même manière; ses joues se coloraient, son cœur battait comme le mien, et, bien qu'il tombât dans le somnambulisme, j'apercevais bientôt que ce n'était plus l'état régulier de ses sommeils passés, et que l'état d'agitation et de trouble de mon être avait développé chez lui la même sur-excitation; et c'est dans cette disposition contraire que je le pressais d'obéir, que je le sollicitais de me donner des preuves de sa vision. Il y consentait, à la vérité, avec peine (car il était averti que des changements s'étaient opérés en lui), mais enfin il y consentait; et bientôt nous avions la preuve que sa lucidité n'existait plus, et que toutes ses prévisions étaient inexactes. Ces insuccès, en me mettant hors de moi, ne faisaient qu'ajouter aux difficultés qui existaient déjà, et rendaient les expériences négatives. Plusieurs leçons de ce genre m'éclairèrent enfin, et j'acquis la preuve que j'avais découvert la cause de la non-réussite de ces expériences, lorsque, les répétant devant les mêmes hommes, je fus assez résolu pour être insensible à leurs discours, et pour ne plus me laisser influencer par des regards moqueurs. L'eau, si transparente qu'elle soit lorsqu'elle est calme et tranquille, ne réfléchit plus les objets dès qu'elle est agitée; de même la glace ternie par un léger souffle cesse d'être fidèle. Si vous faites pénétrer des courants humides près d'une machine électrique, vous aurez beau tourner la manivelle, vous n'obtiendrez point d'électricité. Ces accidents passagers ayant cessé, l'ordre reprend son cours; mais ceux qui n'ont aperçu que le désordre vous accusent de mensonge, et on ajoute votre nom à celui de tous les charlatans.

« Que faire donc dans ces circonstances? plaindre les hommes qui vous forcent à courber la tête sous leurs jugements précipités, attendre que le temps vous donne gain de cause sur eux, car, lorsque les hommes nient un fait que la nature prouve, il est bien certain que celle-ci finira tôt ou tard par avoir raison.

« Voici un fait de vue, sans le secours des yeux, attesté par des hommes instruits, et qui trouve naturellement sa place ici. Nous le choisissons entre cent autres, parceque ceux qui l'ont observé sont vivants et tiennent aujourd'hui un rang distingué dans la Faculté de médecine de Paris. J'extrais ce fait du Dictionnaire de Médecine, imprimé à Paris en 1827, article *Magnétisme*.

Après avoir parlé des facultés somnambuliques en général, M. Rostan, professeur de la Faculté, s'exprime ainsi :

« Mais, si la vue est abolie dans son sens natu-
« rel, il est tout-à-fait démontré pour moi qu'elle
« existe dans plusieurs parties du corps. Voici une
« expérience que j'ai fréquemment répétée; cette
« expérience a été faite en présence de M. Ferrus.
« Je pris ma montre que je plaçai à trois ou quatre
« pouces derrière l'occiput; je demandai à la som-
« nambule si elle voyait quelque chose : *Certaine-*
« *ment, je vois quelque chose qui brille; ça me fait*
« *mal.* Sa physionomie exprimait la douleur; la
« nôtre devait exprimer l'étonnement; nous nous
« regardâmes, et M. Ferrus, rompant le silence,
« me dit que, puisqu'elle voyait quelque chose

« briller, elle dirait sans doute ce que c'était.

« Qu'est-ce que vous voyez briller? — *Ah! je ne*
« *sais pas; je ne puis vous le dire.* — Regardez bien?
« — *Attendez... cela me fatigue... Attendez... c'est*
« *une montre.* Nouveau sujet de surprise. Mais si
« elle voit que c'est une montre, dit encore M. Fer-
« rus, elle verra sans doute l'heure qu'il est. —
« Pourriez-vous dire quelle heure il est? *Oh! non,*
« *c'est trop difficile.* — Faites attention, cherchez
« bien. — *Attendez... je vais tâcher... je dirai peut-*
« *être bien l'heure, mais je ne pourrai jamais voir*
« *les minutes.* Après avoir cherché avec la plus
« grande attention : *Il est huit heures moins dix*
« *minutes;* ce qui était exact. M. Ferrus voulut ré-
« péter l'expérience lui-même, et il la répéta avec
« le même succès. Il me fit tourner plusieurs fois
« les aiguilles de sa montre; nous la lui présentâ-
« mes sans l'avoir regardée, elle ne se trompa
« point. »

« Il sera honteux un jour de lire tout ce qu'on
aura accumulé de sophismes pour prouver que
l'homme n'agit pas sur son semblable, tandis qu'il
est reconnu que deux molécules ont cette propriété.

« Expliquez-nous comment s'opère la lucidité,
et nous croirons à sa possibilité, disent les antagonistes du magnétisme, comme si eux-mêmes
pouvaient expliquer tous les phénomènes de la

nature. Qu'ils nous disent donc comment l'opium fait dormir, comment ils meuvent leurs bras. Hélas! comme ils l'avouent eux-mêmes, ils savent infiniment peu de choses, et ils contestent un fait nouveau parceque ce fait n'entre pas dans leur esprit. Ils nous crient : L'œil est fait pour voir, l'oreille pour entendre ; nous le savons aussi bien qu'eux, mais nous savons aussi que l'oreille et l'œil ne sont que des instruments, et que *le principe qui voit et qui entend* n'est pas l'organe lui-même. Que ce principe ne puisse pas se transporter sur quelque autre partie du corps, c'est une opinion qui est démentie par des faits produits par d'autres causes que le magnétisme animal. La catalepsie, l'extase, observées par tant d'habiles médecins, offrent la preuve la plus complète et la plus évidente de la transposition des sens. Nier tous ces témoignages, c'est être bien hardi ; c'est faire présumer que l'on possède un grand génie ; et dans ce cas, on doit accorder le droit d'en demander des preuves.

« Avant que les lois de la gravitation eussent été découvertes par Newton, lorsque des savants écrivaient sur la configuration de la terre, les uns soutenaient qu'elle était parfaitement ronde, d'autres plate. Un bon nombre cherchait à prouver qu'elle était immobile, et qu'il n'y avait point d'antipodes, parceque, *s'il y en avait, ils auraient nécessairement la tête en bas; ce qu'il était ridicule de penser.* On sait ce qui est advenu de toutes ces opinions. Il en sera de même pour la vue sans le secours des yeux. On doit espérer que le mystère qui accompagne ce phénomène cessera bientôt d'exister. Mais la lucidité somnambulique n'est qu'un des faits du magnétisme; il y en a mille autres que ses adversaires oublient; et pourtant ces faits sont aussi intéressants et peut-être plus utiles à étudier. Il faudrait ici tout un traité pour les faire connaître, et je dois me renfermer dans les bornes d'un article de journal. Je suis donc forcé de ne m'attacher qu'à un seul : *le magnétisme agit puissamment dans toutes les affections nerveuses,* et rend possible la guérison de quelques maladies que tout l'art de la médecine ne pourrait parvenir à guérir. Voilà ce que l'on devait vérifier d'abord; mais il semble pour nos adversaires que ce soit là le côté le moins important. Pour moi, qui ai toujours préféré la vie de mes semblables à des expériences de vaine curiosité, c'est sous le point de vue de son utilité surtout que j'ai étudié et envisagé le magnétisme; c'est comme moyen de traitement, comme agent thérapeutique, que je l'ai toujours employé. Si parfois je me suis prêté à des expériences qu'on avait sollicitées de moi, j'ai toujours eu lieu de m'en repentir : car, dans ces cas, les malades sur lesquels j'agissais étaient beaucoup moins bien portants après les expériences qu'auparavant, et leur rétablissement en était retardé. Il faudra bien, tôt ou tard, examiner sérieusement le magnétisme; mais il est à regretter que ceux qui devraient les premiers être instruits de ses résultats soient les derniers à les connaître. L'Angleterre verra-t-elle ses savants négliger cette étude? Nos appels seront-ils dédaignés? Continuera-t-on de jeter sur nous les soupçons de charlatanerie, de jonglerie, et classera-t-on longtemps encore les faits que nous produisons dans les annales des *fraudes volontaires et préméditées ?...* L'opposition des savants actuels semblerait le faire croire. Mais la vérité pénétrera dans les masses, elle y arrivera malgré toute résistance : car encore une fois le magnétisme est une vérité physique, il ne peut manquer de triompher de tous les ennemis acharnés contre lui. Il y aura des désordres, des abus; il faudra alors rechercher ce que l'on aura dédaigné d'apprendre; il faudra bien connaître un fait dont on peut être la victime. Mais il sera trop tard : le magnétisme n'est point toutes les autres sciences; il porte avec lui de nouvelles croyances morales; et vous aurez, par votre obstination ou votre mauvais vouloir, été cause de maux affreux, que l'on ne pourra jamais extirper des nations. On vous maudira; car c'est d'en haut que doit descendre la lumière : *ce sont les supérieurs qui doivent illuminer les inférieurs,* pour me servir d'une figure de l'ancienne philosophie. Qu'on lance tant qu'on le voudra des écrits contre le magnétisme et contre ses résultats; soyez certains qu'ils n'empêcheront nullement la vérité de se produire. On placera les œuvres des Dubois (d'Amiens), des Bouillaud, des Virey à côté de celles de trente autres antagonistes du magnétisme; et tous ces chefs-d'œuvre iront retrouver les *sublimes* traités que nous laissèrent les *sublimes* génies qui ont voulu prouver à leurs contemporains que la terre ne tournait pas et que le sang ne circulait point.

« Qu'il me soit permis, en terminant cette lettre, d'exprimer un regret, celui de voir tant d'hommes savants se livrer à des dénégations, au lieu d'approfondir une science qui offre un si vaste champ à leurs observations. Qu'ils daignent donc essayer un pouvoir qu'ils ont en eux-mêmes, et accepter l'offre que je fais de leur en tracer les règles. Leur discussion deviendra alors profitable, et l'humanité les en remerciera, car ils auront servi à éclairer sa marche.

« **Baron Du Potet.** »

Londres, le 20 décembre 1838.

Ma persévérance me fut profitable. Les journaux

se turent, car ils sont condamnés à donner toujours du neuf à leurs lecteurs; lorsqu'ils n'en ont pas, il faut qu'ils en fabriquent, et cette pâture sophistiquée ressemble assez aux aliments préparés dans des temps de disette, et qui sont faits seulement pour remplir les estomacs et non pas pour nourrir les corps. Mes expériences, dénaturées par les journalistes, avaient, pendant quelque temps, égayé les lecteurs sans éclairer leur raison; cela devait avoir un terme, et ce terme arriva bientôt.

Les récits de quelques personnages de haute distinction, qui avaient assisté à mes expériences de Middlesex et de North-London hospital, les bienveillantes recommandations de lord Stanhope, et peut-être aussi la lecture de mon mémoire, avaient produit une véritable réaction en ma faveur. La presse s'était tant occupée de moi, que malgré elle sans doute elle m'avait acquis une véritable célébrité; et à Londres, quand on a commencé à attirer les regards, la foule accourt, elle augmente; bientôt c'est de la fureur.

De toutes parts on accourait chez moi; ambassadeurs, comtes et marquis, princes, ducs, j'avais l'insigne honneur de voir mon salon chaque jour rempli par les illustrations des trois royaumes; ma maison était le rendez-vous de la *fashion*. Ne pas avoir vu ce qui s'y passait, ne pas pouvoir en répéter quelques scènes, c'était de la dernière négligence; on ne pouvait plus faire partie de la mode (1).

Les médecins briguaient alors la faveur d'assister à mes séances. La curiosité les poussait chez moi, car j'annonçais un moyen de guérir les maladies par la production de phénomènes étranges. La cour venait assister à mes démonstrations; mes

(1) Le 8 janvier 1837, assistaient à mes expériences les personnages dont les noms suivent :

Mlle d'Este, princesse du sang royal.	Lord Dynevor.
La marquise de Salisbury.	Le comte de Tankerville.
Lord Eliot.	Le colonel Armstrong.
Lord Cantelupe.	M. Luttrell.
Sir Henry Harding.	Lord Durham.
Lord Ingestrie et son épouse.	Lord Monson.
M. Dawson Damer et son épouse.	L'évêque d'Exeter.
M. Seymour.	Lord Castlereagh. M. P.
Lord Harry Vave.	Lord Redesdale.
Lady Granville Somerset.	M. Morier.
Lord Canning.	M. W^{ms} Holmes.
L'évêque de Salisbury.	Dr Forbes.
Docteur Kent.	Lord Foley.
Sir Walter James.	La marquise de Clanricarde.
Lord Claude Hamilton.	Lord Denngastrie.
Le comte d'Aberdeen.	Dr Scudamore.
Le comte de Haddington.	Lord Maidelone. M. P.
Le baron Tnyl.	M. Fazakerly. M. P.
Le baron de Cetto, ministre de Bavière.	Lord Alounley.
Lord Dacre.	Lord Leveson. M. P.
	M. Wall. M. P.
	Lord Sandon. M. P.
	Dr Cook.

antagonistes alors, dans la crainte que je ne leur ravisse leur riche proie, devenaient presque mes amis, car la haute faveur dont je jouissais près du grand monde me donnait une espèce de pouvoir qui me rendait redoutable à leurs yeux.

Bonnes gens, rassurez-vous; ne voyez-vous donc pas que cette faveur n'est due qu'aux distractions que je procurais aux oisifs! Pensiez-vous qu'ils se donneraient la peine d'examiner et d'approfondir une science qui demande quelque effort d'esprit? LES HOMMES DE LOISIR VEULENT ÊTRE AMUSÉS ET NON POINT ÉCLAIRÉS. Cette riche aristocratie ne diminuera rien du tribut qu'elle vous paie chaque jour; accoutumée qu'elle est à vos remèdes, ne craignez point; rien ne se passe aussi difficilement que les mauvaises habitudes. Vos pharmacies conserveront leur splendeur; un siècle encore est nécessaire en ce pays pour que vos empoisonnements y soient constatés.

Oui, je pouvais dire aux personnages distingués que vous n'aviez pu empêcher de venir chez moi : Vos médecins ont une médecine bonne pour eux, car elle les enrichit; mais cette médecine n'est point faite pour les malades. Voyez, loin de diminuer leurs maux, elle les aggrave au contraire. La main d'un ami est préférable aux savantes compositions de l'art; ne mettez point de sophistication dans une lampe près de s'éteindre, car vous ne pourrez la rallumer; mais donnez un peu de votre vie, et cette lampe humaine éclairera encore quelque temps.

Médecins, n'aurez-vous donc nulle pitié de la sottise humaine? il importe donc peu à vos yeux que les maux augmentent et se perpétuent, pourvu que vous soyez à l'aise dans cette atmosphère de douleurs? Revenez donc à des sentiments moins égoïstes, et si vous ne voulez pas être les dispensateurs de la vérité que j'apporte, cessez donc au moins d'en être les oppresseurs.

Je savais que les preuves que je donnais sans cesse du magnétisme étaient atténuées par les raisonnements de mes adversaires, lorsque je n'étais plus là pour les combattre; mais pour reprendre l'avantage qu'ils me faisaient ainsi perdre et détruire leurs arguments, je me plaçais pour agir dans des conditions nouvelles que je vais faire connaître.

Expériences faites sur des hommes en bonne santé et d'une incrédulité avouée.

Mes essais sur des malades, bien que développant des phénomènes physiques extrêmement curieux, ne convainquaient pas assez pour gagner l'opinion publique, et lui ôter tout soupçon sur la réalité des faits que je produisais. Plusieurs médecins pensaient et disaient que ces malades pouvaient être gagnés à prix d'argent, et se prêter à jouer un rôle infâme, mais qui devait servir à m'acquérir une réputation. J'ai su dévorer les douleurs que me causaient ces soupçons, espérant qu'ils auraient un terme, et que l'on me rendrait justice un jour. Mais pour hâter ce moment, je me suis prêté à faire des expériences publiques sur des personnes du monde, sur des hommes connus, sur qui le soupçon de compérage ne pouvait être jeté. J'avais un double but en agissant ainsi : convaincre que le magnétisme est une force physique agissant sur des personnes en bonne santé comme sur des malades, et prouver que l'incrédulité ou le doute n'empêche nullement son action.

Mes premiers essais se firent au North-London hospital sur quelques jeunes étudiants, et développèrent des effets sensibles mais peu importants, excepté pourtant sur un jeune médecin nommé Hunter qui éprouva des effets extrêmement curieux. Je ne donnerai pas le détail de ces expériences, parceque j'ai à parler de faits d'une notoriété plus générale.

Au moment où mes expériences commencèrent à faire sensation, elles amenèrent chez moi beaucoup de personnages distingués; plusieurs me provoquèrent et m'engagèrent à les magnétiser en me disant : Convainquez-nous et tout le monde croira.

Ce fut d'abord lord Dengastrie qui, bien que

d'une grande force physique, dut céder à une puissance qui se joue souvent de la résistance qu'on lui oppose. Magnétisé la première fois de très près, il sentit peu de chose. Le lendemain les phénomènes furent plus marqués; à environ vingt pas de distance, il était obligé de s'incliner à un signe de ma main, et de rester courbé autant de temps que je voulais. Lorsque dans cette position je tournais autour de lui, à quelques pas de distance, il suivait mes mouvements en tournant sur lui-même, mais ne pouvant se relever que lorsque j'y avais consenti. Ses yeux aussi se fermaient à une grande distance de moi, lorsque je dirigeais mes doigts vers eux. Une extrême agitation se manifestait également lorsque je dirigeais la main vers ses pieds.

Un effet plus surprenant du magnétisme eut lieu sur le colonel des gardes de la reine, Achberman. Magnétisé devant un grand nombre de personnes de la cour, il éprouva bientôt des sensations singulières. Sa face devint rouge et animée; ses yeux semblaient sortir des orbites; et bientôt, donnant des signes de la plus vive colère, il s'élançait de son siège, semblant chercher des yeux au milieu de la foule la personne qui devait être la victime de sa fureur. Il serait impossible ici de rendre cette scène. Toutes les personnes qui en ont été les témoins ont été remplies d'effroi; plusieurs même, saisies d'épouvante, quittèrent la salle avec précipitation, tant la crainte d'un danger avait gagné l'assemblée. Les regards du magnétisé avaient alors quelque chose de si terrible que personne n'eût osé les braver. Sans doute pas un des assistants n'aurait pu croire dans cet instant que des signes de ma main calmeraient cette tempête morale comme ils l'avaient fait naître ; sans doute aussi ils exagéraient les dangers du magnétisme ; et les hommes mêmes qui, avant cette expérience, riaient de moi et des procédés que j'employais, n'eussent pas voulu dans le moment que j'en essayasse sur eux l'efficacité.

Et comment veut-on que les phénomènes qui naissent dans de pareilles circonstances n'aient pas un aspect terrible? Vous provoquez par vos dédains et vos doutes injurieux celui qui, sûr de la vérité, vous dit que le calme de l'esprit est nécessaire pour que l'action soit régulière et salutaire. Vous mettez en question sa probité et ses aveux, et faites naître en lui un état de passion et de colère. Il ne désire plus qu'une chose alors : *vaincre*, et vous prouver sa victoire en anéantissant vos forces.

Ceux qui étaient présents, et qui m'ont vu magnétiser le colonel, en garderont toujours le souvenir ; ils se rappelleront que si mon pouvoir eût un instant fléchi, que si je n'eusse pas été initié profondément à quelques-uns des secrets du magnétisme, j'aurais pu compromettre la vie, ou tout au moins la santé de celui qui s'était soumis à mes expériences, tandis qu'ici tout se passa bien ; la raison du magnétisé revint graduellement, et au bout d'une heure il ne lui restait plus qu'un ébranlement du système nerveux, une inquiétude vague qui, cependant, dura plusieurs jours. Lorsque M. Achberman revint me voir, il était bien loin d'être tranquille dans ma maison ; on voyait dans toute sa personne un trouble singulier, et la crainte de se soumettre à une nouvelle tentative dominait chez lui le désir qu'il avait exprimé ailleurs d'être encore magnétisé (1).

Je faisais avec grande répugnance ces sortes d'expériences, car le magnétisme, d'après ma conviction, ne devrait être employé que sur des malades, pour réparer les désordres occasionnés par leurs maladies, et non point sur des hommes en bonne santé. Mais comment résister à des provocations qui se renouvellent vingt fois dans un jour ? Comment faire entendre le langage de la vérité à des hommes qui refusaient toute explication préliminaire, à des curieux voulant, avant tout, voir produire des faits ?

(1) J'ai appris depuis que lui-même avait obtenu des effets semblables sur un de ses amis, devant un grand nombre d'incrédules.

Une fois entré dans cette voie, j'ai dû continuer d'y marcher. Ce n'était pas le moyen de prouver l'action curative du magnétisme; mais de cette manière je gagnais des partisans à sa cause, et en même temps je détruisais les arguments des antagonistes de cette science, car, selon eux, *le prétendu magnétisme n'agit que sur des personnes faibles et nerveuses disposées, par leur organisation, à des impressions venant de causes imaginaires;* les hommes forts et robustes ne devaient parconséquent rien éprouver.

Je continuai donc mes expériences, et bientôt de nouveaux faits furent observés sur des hommes qui se soumettaient à mes essais. L'un, le lord Jousselin, après quelques passes faites en face de lui, se leva en me priant de cesser mon action; des étouffements s'étaient manifestés, et la gêne qu'il éprouvait lui faisait craindre une suspension de la respiration. Cependant mon adversaire avait au moins six pieds de haut et paraissait doué d'une force physique bien supérieure à la mienne. Lord Cantelupe, en quelques minutes, fut saisi par le sommeil; il avoua que si j'avais continué de le magnétiser, je l'aurais endormi complètement. Lord Grey éprouva les mêmes effets.

Je passe ici beaucoup d'autres expériences faites sur des personnes qui avouèrent publiquement avoir ressenti des effets. Comme ces effets n'étaient pas très apparents pour les personnes qui en étaient témoins, on pouvait croire que l'imagination y avait quelque part; mais je fis sentir avec beaucoup de violence mon influence à un membre de la Chambre des Communes, M. Milne, qui m'avait en riant provoqué, et qui était revenu deux fois pour se soumettre au magnétisme. Je dus cesser mon essai au bout de dix minutes, car la pâleur de sa face et l'état de sa respiration ne permettaient pas de les pousser plus avant. Il avoua que la voix lui avait manqué lorsqu'il avait voulu parler pour me prier de discontinuer.

Un autre membre du parlement, M. M....., venu avec son médecin pour assister à mes expériences, me pria d'essayer mon action sur lui en présence de son médecin. J'y consentis; et bientôt il se manifesta de la suffocation et un besoin irrésistible de marcher. Bientôt un rire convulsif eut lieu, et cet état nerveux dura près d'une demi-heure. Quelques jours après, j'eus l'occasion de le magnétiser de nouveau, et la sensibilité fut encore beaucoup plus grande. A dix pas je lui fermais les yeux sans qu'il pût les ouvrir; lorsque je continuais de diriger mes mains vers leur région, la tête s'inclinait malgré lui, et lorsque avec des efforts de volonté il parvenait à la relever, elle était bientôt de nouveau reportée sur la poitrine. Le même effet magnétique avait lieu lorsque je le magnétisais debout, et moi étant à cinq ou six pas de lui derrière une porte qui m'empêchait d'en être aperçu. Dans cette position, il était entraîné malgré lui dans ma direction, et s'approchait de l'endroit où je m'étais mis.

Je développai encore des phénomènes très remarquables sur le jeune prince russe Gagarin, venu chez moi avec cinq de ses amis, parmi lesquels était son médecin. Trois d'entre eux se livrèrent également à mes expériences, et éprouvèrent les effets les moins contestables.

On me reprochera sans doute de n'avoir pas réussi sur tous ceux que j'ai magnétisés; certainement, je l'avoue, bien des tentatives n'ont pas été suivies de résultats. Mais qui ne sait que le meilleur vaccin ne prend pas sur tous ceux que l'on inocule? Qui ne sait qu'une quantité donnée de liqueur alcoolique, prise à même dose par un certain nombre d'hommes, n'en met dans l'ivresse que quelques-uns? Qui donc ignore que l'opium ne produit pas toujours le sommeil, même donné à la dose la plus forte? Dira-t-on pour cela que le vin n'enivre pas, que l'opium ne produit pas le sommeil, ou bien que la manne n'est pas purgative parceque certains estomacs la digèrent? Il semble que dans la question du magnétisme bien des hommes aient fait abnégation de leur raison, et que chez eux ce soit un parti pris d'avance de

repousser cette nouvelle vérité sans vouloir examiner les faits qui lui servent d'appui.

Cette digression m'a entraîné un peu loin de
mon sujet ; mais elle n'est pas inutile, car elle m'a-
mène à cette conclusion, que l'homme en bonne
santé est sensible au magnétisme, comme l'homme
malade : que chez le premier la santé peut s'altérer un instant par l'application du nouvel agent,
et que chez le second l'équilibre peut être réta-
bli par une suite d'opérations mesmériennes, lorsqu'il avait été dérangé par une maladie.

Je dois ajouter que, bien que le magnétisme
ne développe pas toujours des effets visibles, son
action n'en a pas moins lieu chez tous les magnétisés. Cette action est alors comparable à celle qui
résulte de l'ingestion des agents chimiques et physiques que nous avons cités plus haut ; quoiqu'ils
n'aient pas de phénomènes apparents, ils n'en ont
pas moins donné lieu à d'incontestables modifications.

Je n'ai pas cité de témoins pour prouver les
faits que je viens d'avancer ; ils ont eu une si
grande publicité, tant de personnes honorables
les ont vu produire, qu'aucune de mes assertions
ne pourrait être démentie. Je pourrais ajouter ici
une foule d'autres expériences, faites avec un
grand succès, sur des jeunes gens forts et robustes, incrédules au magnétisme ; mais je termine-

rai par un dernier fait de ce genre, que plus de cent personnes ont vu et qu'elles pourraient attester.

Au mois de mai 1838, je reçus une lettre de madame Merianne Campbell; cette dame me demandait si je consentirais à magnétiser quelques personnes de sa connaissance dans une séance qui aurait lieu chez moi; j'y acquiesçai très volontiers. Au jour convenu quinze ou vingt personnes arrivèrent au rendez-vous; M. Barke, l'un des invités, voulut être magnétisé. Il m'assurait que je ne produirais aucun effet sur lui parcequ'il ne croyait point au magnétisme. Je commençai cependant et au bout de quelques minutes je pus m'apercevoir qu'il était très sensible à mon action; je cessai aussitôt de le magnétiser de près; je le plaçai à peu près à douze pas de moi et à cette distance nous restâmes tous deux debout, les regards fixés l'un sur l'autre. Bientôt son attitude changea complètement; sa tête se porta en arrière, ses bras étaient raides et convulsés; il se haussait sur la pointe des pieds et dans cette position il balançait comme un homme en état d'ivresse; puis contraint d'avancer dans ma direction, il faisait un pas en avant, et à l'instant il était obligé de s'élever de nouveau sur la pointe des pieds pour se soustraire par un effort de résistance à l'attraction puissante qui agissait sur lui; mais vains efforts! il ne retardait ainsi que d'un instant le moment de son arrivée au lieu que ma volonté lui avait assigné; il y arriva enfin, et sur un seul signe de ma main il se baissa en avant comme un homme qui fait un profond salut. J'étendis alors ma main sur le tapis, et son corps y fut attiré avec tant de violence qu'il tomba comme une masse inerte; on le releva; il n'avait qu'une idée très imparfaite de tout ce qui s'était passé.

Ces faits extraordinaires furent répétés par des personnes qui composaient cette réunion; ils trouvèrent beaucoup d'incrédules et peut-être M. Barke lui-même. Mme Campbell me sollicita de nouveau de magnétiser celui qui nous avait offert des faits si curieux; le nombre des personnes admises à cette seance s'éleva au moins à soixante, et parmi elles des gens de la plus haute distinction, lord Nugent, le marquis de Sligot, etc. Je commençai donc à magnétiser M. Barke; nous étions placés l'un et l'autre sur une ligne droite et à douze pas environ de distance. Les effets furent à peu près les mêmes qu'à la séance précédente; peut-être seulement furent-ils un peu plus difficiles à obtenir. Cependant il avança, suivant l'impulsion de ma volonté, et vint passer entre deux fauteuils qui étaient en avant de moi et sur mes côtés. Arrivé près de moi je le forçai, sans le toucher, de s'incliner, et bientôt donnant plus de force à ma volonté je le fis tomber par terre avec tant de violence que ses vêtements furent déchirés dans sa chute; plusieurs personnes en furent très effrayées; elles craignaient qu'il ne se fût fait beaucoup de mal, mais comme la première fois on le releva, et quand on lui raconta ce qui lui était arrivé, il n'y voulut pas croire.

Je répète ici que je ne connaissais nullement ce jeune homme, que je n'avais jamais causé avec lui, et qu'ainsi je n'avais pu agir sur son esprit; d'ailleurs il avouait tout haut qu'il ne croyait point au magnétisme.

Il serait impossible de rendre les sensations qu'éprouvèrent toutes les personnes qui assistèrent à ces deux séances. Il eût été à désirer que tous les incrédules fussent témoins d'effets si convaincants; peut-être enfin se seraient-ils rendus à l'évidence. Mais je me trompe, ceux qui n'auraient point connu personnellement M. Barke auraient pu croire qu'il était mon compère et que c'était un jeu concerté d'avance. Hélas! je les excuse, car ils ne sont pas plus coupables que les très illustres membres de l'ancienne Faculté de Paris, qui disaient au sujet de l'inoculation que les *inoculés étaient des dupes et des imbéciles, et les inoculateurs des fourbes et des fripons.*

Chaque époque a ses hommes rétrogrades; toute découverte nouvelle les offense et blesse leur vue;

il faut les plaindre puisque leur résistance à la vérité les empêche d'en jouir.

« Pour magnétiser mes malades, je les faisais
mettre sur deux files en ligne droite ; quelquefois
sept ou huit étaient ainsi rangés les uns à côté des
autres, et me plaçant alors en avant, à quelques
pieds du premier malade, je dirigeais ma main à
la hauteur de sa tête et restais dans cette position
jusqu'à ce que je visse que l'un d'entre eux avait
senti l'action magnétique ; alors, approchant chaque malade, je le magnétisais sans qu'il changeât
de place et je recommençais ainsi jusqu'à ce que je
crusse qu'ils étaient tous magnétisés suffisamment.
Seize malades me demandaient deux heures et demie. Cette magnétisation avait un avantage, c'est
qu'elle entretenait les malades dans un état magnétique plus doux que celui qui résultait d'une application directe du magnétisme ; c'est cette méthode
que j'employai avec tant de succès à Montpellier. Il
m'arrivait souvent, pour surprendre ceux qui ne
connaissaient point le magnétisme, de prendre les
plus sensibles des magnétisés et de les faire placer
tous sur la même ligne et debout ; aussitôt que je
le voulais, tous étaient influencés en même temps ;
les uns tombaient sur leurs sièges, d'autres restaient immobiles comme frappés de terreur, d'au-

tres enfin entraient dans le somnambulisme le plus profond. Les spectateurs restaient stupéfaits de ne rien découvrir qui pût expliquer les effets terribles et curieux dont ils étaient témoins.

Quelquefois je faisais tenir debout certains malades, et je priais quelques personnes de leur donner le bras; puis placé à une grande distance je dirigeais mon action sur le malade qui devenait bientôt un embarras pour ceux qui le tenaient, car il obéissait aux lois de la pesanteur comme l'eût fait un cadavre, et menaçait à chaque instant de tomber. J'ai vu dans certains cas que le magnétisme atteignait aussi la personne mise en communication avec le magnétisé et produisait des espèces de chocs électriques. Dans d'autres circonstances je magnétisai mes malades à travers des gens bien portants, et ceux-ci étaient parfois impressionnés autant que le malade.

Un jour le docteur Lardner, professeur de l'Université de Londres, un des hommes les plus distingués de ce pays, me pria de faire sur lui cette expérience; il se plaça à cet effet entre moi et le patient, et bientôt M. Lardner fléchit comme s'il allait tomber. Il s'ôta bien vite de cette direction et nous dit qu'il avait éprouvé le long de la colonne vertébrale une sensation semblable à celle que lui eût causée une décharge électrique; pendant cette expérience il me tournait le dos pour que son imagination ne pût être influencée; le malade de son côté avait éprouvé les effets qu'il ressentait d'ordinaire.

A la même séance, un gentleman qui paraissait avoir bien déjeuné se mit sans façon sur la ligne de mes malades, prenant la place d'un pauvre homme souffrant que j'avais retiré le croyant assez magnétisé, et y resta sans plus de cérémonie; j'eus l'air de n'y pas faire attention, et je dirigeai sur lui mon action magnétique. Bientôt il en fut si bien affecté que j'eus un moment peur qu'il n'en résultât quelque accident, mais heureusement il n'en fut rien. Le lendemain ce même gentleman (c'était un jeune officier fort robuste) vint avec plusieurs de ses camarades du même régiment, auxquels on avait raconté ce fait et qui ne voulaient point y croire. Je commençai à le magnétiser lorsqu'il était encore au milieu de ses amis, et il fut pris presque subitement des mêmes accidents que la veille. *Very curious!* s'écriaient-ils, *very curious!* mais pas un ne comprit l'importance d'un fait si extraordinaire et ne chercha à l'approfondir.

La plupart des malades qui tombent dans le somnambulisme offrent, on le sait, comme preuve de leur état nouveau, le caractère d'insensibilité. Je l'avais dit et répété, et devant moi j'avais laissé faire des expériences concluantes ; cela ne suffisait point, et toutes les fois que j'étais distrait par une conversation, ou que j'étais éloigné des malades de manière à ne pas les voir, c'était à qui enfoncerait le plus d'épingles dans leur chair et leur arracherait le plus de cheveux ; c'est seulement lorsqu'ils étaient réveillés que j'en étais instruit, car alors les magnétisés me montraient sur leurs membres des équimoses résultant de pincements prolongés, ou occasionnés par de grandes épingles dont les piqûres rapprochées avaient tatoué la peau en la meurtrissant. Quelquefois même l'inhumanité des visiteurs allait jusqu'à se servir de cannes dont ils mettaient le bout sur l'un des pieds du somnambule, en s'appuyant de tout le poids de leur corps sur l'autre extrémité, de manière à leur écraser les chairs. Si je me plaignais des traitements barbares dont on avait usé pour acquérir une conviction, on se moquait presque de moi, car, me disait-on, ce sont de *poor patients.*

Humanité ! humanité ! tu as disparu de la terre comme la vertu dont tu étais la sœur !

Une expérience que je laissai faire souvent parcequelle était sans danger, c'était de mettre du tabac très fort dans le nez d'une personne endormie, et cette poudre sternutatoire n'était alors sentie que lorsque je le voulais ; je n'avais besoin que de diriger le doigt ou une canne vers les fosses nasales poür que le tabac fît son effet ; je faisais également cesser cette sensation dès que je le voulais. — C'était presque toujours sur un signe des assistants que j'agissais, et lorsqu'on était assuré que le tabac n'avait nullement été senti. Un jour on mit dans le nez d'une personne ainsi endormie du poivre extrêmement fort ; il n'occasionna aucune sensation ; mais une certaine quantité avait été portée dans la poitrine par la respiration, et éveillée, la malade fut prise de suffocations et d'un sentiment de brûlure dans les fosses nasales ; cette douleur dura fort longtemps ; dès lors je ne souffris plus de semblables expériences, je craignais qu'un homme *charitable* ne se servît un jour de poison.

Je pouvais faire sentir les odeurs en en déposant quelques gouttes sur la peau de la somnambule ; lorsque cette odeur était agréable, la magnétisée marquait son plaisir par un caractère particulier de son visage ; on pouvait voir également la contrariété que lui causait une odeur désagréable comme l'ammoniaque. Lorsqu'il m'arrivait de faire quelque bruit, de siffler ou de chanter, étant penché vers la région de l'épigastre, la malade l'entendait et répétait le bruit qui venait de se faire ; si au contraire le bruit était dirigé vers ses oreilles, on n'obtenait aucun signe d'audition.

Parmi les malades qui m'offraient des faits vraiment curieux, je dois mentionner Lucy Clarke, épileptique, dont le sommeil était souvent accompagné de lucidité. J'ai publié son histoire dans la *Gazette médicale* de Londres, la bornant seulement au récit de faits physiques et à sa guérison, car les phénomènes curieux de vue à distance et de prévisions auraient été repoussés comme ne méritant pas examen; cependant ces faits étaient de la plus grande exactitude.

Un jour cette somnambule, tombant tout-à-coup dans un délire prophétique, se mit à parler de l'état politique de la France et de l'Angleterre, en employant des termes si choisis et s'exprimant avec une facilité si grande et une élocution si pure, que tous les assistants passèrent bientôt de l'étonnement au doute, et du doute à l'indignation; ils s'en allèrent de chez moi, en m'injuriant et en s'écriant qu'ils avaient été trompés. J'avais sans doute bien caché mon jeu, car cette fille ne s'exprimait qu'en anglais, langue que je ne comprenais nullement, et cette scène où j'avais joué le rôle de muet ne me fut expliquée qu'après qu'elle fut terminée. Trois personnes bienveillantes me la rapportèrent dans tous ses détails et me firent bien regretter de n'avoir pu comprendre moi-même ce qu'avait dit cette jeune fille.

Ainsi les faits qui auraient dû éclairer et convaincre ne servaient qu'à m'aliéner les esprits les plus disposés à ajouter foi aux faits ordinaires du magnétisme ; mais quelquefois le somnambulisme jette une lumière si pure et si vive que la vue des hommes ne peut s'habituer à la voir que par degrés ; sans cela on court risque de la leur rendre insupportable.

Voici un fait tout aussi incroyable publié par les journaux de Londres. Tout le monde y a cru parcequ'il a été produit par la nature seule ; mais bientôt, quand on reconnaîtra que ce que la nature fait rarement, l'art parvient aussi à le produire, les magnétiseurs seront promptement réhabilités dans l'opinion. On trouve ce fait dans le *Globe and Traveller* du 18 août 1837 ; il est raconté de cette manière :

« SOMNAMBULE ANGLAISE. — Une fille de sept ans, orpheline de parents pauvres, et demeurant chez un fermier dont elle gardait les bestiaux, couchait dans une chambre qui n'était séparée que par une mince cloison de celle qu'occupait un ménétrier ambulant. C'était un musicien très habile qui passait souvent une partie de la nuit à exécuter des morceaux choisis d'une rare beauté ; mais l'enfant ne trouvait dans cette musique qu'un bruit désagréable. Après avoir demeuré six mois dans cette maison, elle tomba malade ; on la transporta chez une dame charitable qui en eut soin, et qui, lorsqu'elle fut rétablie de sa longue maladie, la prit à son service. Quelques années après qu'elle fut entrée chez cette dame, on entendait souvent au milieu de la nuit une musique délicieuse dans la maison ; la curiosité de toute la famille était excitée au plus haut point, et l'on passait des heures entières à tâcher de découvrir le musicien invisible. Enfin on s'aperçut que les sons partaient de la chambre à coucher de la servante ; on la trouva profondément endormie ; mais il sortait de ses lèvres un son absolument semblable aux notes les plus suaves d'un petit violon. L'ayant épiée, on s'assura qu'au bout de deux heures qu'elle était au lit, elle s'agitait et murmurait dans ses dents ; puis elle proférait des sons comme ceux que l'on produit en accordant un violon ; enfin, après quelques préludes, elle entamait les morceaux les plus difficiles, et les exécutait avec beaucoup de clarté et de précision, en rendant des sons qui ressemblaient parfaitement aux plus fines modulations du violon. Elle s'arrêtait quelquefois au milieu de son exécution, imitait le son d'un instrument qu'on accorde, puis reprenait de la manière la plus correcte le morceau à l'endroit où elle l'avait quitté. Ces paroxysmes revenaient à des intervalles irréguliers, variant de vingt-quatre heures à quinze ou même vingt jours ; ils étaient ordinairement suivis d'un certain degré de fièvre accompagnée de douleurs dans diverses parties du corps. Au bout d'une année ou deux, cette musique ne s'arrêta pas à l'imitation du violon : elle se changeait souvent en sons semblables à ceux d'un vieux piano que cette fille entendait ordinairement dans la maison où elle demeurait alors. Un an plus tard, elle se mit à parler beaucoup dans son sommeil ; il lui semblait alors qu'elle instruisait une autre fille plus jeune qu'elle. Elle discourait souvent avec beaucoup de facilité et d'exactitude sur une infinité de sujets politiques et religieux, sur les nouvelles du jour, la partie historique des Écritures, les hommes publics, et surtout sur le caractère des membres de la famille et de leurs visiteurs. Dans ces discussions, elle montrait un prodigieux discernement joint à une propension au sarcasme, et une étonnante aptitude à contrefaire toutes sortes de personnages. Pendant toute la durée de cette affection extraordinaire qui paraît avoir continué dix ou onze ans, cette fille avait, dans l'état de veille, un air emprunté et l'esprit singulièrement bouché, bien qu'on n'eût rien épargné pour l'instruire. Elle était, sous le rapport de l'intelligence, de beaucoup inférieure aux autres domestiques de la même maison, et n'avait surtout aucun goût pour la musique. Elle n'avait pas le plus léger souvenir de ce qui se passait pendant son sommeil ; mais dans ses divagations nocturnes on l'entendit souvent se plaindre de l'infirmité qu'elle avait de parler en dormant. Elle disait aussi qu'il était fort heureux qu'elle ne fût pas obligée de coucher près des autres domestiques; car elles la tourmentaient déjà bien assez sans cela. »

(ABERCROMBIE. *On the intellectual powers.*)

La jeune Okey, dont le docteur Elliotson pouvait tirer un si grand parti, a été mise en somnambulisme par moi, lorsque je magnétisais à l'hôpital. Sept séances m'avaient été nécessaires pour l'amener à cet état. Il faudrait un volume pour faire son histoire, tant les faits qu'elle a présentés sont nombreux et extraordinaires.

Mary Ambrose, que je magnétisais chez moi, frappait d'un grand étonnement et souvent de stupeur les personnes qui la voyaient pour la première fois soumise à ma puissance.

Je vais essayer de donner ici quelques-uns des faits physiques que son sommeil magnétique présentait.

Magnétisée pour la première fois dans le courant d'octobre 1837, Mary Ambrose n'éprouva ue très peu d'effets dans les premiers jours ; ce ne fut que plus tard que le magnétisme détermina les phénomènes singuliers que je vais chercher à décrire. 1° Aux premières passes faites en face d'elle, raideur des membres et mouvements convulsifs de la tête ; 2° immobilité des paupières ; les yeux

restaient ouverts et fixes et les mâchoires fortement serrées; les masseters présentaient une
énorme saillie, et leur dureté pouvait les faire
prendre pour des protubérances osseuses.

Cet état singulier était accompagné de la raideur
des bras et surtout des mains et des doigts, dont
la tension était extrême.

Ces phénomènes se modifiaient au bout d'un
instant, lorsque je magnétisais la tête et surtout
les mâchoires, mais ils reprenaient aussitôt leur
apparence si je m'occupais d'un autre malade.

Des faits extrêmement curieux s'offraient à l'observation lorsque, dirigeant de loin la force magnétique, je cherchais à attirer à moi cette malade et à la faire marcher. Un tremblement de la
tête et des mouvements saccadés des extrémités
annonçaient qu'elle était impressionnée par mon
action, et que son corps allait obéir à une puissance que sa volonté ne pouvait neutraliser. En
effet, elle se levait par degrés en restant courbée
sur le tronc; des mouvements d'oscillation de
droite à gauche pouvaient faire craindre un instant qu'elle ne tombât; mais maintenue et attirée
par une puissante attraction, elle avançait en
glissant sur le tapis et se dirigeant dans ma direction. Lorsque je cessais de l'attirer elle demeurait
immobile; mais si je changeais de place, son corps
se penchait du côté où je dirigeais mes pas. Un

fait remarquable, c'est que dans ce moment elle semblait fixée au sol, et il devenait très difficile de l'ôter de cette position.

Pendant tout ce temps ses paupières ne s'abaissaient point, ses yeux étaient immobiles; ses doigts raides, comme s'ils eussent été ceux d'une statue, ne fléchissaient qu'en employant une forte pression, et reprenaient aussitôt la position que le magnétisme leur avait donnée.

Il n'était pas très facile de faire cesser ce singulier état. Le magnétisme, dirigé vers les plexus, augmentait cette espèce de perturbation; les passes faites à la racine du nez, qui font ordinairement cesser le somnambulisme, n'obtenaient point ici le but; mais lorsque l'on magnétisait les vertèbres cervicales en soufflant légèrement à une petite distance, alors les effets de raideur et de tension des membres s'affaiblissaient par degrés; la malade se levait de son siége, marchait sans savoir où elle allait, et s'appuyait bientôt contre les parois de la muraille. Dans cette position, si d'autres malades étaient endormis, elle tendait à se rapprocher d'eux, et souvent pour l'en empêcher j'ai été obligé d'employer la violence ou de la conduire dans une pièce voisine. Là, elle commençait à reprendre ses sens; ses yeux devenaient sensibles à la lumière, elle les frottait longtemps, mais d'une manière machinale; car les idées et la parole n'étaient pas encore revenues parfaitement. Bien loin d'être douloureusement affectée par des effets si bizarres qui produisaient une apparence de torture, la malade n'accusait que de légères douleurs dans les muscles du cou; et bientôt sa figure ayant perdu toute rigidité, laissait apercevoir un sentiment de joie indéfinissable; son regard avait quelque chose de gracieux et de doux qu'il n'avait point avant la magnétisation.

L'application du magnétisme, souvent répétée, fit disparaître l'affreuse maladie épileptique dont elle était atteinte; un seul accès eut lieu pendant les premiers huit jours de son traitement.

La maigreur de cette malade a cessé par degrés; une couleur grise, répandue sur sa peau, a disparu, et elle a pu reprendre son travail. La médecine ordinaire n'avait pu atteindre cette cruelle maladie; bien des remèdes avaient été employés sans aucun succès; l'aggravation se faisait au contraire remarquer. Qu'ai-je donc fait pour la guérir? Ici le mystère ne peut être révélé entièrement, car le travail qu'a opéré la nature m'est inconnu; ce qui s'est passé dans la circulation des fluides n'a point été aperçu, et ne pouvait l'être. Ce succès annonce que c'était par le magnétisme qu'il fallait combattre cette maladie, et non point par les remèdes. Cet exemple pourra servir sans doute à quelques malades qui perdent leur temps et usent le restant de leurs forces à la recherche d'une guérison qui ne peut avoir lieu que par le moyen que nous avons employé.

La reine avait la bonté de s'informer de mes succès ; ses dames d'honneur et lord Stanhope l'en entretenaient souvent. Si j'avais été admis en présence d'une personne aussi auguste : « Mon- « trez-vous éclairée et généreuse, lui aurais-je « dit, protégez l'homme qui apporte dans votre « empire une grande vérité, qui, bien connue, « peut élever votre peuple au-dessus des autres « peuples du monde ; que par vos ordres un mo- « nument soit consacré à l'enseignement de la « nouvelle science. Et bientôt, puissante reine, « les hommes reconnaissants de ce que vous « aurez fait pour leur bonheur vous élèveront des « autels. »

Appuyant mon discours par la production im- médiate des merveilles dont elle avait entendu les récits, je l'aurais sans doute convaincue de l'impor- tance et de la grandeur de la vérité si stupide- ment rejetée par les hommes de science.

Les événements en ont ordonné autrement. Un médecin, le docteur Elliotson, en faisant des expé- riences qui furent négatives parcequ'il connais- sait peu le magnétisme, vint jeter quelques doutes dans l'esprit des hommes les mieux disposés, et éloigner pour un temps la réalisation des grands projets qu'ils avaient déjà conçus.

J'avais à répondre des fautes d'un magnétiseur imprudent, et qui, partant immédiatement après les avoir commises, semblait me laisser la responsabilité de ses actes. — On me fit un crime de son insuccès. Confondant ensemble le maître et l'élève, celui-ci en tombant devait renverser l'autre. Ainsi le pensait-on dans les officines où s'élaboraient les diatribes contre le magnétisme.

A cette époque, je vis clairement que ma vie devait s'user pour ouvrir le chemin de la fortune à quelques hommes peu faits pour la mériter. Le dégoût me prit un instant, et envisageant ma mission comme terminée dans ce pays, je résolus d'en sortir. Aussi bien, physiquement, ma vie n'y était plus supportable. Je n'avais pas eu, depuis mon arrivée, un seul instant de repos; le climat était loin de m'être favorable, et enfin la récompense de tant de peines n'était pas en rapport avec les dépenses que j'avais été obligé de faire en Angleterre.

J'ai passé près de vingt mois en ce pays; les six premiers mois ont été employés, sans aucun succès, à appeler les hommes savants à l'étude du magnétisme. Alors j'ai changé de système à leur égard, j'ai dédaigné leur suffrage; alors on a vu plus de quatre cents de mes antagonistes accourir pour être témoins des faits que j'avais offert de leur montrer loin du public. Mais mes égards, mes soins même étaient accordés préférablement aux hommes qui m'avouaient franchement leur incrédulité et le désir qu'ils éprouvaient d'être convaincus.

Dix mille personnes, je n'exagère pas, ont assisté chez moi aux expériences les plus curieuses et les plus instructives. Tous les jours mon salon était rempli des personnages les plus distingués de l'Angleterre ; les ambassadeurs de toutes les puissances y sont venus.

Si je n'ai pas convaincu toute cette masse de visiteurs, j'ai du moins préparé les plus rebelles à voir avec moins de prévention de nouveaux magnétiseurs et à écouter plus docilement les relations de leurs curieuses recherches.

Ai-je été aidé par quelqu'un dans ma difficile mission ? Oui ; d'abord par lord Stanhope, qui m'a donné de très bons conseils, et qui a déterminé beaucoup de personnages distingués à venir chez moi se convaincre de l'existence du magnétisme ; mais surtout par un médecin modeste et éclairé, le docteur Edw. Harrisson. C'est véritablement le seul homme de Londres qui m'ait prêté un loyal et généreux concours ; que cet ami, dont l'âme est si élevée, reçoive mes justes hommages!

Si la vérité sort triomphante, je veux que l'on sache qu'il en a été un des plus utiles instruments.

Je devais laisser à Londres un souvenir de mon passage, et je l'ai tenté en publiant un ouvrage sur le magnétisme, parfaitement traduit ; mais si dans l'avenir mon livre rappelle le séjour que j'ai fait à Londres, il laissera ignoré tout ce qu'il m'a fallu de courage et de résignation pour supporter les insolents propos des gens que je venais instruire.

Avant de partir, je n'ai pu me refuser à faire une démonstration des principes et des effets du magnétisme, dans une institution honorable de Londres.

Voici la lettre qui me fut écrite pour solliciter de moi cette séance :

« Monsieur le baron,

« Connaissant vos idées libérales et votre grand
« zèle pour le progrès de la science, nous prenons
« la liberté de vous prier avec ferveur de nous don-
« ner votre puissant aide pour la promotion des
« connaissances utiles, en nous favorisant d'une
« lecture sur le magnétisme animal. Si vous nous
« faisiez cette grâce en nous accordant notre de-
« mande, et que vous aimiez mieux vous exprimer
« dans la langue française, nous avons un mon-
« sieur français qui pourrait vous servir d'inter-
« prète, si vous le souhaitiez.

« Monsieur, croyez-moi votre très respectueux
« serviteur.

« J. BURDIDGE. »

Islington and Pentonville, Philo-scientific Society,
13 octobre 1838.

Je conduisis quelques sujets sensibles au magnétisme, et devant une immense assemblée je donnai une dernière fois des preuves évidentes de la
force magnétique.

Depuis mon départ de Londres, j'ai appris que
le magnétisme était en progrès et qu'il était étudié
dans toute l'Angleterre; la persécution de son
côté ne s'était point non plus ralentie : le docteur
Elliotson a été forcé de renoncer à la place de professeur et de médecin qu'il occupait à l'hôpital de
l'Université. Ceci nous rappelle encore notre ancienne Faculté, qui chassa de son sein les premiers médecins qui firent usage de l'émétique, et
plus tard, en 1784, les docteurs Fournelle, Varnier,
Deslon, et quelques autres, à cause de leurs opinions favorables au magnétisme. Mais les flétris-
sures qui sont infligées par l'ignorance nous élèvent au lieu de nous abaisser : Galilée à genoux,
demandant pardon de ce qu'il avait dit que la terre
tournait, était certes dans cette position bien plus
grand que ses juges.

Un journal sur le magnétisme se publie maintenant à Edimbourg en Ecosse. L'ouvrage de Deleuze vient d'être traduit dans la langue anglaise. Tout fait donc craindre que cette nation ne nous devance dans l'étude du magnétisme et dans son application au traitement des maladies.

Je dois mentionner ici les travaux de M. Colquhoun, avocat distingué, qui a publié un excellent ouvrage, *Isis révélée*. Voici une lettre que j'ai reçue de cet homme estimable; elle m'était écrite à Londres; mais lorsqu'elle y parvint j'étais déjà de retour à Paris. Je la donne en entier, malgré les choses flatteuses qu'elle contient pour moi, parce-qu'elle renferme des renseignements utiles sur le progrès que j'ai fait faire au magnétisme en Angleterre.

« Monsieur le baron,

« J'aurais plus tôt reconnu l'honneur que vous
« avez eu la bonté de me faire, en me présentant
« votre très intéressant ouvrage sur le magnétisme
« animal, mais je ne l'ai reçu qu'il y a deux jours,
« en conséquence du retard de mon neveu, sir
« James Colquhoun, qui vient seulement d'arriver
« en Ecosse.

« Avec mes remercîments, monsieur le baron,
« permettez que je vous félicite de vos succès en
« faisant enfin connaître le magnétisme animal
« aux médecins et aux savants de l'Angleterre. J'ai

« travaillé pendant plusieurs années, en ensei-
« gnant les principes et en indiquant les faits de
« cette science ; mais quoique je puisse me flatter
« d'avoir ouvert un peu la route en éloignant cer-
« tains obstacles de prévention, comme en attirant
« au sujet, jusque là trop négligé, l'attention de
« mes compatriotes, ce n'est qu'après votre arri-
« vée à Londres qu'elle a fait des progrès mar-
« quants dans l'esprit public des Anglais. Il y a
« longtemps que je connais votre mérite, et j'es-
« père qu'après vos premiers succès vous aurez le
« courage, comme vous en avez le talent, de faire
« valoir les droits de la vérité malgré les tracasse-
« ries des ignorants et des méchants. Nous combat-
« tons pour le bien de l'humanité, et notre triom-
« phe peut être retardé, mais à la fin il est certain.

« Notre ami distingué, le comte de Stanhope,
« me fait part de temps en temps de vos procédés
« et de l'avancement de notre science, et je m'as-
« sure que le succès le plus parfait va bientôt cou-
« ronner vos efforts bienfaisants.

« Pour ce qui me regarde moi-même, il y a d'au-
« tres soins qui m'empêchent de me livrer à la pra-
« tique du magnétisme ; mais la chose peut bien
« être commise à M. le baron Du Potet et à ceux qui
« seront instruits par un tel maître. — J'apprends
« maintenant qu'on a commencé à pratiquer le
« magnétisme à Edimbourg en Ecosse. Je sais que

« plusieurs des meilleurs médecins de cette ville
« n'y sont pas du tout opposés, et vos talents aussi
« y sont bien reconnus.

« Je serais bien aise, monsieur le baron, d'avoir
« l'occasion de faire votre connaissance person-
« nelle, et aussi d'être témoin oculaire de quel-
« ques-unes de vos opérations si intéressantes;
« mais des affaires que je ne dois pas négliger me
« rendent difficile de m'absenter. Peut-être qu'un
« bon temps viendra.

« J'ai l'honneur d'être, monsieur le baron, votre
« serviteur obligé.

« J. C. Colquhoun. »

Dumbarton, 20 juillet 1838.

LE MAGNÉTISME

A L'ATHÉNÉE ROYAL DE PARIS.

(Mars 1839.)

INTRODUCTION.

« Jadis Homère s'offrit aux habitants de Cumes
« pour rendre leur ville des plus fameuses de la
« Grèce, au cas qu'ils le voulussent nourrir aux dé-
« pens du trésor public ; ce qu'ayant refusé par le
« mauvais conseil d'un des sénateurs, ils eurent le
« déplaisir de s'en repentir, car, après sa mort, ils
« publièrent qu'il était un de leurs compatriotes. »

Mesmer, comme Homère, vint demander un
asile à un peuple qu'il croyait généreux, et lui offrit, pour prix de son hospitalité, de le rendre pos-

sesseur d'une science qui devait l'élever au-dessus des autres peuples du monde.

Sur le conseil des savants, Mesmer fut considéré comme un visionnaire, et la grande vérité qu'il apportait fut proscrite avec lui.

Si, au lieu d'avoir trouvé un moyen certain de moraliser les peuples et de diminuer la mortalité, Mesmer eût fait connaître un procédé pour saccager une ville et en égorger les habitants, sans courir soi-même le risque de la vie, il eût reçu une récompense nationale, et son nom serait encore aujourd'hui glorieusement cité.

« Ils nous appellent imposteurs, char-
« latans, fourbes, parceque nous vou-
« lons guérir, parceque nous prétendons
« savoir guérir. »

De retour à Paris, après plusieurs années d'absence, qu'il me tardait de savoir où en était l'esprit public au sujet du magnétisme! Comme je m'informais avec vivacité de ce qui s'était fait d'important depuis mon départ! J'espérais trouver la lutte terminée, et les magnétiseurs travaillant à étendre notre commune croyance. Je pensais que l'Académie de médecine avait enfin ouvert sa porte à la vérité mesmérienne, et que les ennemis que j'avais combattus allaient me tendre la main.

Déjà je cherchais dans mon esprit les moyens de leur prouver que je n'avais jamais eu de haine contre eux, et que toutes mes attaques n'avaient eu qu'un but, celui de les forcer, dans leur propre intérêt, à nous écouter et à jouir comme nous des bienfaits de notre science. Sans doute, me disais-je, le gouvernement a créé ou va créer une chaire de magnétisme à la Faculté de médecine; un des prix Monthyon aura été accordé à quelque magnétiseur pour encourager cette découverte si utile; les affections nerveuses ont maintenant un remède assuré, et je vais me trouver bien heureux d'apprendre que mes efforts passés ont contribué pour quelque peu à diminuer les souffrances qu'elles occasionnent. La France enfin est l'égale de l'Allemagne; elle a maintenant des hôpitaux où le magnétisme est employé concurremment avec la médecine ordinaire.

Je n'ai pas tardé à être cruellement désabusé. L'Académie avait, il est vrai, ouvert une fois sa porte, mais c'était pour en éconduire honteusement un médecin magnétiseur (1) qui s'était introduit d'une manière polie dans ce sanctuaire et n'était coupable que de trop de zèle; son crime enfin était d'avoir cru un instant que c'était l'asile de la vérité.

(1) M. Berna.

Mais à peine cette porte était-elle fermée qu'un autre médecin, venant de très loin, fut y heurter (1). Cette fois on n'ouvrit que le petit guichet, crainte de surprise. « Que voulez-vous? — Vous montrer un fait qui peut augmenter la somme de vos connaissances. — Passez votre chemin, nous sommes suffisamment éclairés. — Mais c'est une vérité que je vous apporte! — Une vérité! ici nous en faisons litière. — Mais l'un de vous a promis une récompense proportionnée à la difficulté que nous avons vaincue; venez juger notre œuvre. » A ce dernier mot le guichet se referma.

A quelques jours de là, la porte s'ouvrit de nouveau. Un homme (2) entra timidement; il avait le droit de séance; c'était un frère; il allait deviser sur les travaux de l'Académie, lorsqu'un des illustres membres de ce corps, avisant un gros rouleau de papiers sous le bras de notre nouveau débarqué : « Oh! oh! dit-il en flairant les feuillets, voici du nouveau; c'est bien, c'est très bien, car nous connaissons votre mérite. Voyons, voyons, qu'est-ce? — *Magnétisme animal, faits qui prouvent son existence; somnambulisme, vue à distance, prévision.* — Ah ça, mais toutes les têtes du Midi ont donc reçu un coup de soleil? » On fit tant que l'on persuada à notre homme qu'il serait peu sage d'a-

(1) M. Pigeaire.
(2) M. Kunholtz.

voir raison contre toute l'Académie. L'avis sans doute fut goûté, car l'homme et le rouleau s'en retournèrent l'un portant l'autre. La tranquillité vaut mieux que la vérité. Ah ! M. Kunholtz, quelle occasion vous avez perdue ! Être l'esclave des sentiments d'autrui quand on est persuadé de leur fausseté, c'est être par trop membre de l'Académie (1).

La chaire de magnétisme que j'avais rêvé exister, je ne la voyais plus que dans le siècle à venir, car les ennemis de la vérité que nous défendons sont aux pieds du pouvoir ; ils le trompent sans doute ; il ne faut pas qu'une seule victime leur échappe ou qu'une seule douleur soit soulagée.

> Guérissez les malades, ou retirez-vous pour laisser faire ceux qui veulent et savent guérir.
>
> Médecins de malheur et d'ignorance, qui ne savez rien pour le malade, sinon lui dire : Ton mal est incurable, résigne-toi et souffre, souffre et résigne-toi !

Oh ! je vous le dis en vérité, dépêchez-vous de jouir, les temps vont devenir durs pour vous ; je vois une nuée de malédictions qui s'amoncèle ; une mère vous demandera bientôt sa fille, un père son fils,

-----

(1) Beaucoup de ces messieurs ont de précieux mémoires sur le magnétisme ; mais ils ne doivent voir le jour qu'après leur mort. En voilà du courage !

une femme son mari, car nous guérirons sous les yeux de tous des maladies analogues à celles que vous n'avez pas su guérir, et on saura que vous avez refusé d'employer un traitement dont intérieurement vous reconnaissiez l'efficacité.

L'Académie n'ayant point fait un pas en avant depuis mon départ, j'espérais qu'au moins le magnétisme avait cheminé dans l'opinion et qu'un grand nombre de convictions était venu grossir la masse déjà existante. Je ne me trompais point. Ce n'était déjà plus le faible crépuscule qui précède le lever du soleil; la vérité apparaissait à l'horizon; on pouvait la distinguer. MM. Double, Bouillaud, Dubois (d'Amiens) et trente-six autres savants hommes avaient avec leurs sophismes et leurs grossières injures essayé un instant de masquer la lumière qu'elle projetait, mais cet académique effort les avait empêchés seul de voir son progrès.

Le somnambulisme roulait carrosse dans les rues de Paris; on était obligé de se faire inscrire d'avance chez les dormeuses. Les magnétiseurs s'étaient aussi multipliés; les uns exploitant magnétiquement leurs malades, sans entamer la moindre discussion avec qui que ce soit au sujet de leur pratique magnétique; les autres faisant véritablement de la philantropie et de la propagande dans l'intérêt des êtres souffrants.

Mais de société magnétique il n'en était nullement question; de journaux consacrés à la défense de cette science, point, quoique de nombreux lecteurs soient assurés à celui qui voudra tenter cette entreprise; d'expériences publiques depuis mon départ, personne n'en avait tenté; M. Pigeaire seul avait fait constater par beaucoup d'hommes de mérite le phénomène curieux de la vue sans le secours des yeux (1).

Le vide qui existait devait bientôt se remplir; il suffisait de faire un appel au public sur toutes ces choses pour être assuré qu'il y donnerait son concours. C'était à moi d'emboucher la trompette pour l'avertir de nos projets.

Je ne devais plus cette fois aller recruter des protecteurs pour la vérité que j'enseigne chez les hommes qui la détestaient; cette folie avait depuis longtemps cessé d'exister chez moi; d'autres magnétiseurs l'avait eue également, mais ils en étaient aussi radicalement guéris. C'était désormais à la foule qu'il fallait s'adresser; la convaincre d'abord, puis ensuite l'initier à l'art de guérir sans drogues

(1) Il faut lire dans l'ouvrage * que vient de publier M. Pigeaire les révélations que fait ce médecin sur ses rapports avec l'Académie royale de médecine au sujet de sa jeune fille, pour être édifié sur la conduite de nos antagonistes et les plaindre de leur cécité.

* *Puissance de l'électricité animale, ou du Magnétisme vital,* etc. Dentu, Palais-Royal; Baillière, place de l'École de médecine.

la plupart des maladies qui affligentles hommes. Mais cette tâche est difficile; pour l'accomplir, beaucoup de persévérance est nécessaire. Il n'est pas cependant besoin d'un grand nombre d'ouvriers; il faut seulement que ceux qui seront employés connaissent parfaitement le terrain. Nous le connaissons, nous, car vingt fois nous l'avons parcouru; cependant, avant de conduire les autres au siège de la place que nous voulons faire capituler, nous devons nous assurer que la route est praticable et prendre nos positions.

> « Tout se réduit à savoir si la méde-
> « cine doit être faite dans l'intérêt des
> « médecins et des remèdes, ou dans
> « l'intérêt des malades... Nous croyons,
> « nous, que c'est dans l'intérêt des ma-
> « lades; libre à qui voudra de penser
> « le contraire. »

L'accueil gracieux que je venais de recevoir de quelques membres de l'Athénée Royal m'engagea à solliciter des hommes honorables qui dirigent cette institution scientifique la faveur de faire des lectures sur le magnétisme dans son beau et vaste local. L'autorisation que j'avais demandée me fut accordée sans aucune difficulté; en conséquence le jour de l'ouverture de mon cours fut fixé au 5 mars.

Occupant une tribune où tant de voix éloquentes s'étaient fait entendre, ma faiblesse comme homme de science m'intimidait beaucoup; mais je me rassurais cependant à cette pensée que l'on aurait sans doute de l'indulgence pour moi, puisque je ne me donnais point pour orateur, mais seulement pour magnétiseur.

Mon discours d'ouverture fut écouté, je dois le dire, avec une bienveillante attention; quelques fragments seuls doivent trouver place ici, car j'ai à rendre compte de choses plus essentielles, des expériences qui suivirent l'exposition des principes et des procédés qui forment aujourd'hui la science magnétique.

« Messieurs, disais-je, c'est toujours avec défiance de moi-même, avec une sorte de timidité, que j'aborde devant des hommes nouveaux la question du magnétisme. Sûr, pourtant, de son existence, comme je le suis de ma propre vie, je crains de soutenir sa thèse avec trop d'ardeur. C'est qu'il ne s'agit plus ici seulement, messieurs, de faits physiques de la nature de ceux qui ont servi à former votre instruction; il ne s'agit pas d'une découverte propre seulement à augmenter le catalogue de celles qui se font tous les jours. Si les phénomènes dont plus tard nous vous offrirons le tableau sont vrais, si nous ne sommes point des imposteurs, notre science, à nous, est destinée à modifier l'ordre social actuel en détruisant un grand nombre de préjugés reçus parmi les hommes comme des vérités.

« J'ai donc besoin, messieurs, de toute votre indulgence; mais surtout ne soyez point trop prompts dans votre jugement. J'ai besoin que vous vous rappelliez souvent que c'est seulement des faits magnétiques que je veux vous convaincre, et non point vous faire partager ma manière de voir sur les conséquences que mon esprit a pu tirer de ces faits. Si parfois votre raison se révolte contre les assertions de phénomènes nouveaux, encore incompréhensibles, inexprimables, ne les rejetez pas par cette seule raison; songez que nous sommes entourés de merveilles, et qu'elles ne nous étonnent plus seulement, parceque nous avons l'habitude de les considérer.

« Messieurs, la nature de votre institution a permis à tous les novateurs de venir à cette tribune défendre ou annoncer ce qu'ils croyaient être des vérités; vous les avez toujours écoutés, quelquefois applaudis, et vous avez, en vous montrant tolérants et éclairés, été utiles au progrès intellectuel. Beaucoup d'hommes, qui se font aujourd'hui remarquer dans les sciences et les lettres, n'ont point laissé oublier non plus qu'ils vous devaient une partie de leur renommée.

« Quant à moi, messieurs, cherchant partout

des hommes impartiaux et sages, je devais naturellement venir frapper à votre porte, et demander à mettre sous vos yeux les pièces d'un grand procès; vous m'avez accueilli et je vous en remercie, car j'espère vous gagner à ma juste cause, et vous rendre vous-mêmes les prôneurs d'une découverte féconde en heureux résultats.

« Ayant été toute ma vie en butte au faux savoir, c'est cependant sans haine et sans colère que je traduirai devant vous mes ennemis déloyaux, mais aussi sans rien céler de leur conduite et de leurs arguments; je ne vous laisserai point ignorer non plus les avantages du magnétisme, ni les abus qui peuvent résulter de cette force mal employée. Enfin, après avoir ôté les scories du creuset, je vous montrerai l'or pur qui s'y trouve.

« La tâche que je me suis imposée est grande et difficile; et je dois, dès à présent, vous témoigner le regret que j'éprouve, de ce qu'un homme plus avancé que moi dans la science ne se soit pas chargé de la mission que je vais essayer de remplir.

« Il est des vérités qui semblent devoir rester longtemps ignorées des nations, parceque leur étude étant difficile et leur connaissance longue à acquérir, peu d'hommes se trouvent disposés à faire volontairement le sacrifice d'une partie de leur vie à des recherches incertaines dans leur durée.

« Mais, que le génie d'un homme ou le hasard fasse trouver une méthode simple et facile pour arriver à la connaissance de la vérité soupçonnée, à l'instant on voit cesser l'indifférence ; la foule s'élance dans la voie nouvelle, parceque désormais il faut peu de travail ; et ce qui semblait devoir être le patrimoine de quelques-uns devient le partage de tous.

« Cette digression s'applique *au magnétisme animal*, découverte ancienne, connue seulement de quelques hommes au milieu de chaque siècle, mais rejetée par la généralité des savants comme une pure chimère.

« Il a donc fallu beaucoup de temps et tout le génie de Mesmer avant que la vérité que je cherche à faire prévaloir obtînt le caractère d'évidence que l'on commence à lui reconnaître aujourd'hui.

« Car une science n'est réellement science que lorsque les faits qui lui servent de base ont été soumis au jugement des savants, et lorsqu'ils ont subi l'épreuve du temps. En effet, combien de doctrines enfantées par l'imagination de quelques hommes n'ont-elles pas, pour un instant, ébloui les nations et régné sur les esprits ! On s'était laissé convaincre par des raisonnements, on avait mal étudié les faits sur lesquels ils s'appuyaient ; un jour cet échafaudage d'opinions s'est écroulé, car il manquait d'une base solide, et l'homme que l'on croyait être un génie n'était qu'un homme d'esprit.

« D'un autre côté, combien de vérités n'ont-elles pas été repoussées à leur origine, non pas par l'ignorance, mais par les hommes les plus éclairés !

« Il faut donc nous tenir en garde, même contre l'opinion des savants, et n'adopter qu'après de bien mûres réflexions le jugement que l'autorité de leurs noms semble nous imposer; car pour un Newton il peut se trouver plusieurs Descartes, et des milliers de sophistes existent souvent où l'on ne trouverait pas un esprit solide.

« Quant à moi, messieurs, j'ai rejeté de bonne heure l'opinion des gens qui passaient pour sages; je n'ai voulu que m'en rapporter au témoignage de mes sens, surtout dans ce qu'ils pouvaient acquérir, et j'ai eu lieu de me féliciter de ma détermination, car une grande vérité, rejetée par les savants les plus illustres, est devenue pour moi d'une incontestable réalité, et m'a donné la mesure de la confiance que l'on doit avoir dans le jugement d'autrui.

« Mais, messieurs, comment se fait-il que des membres de toutes les académies se soient trompés sur des faits physiques? Est-ce que pour l'observation de certains phénomènes de la nature les savants auraient des sens moins parfaits que le reste des hommes, ou ne dédaigneraient-ils pas quelquefois d'en faire usage? Leur raison leur paraissant supérieure et infaillible, ils jugent plutôt qu'ils n'examinent; c'est ce qu'ils ont fait dans la question du magnétisme. Les faits avancés ne leur paraissant pas probables, ils ont examiné avec légèreté et inattention.

« Je ne veux pas rappeler ici, messieurs, toutes les vérités que les savants ont ainsi condamnées et qui survivent à leurs jugements; la liste serait trop nombreuse et diminuerait le respect que l'on conserve et que l'on doit vraiment aux hommes qui consacrent leurs veilles à des recherches utiles; car s'ils s'égarent parfois, ils ne font que payer le tribut de l'imperfection de notre nature. J'ai voulu seulement dans cet aperçu vous convaincre que l'opinion des savants, quelque unanime qu'elle soit, ne peut empêcher une vérité de se produire; elle la retarde pour un temps, elle sert à opprimer les hommes qui la possèdent, elle les flétrit quelquefois; mais cette vérité, si c'en est vraiment une, finit par renverser tous les obstacles et prendre le rang qui lui est assigné parmi les autres connaissances humaines.

« Dans mon cours je ne prétends pas remonter jusqu'à l'origine de la découverte du magnétisme; cette date restera toujours ignorée; c'est en vain qu'on espérerait la trouver dans l'histoire des peuples; le nom de l'homme heureux à qui elle s'est pour la première fois révélée sera toujours inconnu; mais tout prouve que le magnétisme était connu dans les temps les plus reculés. La Grèce, la Lybie étaient en possession de cette vérité, car partout dans ces célèbres contrées des monuments sont encore debout pour attester que des hommes en possédaient la connaissance et en faisaient usage, soit pour agir sur l'esprit des peuples et se les rendre faciles à gouverner, soit pour venir à leur secours lorsqu'ils étaient malades, soit enfin qu'ils voulussent d'avance faire connaître à quelques hommes choisis le sort futur qui leur était réservé. Mais en étudiant les historiens de ces florissantes époques, on s'aperçoit promptement que cette science occulte avait été dérobée aux Egyptiens, qui la possédaient bien avant les peuples de la Grèce.

« Isis, Sérapis, vos secrets sont à découvert aujourd'hui; en vain vous les aviez cachés sous des allégories ou des voiles impénétrables. Le temps est venu nous mettre en possession de vos mystères, et bientôt ce qui fit votre gloire, vos richesses, ne sera plus enseveli dans vos tombeaux.

« Conquête heureuse et pacifique de la science due aux travaux des Mesmer et des Puységur, vous avez été faite à une époque où la tolérance et la liberté commençaient à régner parmi nous; plus tôt vous eussiez fait trop de victimes.

« Mais l'Egypte était elle-même tributaire de l'Inde; là, les mêmes idées, les mêmes mystères, les mêmes croyances, attestent que la même vérité y était connue longtemps avant d'avoir pénétré en Egypte, et son empreinte y a été si forte que vingt siècles n'ont pu l'effacer.

« Messieurs, nous nous vantons de l'avancement de nos idées, nous nous croyons au sommet de l'échelle des connaissances humaines, nous oublions que d'autres peuples ont été aussi élevés que nous, qu'ils ont eu d'autres croyances, d'autres mœurs, et personne aujourd'hui pourtant n'oserait assurer qu'ils furent moins heureux que nous ne le sommes.

« Nous oublions le passé pour ne voir que le présent; nous traitons de barbares des nations qui furent grandes et opulentes, sans considérer que nous ne sommes que les plagiaires de ces nations, sans considérer que nous leur devons presque entièrement et nos arts et nos sciences. De nouvelles découvertes nous étourdissent sur notre propre mérite; les anciens n'estimaient que celles qui favorisaient le développement moral et physique de l'homme, et ce qui le conservait en santé. C'était pour eux les principaux biens de la vie; le reste ils le regardaient comme ayant peu de valeur.

« Aujourd'hui, messieurs, vos idées sont arrêtées sur tous ces points; mes assertions n'auraient donc nul empire sur vos esprits; aussi ce n'est point par le raisonnement que je chercherai à vous convaincre, mais par des faits dont vous tirerez vous-mêmes toutes les conséquences.

« Tandis, messieurs, que les Facultés actuelles repoussent le magnétisme, il se transmet par une espèce d'initiation. Le peuple, qui n'aurait dû connaître cette vérité qu'après que les savants en auraient tracé les règles; le peuple commence à produire les phénomènes du somnambulisme lucide. Des faits qui devraient être renfermés dans des temples et examinés par les hommes de l'intelligence la plus élevée, ces faits amusent, divertissent et servent de jouet à des gens qui ne peuvent en connaître toute la portée. Cet acte si simple de leur part eût été regardé autrefois comme le plus grand sacrilège et puni du dernier supplice, car cette magie ne s'exerçait point en dehors des temples et sous les yeux des profanes; mais aujourd'hui il n'y a plus de mystères dans les sciences; tout se dévoile aux yeux de tous. Les savants se déconsidèrent donc lorsqu'ils mettent de la lenteur à examiner de nouveaux phénomènes, car leur jugement, qui devrait toujours devancer celui du public, n'est plus qu'une superfétation, quand toutes les conséquences de la vérité nouvelle ont été déduites ou senties.

« Messieurs, on nous a fait souvent un reproche

de la lenteur des progrès de notre découverte, sans considérer que plusieurs hommes généreux avaient usé leur vie à combattre et à renverser les obstacles que des gens puissants, par la funeste influence qu'ils exercent, se plaisaient à faire renaître. Mais si l'on eût adopté la marche que je suis depuis quelque temps; si, cessant d'appeler les médecins pour leur remettre un dépôt précieux, les propagateurs du magnétisme eussent répandu la connaissance de cette vérité parmi le peuple, et appelé la généralité des citoyens à leur enseignement, aujourd'hui il n'y aurait plus de doute sur leur sincérité, et les hommes qui de tout temps nous accusèrent recevraient aujourd'hui la flétrissure qui les attend.

« Messieurs, si je n'avais reconnu dans le magnétisme qu'un fait curieux, sans utilité, j'aurais cessé depuis longtemps de m'en occuper, et mon activité se serait portée sur d'autres points de la science; mais mon intention étant de ne rien dissimuler, je veux vous faire connaître la vérité tout entière, et tout ce qu'elle peut faire pour le bonheur des hommes. Déjà, messieurs, les conséquences des faits nouveaux ont été aperçues par les hommes avancés; Fourrier les avait adoptées; les disciples de Saint-Simon n'avaient pu les écarter; Azaïs aujourd'hui s'en empare et s'en sert pour expliquer les mystères de la vie; le baron Massias, comme tous les philosophes allemands, s'est élancé vers l'avenir, promettant que l'homme serait plus heureux, parcequ'ayant découvert le moyen de pénétrer en lui-même, il se connaîtrait davantage. Mais, messieurs, toutes ces considérations acquerront bien plus de force sur vos esprits lorsque j'aurai mis sous vos yeux un seul des mémorables faits magnétiques ; c'est seulement alors que ma parole vous paraîtra sincère, et que partageant les peines que j'ai dû éprouver en combattant toute ma vie la mauvaise foi cachée sous l'apparence trompeuse du doute, vous serez disposés à soutenir à votre tour la noble cause de la vérité. »

Après avoir, dans toutes mes leçons, tracé l'histoire du magnétisme et fait connaître les faits sur lesquels cette science se fonde, il me restait une tâche plus difficile, celle de produire sous les yeux de tous ceux qui voudraient les voir les phénomènes dont j'avais offert le tableau. Dans un hôpital je n'eusse pas été embarrassé, les faits seraient arrivés promptement pour justifier mes assertions ; mais à l'Athénée je n'avais point de malades. Introduire dans ce lieu des gens connus de moi, c'était suivre la route commune, et je ne le voulais pas ; tout me commandait de réussir avec les seuls éléments qui m'étaient offerts, c'est-à-dire *magnétiser ceux de mes auditeurs qui se présenteraient pour être soumis à mes expériences.* Mon parti pris, je marchai bravement dans cette voie de douteuse investigation.

L'Athénée annonça, d'après mon consentement, que tel jour je ferais des expériences magnétiques. La salle était remplie cette fois, car chacun voulait voir à l'œuvre un magnétiseur assez sûr de lui-même pour espérer produire au milieu de la foule des faits qui demandaient du silence et du recueillement pour se manifester. Beaucoup de magnétiseurs même étaient accourus, et je me trouvais là en présence de personnes dont les opinions étaient bien diverses, mais je n'aperçus nulle part la malveillance ; je ne puis dire combien cette disposition, que je rencontrais pour la première fois de ma vie, réjouit mon cœur, car elle me donnait la mesure des progrès du magnétisme.

On était attentif, et je magnétisai successivement plusieurs personnes, sans produire autre chose sur elles que de légers effets qui étaient loin, il faut l'avouer, de pouvoir donner une conviction. Une dame seule tomba dans un demi-sommeil magnétique, et un jeune collégien ressentit un commencement d'attraction, lorsque me plaçant à quelques pieds de lui je cherchai à l'attirer dans ma direction. Tous les curieux étaient désenchantés ; on leur avait parlé de miracles et ils ne voyaient que des effets insignifiants ; ils s'attendaient à voir tomber successivement comme des capucins de carte tous les

individus qui oseraient se placer sur la fatale sellette, et je produisais seulement de légers ébran-
lements. Pour des philosophes, c'eût été déjà beaucoup; car, sans instrument, agiter une machine
humaine placée à quelques pas de vous, et cela
seulement en faisant des signes, il y avait là,
par ce seul petit fait, les germes d'une grande
révolution dans les sciences physiques; mais peu
d'hommes, ce jour-là, se mirent à réfléchir sur ce
qu'ils avaient aperçu. J'annonçai que je continue-
rais mes expériences, et que je ne quitterais l'Athénée que lorsque j'aurais donné des preuves irrécusables de la puissance que je venais annoncer.
Chacun s'en alla sans témoigner son méconten-
tement. Les uns ne voyaient en moi qu'un enthousiaste, un homme crédule; plusieurs crurent
peut-être que j'étais un maniaque; mais ce qui
m'affligea surtout, c'est que j'appris que les magnétiseurs avaient été les moins indulgents : quelques-uns blâmaient vertement ma conduite; à leurs
yeux je compromettais le magnétisme, j'étais inexcusable. Ils ne se rappelaient donc point que dès
mes jeunes années j'avais osé me présenter à l'Hôtel-Dieu de Paris au milieu d'une fourmilière d'incrédules et que j'avais réussi; ils avaient donc oublié l'histoire de toute ma vie? Mais voilà comment
sont faits les hommes : indulgents pour eux, ils sont
inexorables pour autrui. Pourquoi donc pas un de

ces magnétiseurs ne prit-il ma place ce jour-là? Mais non, il leur faut un public à eux, des magnétisés à eux et un local exprès. Ce n'est point ainsi que l'on établit une vérité, mais c'est en sachant lui sacrifier tout, même sa réputation.

Je leur pardonne cependant, car si j'ai bien souffert, c'est seulement parceque je savais que plusieurs personnes de l'assemblée me portaient un vif intérêt et qu'elles étaient profondément affligées de mon insuccès. Dans la seconde séance j'obtins des effets prononcés sur plusieurs de mes auditeurs qui s'étaient présentés de nouveau pour être magnétisés; il ne me restait plus qu'à continuer mes expériences; le succès en était désormais assuré.

Dans la description que je vais essayer de donner, on ne devra voir qu'une esquisse de ce qui s'est passé à l'Athénée. Quarante séances de deux heures et demie chacune ont dû fournir des faits innombrables, car cent trente personnes peut-être ont été magnétisées, et, chose surprenante! plus des deux tiers nous ont fourni l'observation de phénomènes extrêmement remarquables. Trois ou quatre mille curieux ont assisté à ces séances. Les Croï, les Montmorency, les Mortemart, les Montesquiou y ont été vus plusieurs fois; des magistrats, des militaires, des députés, des écrivains distingués, m'ont souvent félicité de mon heureux succès, et je dois ici les remercier de leur suffrage. Bientôt peut-être je leur demanderai leur concours, car ce n'est point assez d'être assuré de l'existence d'une grande vérité, il faut encore faire en sorte qu'elle soit utile à l'humanité.

On n'a dressé aucun procès-verbal des expériences, on n'a pas demandé une seule attestation, parceque ici, comme à Montpellier et à Londres, il faut que les faits soient si nombreux, si évidents, si authentiques enfin, que pour les mettre en doute il faudra être non-seulement aveugle, mais académicien.

Un membre de l'Athénée, M. ***, qui ne croyait point au magnétisme, se laissa magnétiser. La première fois il n'éprouva rien de bien sensible; à la seconde séance il eut un clignotement fréquent des paupières, et à la troisième opération ses yeux se fermèrent malgré lui. J'obtenais alors ce phénomène à plusieurs pas de distance. Il survint une inflammation des paupières qu'il attribua à la magnétisation, et il ne voulut plus consentir à être magnétisé.

Une jeune femme-de-chambre, amenée à la séance par une famille honorable, fut endormie en quelques instants, mais nous ne continuâmes pas non plus les expériences sur elle.

Mme *** étant venue à l'Athénée avec plusieurs

personnes de sa connaissance, et notamment M. Herbert, rédacteur en chef du journal *l'Écho Français*, se laissa magnétiser, et aussitôt des spasmes apparurent et la difficulté de la respiration devint extrême. Je fis cesser cet état d'angoisse, et un commencement de somnambulisme eut lieu.

Je répétai deux fois cette expérience avec le même succès; il n'était pas nécessaire de toucher cette dame; les effets avaient lieu à plusieurs pieds de distance. Connaissais-je cette personne? Aucunement. Aussi les curieux venus avec elle proclamèrent tout haut leur croyance, et ne demandèrent plus de nouvelles expériences; le but était atteint, ils étaient convaincus.

Des jeunes gens de l'École de Médecine amenèrent une personne qui fut soumise au magnétisme; elle fut bientôt endormie. On la pinça, on enfonça des épingles dans ses bras, elle ne sentit rien. Réveillée, elle n'eut aucune conscience de ce qui s'était passé, et elle avait tenu une assez longue conversation.

Un des élèves se soumit ensuite à la magnétisation; il ne dormit pas, mais il éprouva des étouffements et de la suffocation. C'en fut assez pour que tous fussent convaincus; ils étaient quinze de la même société.

Une dame russe de distinction, qui assistait ce jour à la séance, éprouvait visiblement les effets

du magnétisme, quoique placée assez loin des magnétisés. Je m'en aperçus, et sans changer de place
je l'endormis complètement sur sa chaise, et dans
l'état de sommeil magnétique je la fis marcher
jusque sur l'estrade; là, voulant la faire parler, je
ne le pus; ses mâchoires étaient si fortement serrées
qu'il eût été, je crois, plus facile de les briser que
de les ouvrir. Je la réveillai; elle était dans un
grand étonnement, ne sachant pas comment elle
était venue jusqu'à moi. Elle ne voulut plus se laisser magnétiser, malgré la prière que je lui en fis
plusieurs fois.

L'action magnétique la plus incompréhensible
peut-être est celle que j'exerçai sur M. P...,
homme grand et robuste, jouissant d'une bonne
santé, et ayant déjà été magnétisé sans succès apparent par un autre magnétiseur. Pour agir sur
lui, je l'avais fait consentir à se tenir debout, et,
dans cette position, moi placé à environ vingt-
cinq pieds, il ne tardait pas à sentir les effets du
magnétisme. Ils commençaient, comme chez beaucoup de magnétisés, par une inquiétude vague,
une respiration plus marquée et l'immobilité des
traits. Bientôt cette situation commune était
dépassée; on voyait alors un strabisme effroyable,
une agitation convulsive extrême dans les muscles des jambes; et s'élevant par degrés sur la
pointe de ses pieds, il restait dans cette attitude,

quoique chancelant, jusqu'à ce que ma résolution de l'attirer dans ma direction eût duré quatre ou cinq minutes ; alors la scène changeait encore : les mouvements des jambes devenant plus rapides, le parquet en était ébranlé. Placé près de M. P..., on sentait une oscillation répétée qui aurait pu indiquer presque comme le pouls l'agitation intérieure du magnétisé. La saturation continuant d'augmenter cet état, les effets arrivaient alors à leur apogée, et M. P... avançait d'un pas dans ma direction ; presque à l'instant un effort plus violent avait encore lieu ; cet effort fait, en traînant le pied sur le parquet, causait un bruit singulier comme celui d'une corde de basse ; dès ce moment il ne se connaissait plus, il franchissait avec rapidité la distance qui nous séparait ; et si alors on lui barrait le passage, il s'agitait d'une manière convulsive, entraînant les personnes qui cherchaient à le retenir. Souvent, par prudence, j'évitais de lui laisser faire tout le chemin, surtout lorsque mon énergie avait été grande. Il était alors tout haletant, sa respiration très précipitée, son pouls battait avec violence, et son corps enfin, devenu semblable à un corps élastique qu'un choc considérable est venu ébranler, ne cessait d'être oscillé que par degrés et d'une manière insensible. Chose bien singulière, il ne restait au magnétisé qu'un souvenir confus de ce qui s'était passé. J'exerçai mon action magnétique à travers une muraille qui sépare la grande salle de l'Athénée d'un petit salon, et les effets étaient absolument les mêmes; on remarquait que son regard cherchait à pénétrer à travers le mur, et il ne se trompait point de direction. Lorsque M. P... était assis pendant que je le magnétisais, les phénomènes étaient différents; ses yeux se fermaient, précédés dans leur clôture par le strabisme; puis la tête fléchissait, la respiration devenait rare et profonde, et dans ce moment, si l'on soulevait ses bras et ses jambes, ces parties retombaient comme si elles eussent appartenu à un cadavre. Après la cessation de cet état, le magnétisé éprouvait-il quelques douleurs? Non, aucune. Cette vive fermentation du sang et cette agitation si excessive du système nerveux avaient-elles causé quelques altérations morbides? Non encore. Se sentait-il au moins courbaturé, et son appétit ou son sommeil ordinaire étaient-ils dérangés? Non, cent fois non. — Mais comment alors expliquer ce mystère? Les liqueurs alcooliques, les gaz excitants énervent et usent bientôt la vie; une irritation du système nerveux, causée par la colère ou la joie, peut donner des maladies ou même tuer. Ah! c'est que la vie ici n'a été troublée par aucun de ces agents; aussi le magnétisé se sent plus d'activité qu'il n'en avait avant la magnétisation, ses fonctions s'exécutent mieux que dans l'état ordinaire; il a plus de gaîté, plus de bonheur enfin, car à la vie qu'il avait, une autre s'est ajoutée. Si quelqu'un a souffert, c'est le magnétiseur; si quelqu'un doit se plaindre, c'est ce dernier, car c'est son organisation qui a été pressurée pour en faire sortir l'agent de ces phénomènes.

Comment se fait-il alors que le magnétiseur résiste? comment! je vais essayer de vous le faire comprendre. Avez-vous vu un homme fendre ou scier du bois? en avez-vous vu portant de lourds fardeaux? Sans doute vous-même avez accompli de pénibles routes; où preniez-vous, où prenaient-ils les forces qu'il leur a fallu dépenser pour résister et suffire à tant de pertes et de fatigues? à un réservoir qui n'est inconnu que de vous. A chaque instant cependant vous en tournez le robinet, sans vous inquiéter et sans chercher où en est la source. Ne voyez-vous pas tous les jours mourir des gens dans la force de l'âge? la lutte est terrible alors; quelquefois c'est vingt et trente jours qu'ils mettent pour terminer leur carrière; il en est même dont l'agonie accompagnée de convulsions incessantes semble exiger des forces surhumaines pour se prolonger ainsi; quelquefois c'est une frêle organisation, une faible femme qui vous offre ce spectacle d'une vie qui semble ne pouvoir se tarir. Ce n'est pas l'alimentation, les cordiaux, car souvent ou presque toujours les malades n'ont rien pu prendre ; tout cela ne vous étonne point. Dites-moi donc où les aliénés prennent les forces qu'il leur faut pour résister à des crises qui durent des mois entiers et pendant lesquelles ils endurent le froid, la faim, la soif, sans cesser un seul instant d'exécuter des mouvements violents ? Ce problème vous ne pouvez le résoudre, parceque vous ne voyez que poulies, cordes, leviers dans une organisation humaine ; l'homme ne vous représente qu'une machine physique ; vous n'allez pas plus avant dans les mystères de la vie. Essayez donc enfin de vous connaître, et vous ne vous laisserez plus mourir avant le terme fixé par la nature, vous cesserez de vous courber sous l'aveugle loi de la fatalité.

« Deux hommes courageux entreprirent un
« voyage long et difficile ; ils comptaient sur des
« fatigues et sur des privations, ils en avaient pris
« leur parti et s'organisèrent en conséquence.
« D'une force physique presque égale ils supportè-
« rent de même les premières fatigues ; mais arrivés
« seulement aux deux tiers de la route, leur épui-
« sement et la chaleur insupportable du climat vin-
« rent leur ôter à tous deux l'espoir qu'ils avaient
« eu jusqu'alors d'arriver au but de leur entre-
« prise. Leurs dernières provisions étaient con-

« sommées depuis plus d'un jour, car ils avaient
« rencontré des obstacles imprévus. Etendus sur un
« sol brûlant ils attendaient la mort, mort d'au-
« tant plus affreuse qu'ils étaient loin de leur pa-
« trie et des êtres qui leur étaient chers; l'espoir
« était éteint en eux et une mort prompte leur pa-
« raissait un bienfait. L'un d'eux cependant sort
« tout-à-coup de cette espèce de torpeur, il ne veut
« plus mourir; il se lève en chancelant et cherche à
« communiquer à son malheureux ami la résolu-
« tion qu'il vient de prendre; il cherche même à
« l'entraîner vers des lieux plus propices. Le plus
« insensé paraissait être celui qui voulait fuir, car
« il n'y avait point de coursier pour l'aider à fran-
« chir l'espace. Mais l'homme courageux jette sur
« son compagnon un dernier regard, il se traîne
« plutôt qu'il ne marche, et tout en le cherchant
« encore de loin il s'éloigne de plus en plus; bien-
« tôt il se sent des forces qu'il n'avait point soup-
« çonnées, et hâte le pas comme s'il était à sa pre-
« mière journée; dans la joie qu'il éprouve il ou-
« blie tout ce qu'il a souffert, même les infortunes
« de son compagnon; il ne marche plus, il court;
« et ce n'est qu'en arrivant, fou et délirant, au lieu
« lointain où il était attendu que le souvenir de ses
« souffrances et l'agonie de son ami se présentent
« à son esprit. Comment aller le secourir? il aurait

« fallu deux jours au meilleur marcheur pour
« franchir l'espace que celui-ci avait mis dix heu-
« res à parcourir. »

Ces deux hommes avaient les mêmes forces, mais
un seul sut les faire surgir et les employer. Combien de faits je pourrais citer à l'appui de cette assertion! Oui, il y a dans l'homme des forces incal-
culables et inconnues; c'est l'imagination, diront
les antagonistes du magnétisme; ah! messieurs, de
grâce, dites-nous donc une bonne fois ce que c'est
que l'imagination.

Loin que la magnétisation affaiblisse le magnétisé ou le magnétiseur, elle est au contraire salutaire pour tous deux; elle renouvelle chez l'un et
chez l'autre le principe des forces nerveuses, forces qui croupissent ordinairement chez ceux qui
ne savent point en faire usage; aussi voit-on que
presque tous les magnétiseurs ont vécu très longtemps et exempts d'infirmités, ce qu'ils avaient
perdu par la magnétisation étant revenu plus pur
et plus animateur. Le magnétisé ayant reçu de son
côté un surcroît de forces vitales, son organisation
a pu acquérir aussi tout son développement. Si j'ai
pu donner des preuves si nombreuses d'une grande
puissance magnétique, c'est que j'ai forcé mon
organisation à me livrer sans réserve la clef de ce
trésor et que parfois j'en ai été prodigue; mais ne
vaut-il pas mieux encore en user de la sorte que

de vieillir et de mourir comme un avare, n'ayant vécu que pour soi ?

Un jeune Polonais, attiré aux séances par la curiosité, me pria de le magnétiser; il fut très sensible et nous fîmes l'expérience qui suit. Il se plaça comme pour être magnétisé, et dans cette position on lui donna un livre contenant des poésies; on le pria de lire à haute voix, et pendant ce temps je le magnétisais; d'abord il sentit peu de chose, mais on s'aperçut que sa voix devenait de moins en moins élevée, et enfin la main qui tenait le livre s'inclina, et il finit par dormir. L'expérience avait été longue, et il devait en être ainsi : la lecture le tenait fortement en éveil, et les efforts qu'il faisait pour bien faire sentir la cadence des vers, et surtout pour lire des caractères très fins, rendaient le succès d'autant plus douteux qu'il n'était point somnambule, et qu'avant cette expérience de simples effets physiques sans sommeil avaient eu lieu.

Une femme de grande taille, que la personne dont je viens de parler accompagnait quelquefois, fut prise d'accidents nerveux comme nous n'en avions point encore aperçu; elle se tordait sur sa chaise en arquant sa tête en arrière et en poussant des cris inarticulés; si je l'approchais dans cet état, j'attirais tout son corps dans la direction qu'il me plaisait d'indiquer. Un jour, que je la fis placer sur un tabouret, son corps devint semblable à une aiguille aimantée. Elle s'inclinait et suivait le cercle que je traçais en tournant lentement autour d'elle ; puis m'avisant de me courber, elle s'inclina tellement en arrière qu'elle paraissait être dans une position horizontale. Je l'empêchai moi-même de venir aux séances, parcequ'elle était prise de suffocations chaque fois qu'elle y assistait, lorsque surtout plusieurs personnes étaient magnétisées avant elle ; son état nerveux ne cessait plus alors qu'au bout d'un très long temps.

De semblables effets d'action sur des personnes qui étaient au nombre des spectateurs, sans désirer ni craindre d'être magnétisées, ont eu lieu un grand nombre de fois. Mais si à l'Athénée j'ai pu constater ce phénomène étrange, il ne me surprenait point, puisqu'à Montpellier le somnambulisme se produisait souvent sur les gens qui formaient le cercle autour de mes malades, et qui n'étaient venus que comme curieux ou pour accompagner les gens infirmes de leurs familles.

Que l'on ne dise point que c'est l'imagination, l'imitation, etc., car ce serait une erreur. Que l'on se rappelle que les gens endormis du sommeil naturel sont sensibles au magnétisme pendant leur sommeil, et qu'il suffit pour cela que l'on magnétise même dans l'appartement où ils se trouvent. Oui, le magnétisme, comme les odeurs, sature l'air de son principe, et peut ainsi se transmettre à une assez grande distance. Ce dont je suis certain, c'est qu'il forme autour des gens que l'on magnétise une véritable atmosphère nerveuse. Les somnambules aperçoivent parfaitement ce fluide, mais lors même que l'on n'en acquerrait pas de cette manière la certitude, des faits innombrables prouvent son existence.

Ce n'est pas ici que je dois tirer parti de ces faits pour expliquer des épidémies morales, et des épidémies plus dangereuses encore, celles qui apportent la mort avec elles.

Pour les examinateurs superficiels, ils n'ont vu dans les faits que j'ai produits qu'une action morte, comme l'action électrique ou galvanique; mais leur erreur est grande, et il faut jusqu'à un certain temps ne pas les détromper; qu'ils sachent seulement que c'est la vie elle-même qui sert de levier, ou qui est atteinte par le magnétisme.

Mme Desh..., jeune dame d'une constitution nerveuse, s'était également soumise au magnétisme, et des effets non moins curieux que ceux que nous venons de décrire se sont manifestés chez elle.

Au bout de quelques minutes sa tête était inclinée sur sa poitrine; on voyait alors des mouvements saccadés des bras et l'agitation convulsive de tout le corps. Si je me plaçais alors à une grande distance de cette dame, il se passait qnelque chose de curieux dans toute sa personne; ses yeux me cherchaient d'abord, puis ensuite les doigts de la main; celle seulement qui était de mon côté était agitée d'une manière extrordinaire; le bras prenait part aux mêmes mouvements, puis tout le corps paraissait bientôt entraîné dans ma direction. Lorsque je l'avais laissée quelques minutes dans cet état, la respiration devenait très active; ce trouble singulier aurait pu faire croire que cette dame souffrait, cependant il n'en était rien, car l'interrogeant presque immédiatement après la cessation du magnétisme, elle ne se plaignait que d'un peu de fatigue dans les membres qui avaient été violemment agités; cette fatigue elle-même ne durait qu'un instant.

Cette dame était en bonne santé lorsqu'elle se soumit au magnétisme; et loin que cet état ait été dérangé par les effets qu'elle éprouvait, elle devint au contraire plus forte et eut plus de couleurs.

Mme la comtesse de G... fut aussi magnétisée; les effets qu'elle présenta furent extrêmement curieux; tous ses accès de somnambulisme furent accompagnés d'une sorte d'extase que ma volonté n'avait nullement cherché à produire. Quelques minutes après que la magnétisation avait commencé, on voyait ses yeux se fermer, mais ils s'ouvraient bientôt et restaient fixés comme dans l'attitude d'une personne qui prie. Je pouvais lui parler dans cet état sans que les paupières et les yeux cessassent d'être immobiles. Elle n'entendait et ne voyait personne; sa figure impassible offrait un caractère de beauté que l'on chercherait vainement sur aucun visage de femme; il serait impossible de décrire cette situation qui avait quelque chose de magique.

J'interrogeai cette dame, elle parla de sa maladie, et indiqua ce qu'il fallait faire pour la guérir, et l'époque de sa guérison si elle suivait ce qu'elle s'ordonnait. Malheureusement pour elle et pour le magnétisme, cette personne distinguée fut obligée de partir pour un voyage, et nous la perdîmes, comme beaucoup d'autres magnétisés, au moment où les phénomènes devenaient d'un grand intérêt (1).

(1) C'est à cette dame qu'un magnétiseur offrit généreusement ses services, en lui disant que *je ne cherchais pas à la guérir, qu'il ferait sur elle bien plus que moi, et enfin qu'il lui donnerait des soins plus assidus, loin d'un public quelquefois malveillant.* Du reste, ajouta-t-il, M. Du Potet n'a que son nom pour lui, etc.

Oui, il est vrai, je n'ai que mon nom pour moi, mais il est le résultat de vingt-cinq années de travail et de persévérance.

Cette dame ne voulut point profiter d'une offre si obligeante, offre venant surtout d'un homme qui, chaque jour, me donnait la main.

Une dame portugaise, Mme de L., avait été magnétisée par un magnétiseur en grand renom, mais il n'avait pu l'endormir; elle était restée incrédule quoique ayant vu des expériences curieuses faites sur des personnes de sa connaissance.

Elle se soumit en riant à de nouvelles expériences, et trois minutes ne s'étaient pas écoulées qu'elle était profondément endormie; interrogée elle répondit que dans huit magnétisations elle serait lucide. Chaque séance nous approchait donc du terme, et dès la troisième elle put s'ordonner pour elle-même trois grains de calomel et de l'eau de rhubarbe; éveillée elle ne voulut point exécuter son ordonnance, et personne ne put la convaincre qu'elle se fût prescrit ce médicament. Plusieurs séances se passèrent encore, et toujours dans son sommeil elle revenait sur le calomel; enfin elle en prit un jour qu'elle se sentait plus incommodée que de coutume; il en résulta un grand bien pour sa santé, comme elle l'avait annoncé. Je dus encore perdre l'espoir de continuer chez cette malade le développement du sommeil lucide. La campagne, qui attirait tout le monde à cette époque, eut pour elle plus d'attrait que ne lui en offrait le magnétisme, car elle n'y croyait point encore, mais sa maladie sans doute la fera revenir à moi.

Mme P., jeune et jolie personne, fut soumise

au magnétisme ; elle tomba bientôt dans un singulier état : ce n'était ni du sommeil ni de la veille ; ses yeux se fermaient malgré elle, et bientôt les muscles de son visage éprouvaient quelques contractions ; la tête restait droite et à peu près immobile ; seulement, si je changeais de place pour aller à droite ou à gauche, elle tournait la tête dans ma direction comme pour me chercher des yeux. Lorsque son sommeil avait duré une dizaine de minutes, ses yeux s'ouvraient par un effet convulsif, et le globe de l'œil étant poussé en avant donnait une légère saillie aux yeux et les faisait paraître plus grands. Le regard était dirigé vers le ciel ; on pouvait apercevoir qu'il y avait dans cette position un peu de strabisme, mais cette situation indéfinissable, qui durait quelques minutes, charmait tous les spectateurs en laissant apercevoir une figure angélique que le pinceau le plus habile n'eût peut-être jamais pu rendre.

Lorsque je mettais cette dame, bien éveillée, devant une glace, et que, me plaçant à quelques pas d'elle, je dirigeais les yeux ou les mains vers la glace, on voyait bientôt un ébranlement plus fort de la tête ; cet ébranlement était suivi presque à l'instant de mouvements en arrière, et perdant le pouvoir de se maintenir debout, elle serait infailliblement tombée à la renverse si on ne l'eût soutenue. Elle avait alors quelques mouvements convulsifs que le magnétisme, autrement dirigé, faisait passer en quelques minutes.

Une portière, amenée par Mme Niepce qui demeurait dans la maison de cette femme, fut magnétisée et endormie très promptement. Elle était malade et s'indiqua dès la première fois un traitement pour des douleurs qu'elle avait au cœur; elle se trouva si bien de son remède que cela l'encouragea à revenir à l'Athénée. Son sommeil devenait plus lucide chaque fois, lorsqu'un homme malveillant l'assura que si elle se laissait encore magnétiser, elle *dessécherait et mourrait avant un an.* Ce conte ridicule effraya cette femme et surtout son mari; nous ne pûmes vaincre de suite leur répugnance commune; enfin elle céda et fut endormie de nouveau. Interrogée sur beaucoup de choses, elle répondit d'une manière assez lucide, et à cette question : Qu'est-ce que c'est que le magnétisme? *C'est la science qui vient trouver la femme,* dit-elle; sa lucidité devait avoir son complément au bout de quelques jours. Un spectateur s'avisa de la piquer pour reconnaître si elle était insensible, elle l'était en effet; mais éveillée on lui dit qu'on l'avait piquée, et cette imprudence rencontrant un caractère faible, elle ne revint plus. Dans une visite qu'elle me fit chez moi avec son mari, je l'endormis, et dans cet état je pus lui faire voir deux malades qui lui étaient inconnus ; elle reconnut assez bien leur maladie et indiqua des remèdes qui paraissaient convenables. Déjà je lui avais fait faire chose semblable dans une séance publique à l'Athénée ; une dame que je ne connaissais point voulut à toute force l'interroger sur sa santé, et bientôt la somnambule reconnut son mal et lui indiqua un traitement ; mais surtout n'oubliez pas, ajouta-t-elle, de prendre souvent des *lavements adoucissants*.

Cette consultation, devant deux cents personnes, avait quelque chose de nouveau et d'inattendu ; c'est un précédent qui ne sera pas perdu, car si le somnambulisme indiquait des remèdes, ne pas s'en servir serait plus que de la niaiserie, ce serait de la stupidité.

Un jeune Espagnol, M. ***, fut magnétisé une première fois sans éprouver beaucoup d'effet. A la seconde il était visiblement influencé, mais à dater de la troisième séance il offrit les phénomènes les plus remarquables. Après l'avoir magnétisé à environ vingt pieds de moi, restant tous deux debout, je faisais de simples mouvements de main, et je l'attirais dans ma direction avec tant de violence qu'on pouvait craindre un instant qu'il ne se brisât la tête en tombant. Comme il ne voulait pas obéir au pouvoir qui l'entraînait vers moi, sa pose était alors des plus tragiques; ses yeux poussés un peu en dehors des orbites, et sa face animée par le sentiment de la colère, donnaient à tout son être un caractère si étrange, si singulier, que la surprise de ceux qui voyaient ce fait pour la première fois ne pouvait se dissimuler. Lorsqu'il arrivait près de moi, toujours en ne le voulant pas et en résistant physiquement, il était dans un état nerveux des plus prononcés, avec un tremblement violent de tout le corps, la sueur sur le visage et les membres glacés. Il se remettait bientôt et il ne lui restait qu'un faible souvenir de la lutte; il se rappelait seulement bien que dès le commencement de l'action il avait pris résolument son parti de résister, mais que bientôt envahi par la force magnétique et réduit au rôle de machine, il semblait ne plus penser.

J'ai magnétisé dix ou douze fois ce jeune homme, toujours avec le même succès, sans que l'assemblée, qui était toujours très nombreuse, ait cessé un seul instant d'être émue, ainsi que moi, par l'apparition de phénomènes aussi étranges.

M. G..., grand et robuste, éprouvait également des effets singuliers, mais moins prononcés que ceux que nous venons de décrire. S'il était magnétisé debout, sa tête s'inclinait bientôt légèrement, sa face prenait un caractère qui n'était nullement celui d'un homme éveillé, ses yeux restaient ouverts tout le temps de la magnétisation sans qu'il y eût un seul clignotement des paupières. Dans cet état, lorsque je magnétisais l'une de ses mains, on la voyait obéir lentement à une espèce nouvelle d'attraction. Il n'entendait plus qu'un léger bourdonnement, et semblait être enfin un des automates en cire que l'on montre sur les boulevards. Quelques passes faites en travers sur le front et la face détruisaient cette espèce de charme, et il paraissait étonné que j'eusse produit sur lui quelque chose, car il était plus fort que moi et prenait toujours la résolution de ne pas se laisser aller à l'effet d'un pouvoir qu'il ne pouvait comprendre.

Un malade, amené par un des professeurs distingués de l'Athénée, M. Alma Grand, fut magnétisé deux fois sans que les effets fussent très apparents. A la troisième fois il nous offrit des faits nouveaux très curieux. Après un léger clignotement des paupières, de grosses larmes, dont la source ne tarissait pas, coulaient sur son visage. Le nez laissait également échapper une grande quantité de sérosités; la bouche enfin, ne voulant pas rester immobile au milieu de cet arrosement général, car la peau était couverte de sueur, jetait par les commissures des lèvres beaucoup de sa-

live. Bientôt la chemise, le gilet en étaient inon-
dés, sans que ce malade eût fait le plus petit mouvement; cependant il sentait, il avait la conscience
de ce qu'il éprouvait, mais sa volonté était paralysée. Les mêmes effets ont eu lieu chaque fois
que je l'ai magnétisé; chaque fois aussi il accusait
un sentiment de mieux et croyait devoir l'attribuer à des courants magnétiques qu'il assurait
ressentir dans le ventre et dans les membres lorsque je le magnétisais.

Un jeune étudiant, dont le domicile est dans le
local de l'Athénée, était tellement sensible au magnétisme que, s'étant placé plusieurs fois en face
des personnes que je magnétisais, il cédait au sommeil sans pouvoir y résister; on m'en avertit et
je le magnétisai. J'obtins sur lui des effets singuliers; si je le magnétisais debout, je n'avais pas le
pouvoir de le faire avancer, mais celui de le faire
mettre à genoux; et dans cette position qu'il conservait autant que je le voulais, je n'avais qu'à diriger mes mains vers le parquet pour entraîner
sa tête, et le courber entièrement. Lorsque je le
réveillais dans cette situation, il était toujours extrêmement étonné de s'y trouver et ne pouvait
se rendre aucun compte de la manière dont il y
avait été amené.

Si j'endormais une autre personne, il se rendormait de son côté sans que je cherchasse à produire cet effet, et il s'éveillait naturellement au moment du réveil de l'autre personne.

Il m'a assuré que lorsqu'il ne venait pas à la séance et qu'il était dans la maison, il sentait parfaitement les instants où je magnétisais.

Un fait des plus remarquables doit trouver sa place ici. Quelquefois dans ma séance je magnétisais une dizaine de personnes, de caractères et de tempéraments divers ; lorsque cette magnétisation durait depuis une demi-heure, il n'était pas rare d'en voir l'influence loin des magnétisés. Un jour une dame, Mme la baronne de Crespy-le-Prince, qui assistait souvent à ces expériences, plutôt pour accompagner des dames qui lui demandaient cette faveur que pour examiner elle-même les effets du magnétisme, car elle n'y croyait point, éprouva par trois fois les effets violents du magnétisme sans que j'aie cherché à la magnétiser elle-même. Voici comment : il y avait parmi les personnes que je magnétisais habituellement une jeune femme qui éprouvait des effets bizarres ; c'était des tressaillements des muscles de la figure, des soubresauts partant du tronc, et une fixité dans le regard qui avait quelque chose de la catalepsie. Elle sentait également mon approche ou mon éloignement et en était plus ou moins agitée.

Toutes les personnes que je magnétisais avant elle n'affectaient nullement Mme de Crespy, mais quand j'arrivais à celle dont je viens de désigner l'état, Mme de Crespy se sentait prise de suffocations, et bientôt, ne pouvant plus maîtriser les effets qu'elle éprouvait, on était obligé de la conduire dans une pièce voisine; ce n'était ni de la sympathie ni de l'antipathie : elle ne connaissait nullement la personne cause de ces accidents. Lorsque les effets cessaient chez la première magnétisée, ils disparaissaient également chez la seconde. Une seule expérience n'aurait pas suffi pour confirmer ce fait étrange; nous l'avons vérifié plusieurs fois. Le baron de Crespy, mon ami, homme très versé dans les arts et la littérature, engagea lui-même sa femme à consentir à de nouvelles expériences qui eurent lieu en effet. Chose étrange! lorsque cette double crise était passée et que je magnétisais d'autres personnes, Mme de Crespy ne sentait rien.

On sait que deux cordes de violon, montées au même ton sur deux instruments différents, vibrent cependant toutes deux, bien qu'une seule ait été mise en mouvement. L'impression qu'éprouvait Mme de Crespy n'avait-elle pas quelque chose d'analogue avec ce phénomène? — Je ne prétends nullement expliquer ici les faits magnétiques, je laisse à chacun cette tâche difficile.

Une dame anglaise, dès la première séance où elle assista aux expériences de l'Athénée, se sentit visiblement entraînée dans ma direction, et prise de spasmes si je n'allais la chercher à sa place pour la magnétiser directement; et ce qu'il y a de singulier, c'est que je ne pouvais l'endormir entièrement qu'en magnétisant une personne placée à côté d'elle. J'essayai vainement plusieurs fois d'un autre procédé.

Un des membres de l'Athénée, homme distingué dans les sciences physiques, M. Rousseau, venait souvent aux séances magnétiques accompagné d'une femme d'une cinquantaine d'années; cette femme était tourmentée tout le temps que je magnétisais. Lorsqu'elle eut consenti à laisser essayer sur elle le magnétisme, elle éprouva presque immédiatement une agitation singulière. Quoique ses yeux fussent fermés, elle sentait la direction de mes doigts vers son cerveau et manifestait, par les mouvements de ses mains et les contractions des muscles de sa figure, les sensations désagréables que cette magnétisation lui faisait éprouver.

Une jeune dame, amenée à l'Athénée par un des professeurs, M. Lambert, voulut bien permettre que je la magnétisasse. Il y avait à peine quatre minutes que j'avais commencé mon opération que déjà elle était tombée dans une espèce de sommeil magnétique, accompagné d'un tremblement de tout le corps et d'une respiration fréquente. Je fis cesser cet état en quelques minutes pour éviter une attaque de nerfs que tout annonçait. Elle revint une seconde fois pour être encore magnétisée, et bientôt nous vîmes les symptômes du sommeil se manifester ; mais l'agitation singulière que nous avions déjà observée arriva d'une manière encore plus développée, et je ne pus empêcher une sorte d'étouffement, des pleurs et quelques cris. On s'empressa de la calmer ; quelques instants après il ne lui restait qu'une légère fatigue dans les membres, et nul souvenir de ce qui s'était passé.

Un jeune homme, qui venait d'être instruit chez moi des procédés magnétiques, m'amena à l'Athénée un de ses amis d'une sensibilité si grande que c'est avec crainte que moi-même je le magnétisai. La plus légère action du magnétisme avait accès sur lui à plus de vingt-cinq pieds de distance ; ma main dirigée sur une des parties de son corps y déterminait des convulsions d'une grande intensité. Lorsqu'on insistait un instant dans la région de l'estomac, un mouvement de torsion de tout le tronc avait lieu, et si l'on persistait quelques minutes seulement, ces mouvements ressemblaient à ceux d'un reptile. La respiration était alors plus que doublée, son visage rouge et enflammé, ses yeux brillants, et cependant il n'accusait aucune souffrance. Dans une des séances je lui donnai une canne et un chapeau magnétisés; il voulut marcher avec ces objets, mais l'action magnétique se développant, les effets ressemblèrent à ceux de l'ivresse; il lui était impossible de faire deux pas en ligne droite. Cet état si curieux cessait aussitôt qu'on lui ôtait les objets magnétisés.

Lorsque j'attirais à moi ce jeune homme en lui commandant de résister, il s'agitait quelques minutes sur son siège, et s'élançait alors avec une grande violence dans ma direction; beaucoup d'efforts étaient nécessaires pour l'empêcher d'y venir; et il eût, je crois, maltraité ceux qui lui barraient ainsi le passage, si moi-même je n'eusse mis fin à la lutte en m'approchant de lui.

Tous les magnétisés éprouvaient dans les cinq premières minutes le commencement de mon action sur eux; ordinairement vers la dixième minute les effets magnétiques avaient acquis tout leur développement, et je les laissais rarement durer plus du double de ce temps; dans le cas où le sommeil s'était manifesté je prolongeais un peu plus. Lorsqu'il m'est arrivé d'interroger les personnes endormies sur le temps qu'elles voulaient passer en sommeil, elles répondaient : *Toujours.*

Je borne ici un exposé de faits que je pourrais étendre à l'infini, car il est arrivé plusieurs fois qu'une seule séance eût demandé pour en faire le récit plus de développement que je n'en donne pour toutes, tant il y avait à observer et à décrire.

Quel avait été mon but en faisant ces expériences? *de prouver par de nombreux exemples l'existence positive et irrécusable* d'une force qu'on appelle à tort ou à raison *magnétisme animal.* On ne me demandait pas de justifier sa propriété curative, puisque l'on ne me proposa qu'un seul malade à magnétiser; c'était donc seulement, comme je viens de le dire, l'action morale et physique d'un être sur un autre et le jeu anormal qui en résulte que l'on voulait constater. J'ai produit plus que l'on n'aurait osé espérer; par cent exemples j'ai fatigué les yeux de mes auditeurs des merveilleux phénomènes du magnétisme, et je dois le dire en passant, il était nécessaire d'en agir ainsi pour qu'il ne restât plus de doute sur l'existence de cette singulière propriété de l'homme. Lorsque la satiété est arrivée chez plusieurs de mes auditeurs habituels, ils m'ont demandé de leur montrer le *somnambulisme lucide,* en me disant qu'ils étaient convaincus du magnétisme, mais qu'il leur restait leur incrédulité touchant les phénomènes de la vision. *Montrez-nous la lucidité!*

me répetaient-ils. Oui, je le veux bien, mais recon-
naissez maintenant la difficulté qu'il y a de vous
satisfaire. Voyez, toutes les personnes du monde
que j'ai eu le bonheur de rendre ici somnambules ont
fui lorsqu'on leur a dit, éveillées, qu'elles avaient
parlé pendant leur sommeil et annoncé le jour
où elles pourraient révéler ce qui est pour nous
l'inconnu. Tâchez de les faire revenir, enchaînez-
les si vous pouvez maintenant. Cherchez à les gagner par vos prévenances, parlez-leur de votre
amour pour la science ou plutôt du noble désir
que vous avez de satisfaire votre curiosité, vous
n'obtiendrez que de vagues promesses, et la porte
de votre institution une fois franchie ne s'ouvrira
plus de nouveau pour ces personnes, car elles
craindront, bien à tort sans doute, de livrer les
mystères de leur vie. Ne dites pas que vous, en état
de somnambulisme, vous consentiriez à des expériences, car vous n'en savez absolument rien ; la
vie du sommeil magnétique est une nouvelle existence tellement différente de la vie ordinaire que
les goûts, les penchants, les affections mêmes sont
changés ; et si vous êtes sincères, vous avouerez
même que vous ne vous laisseriez pas tourmenter
et investiguer comme on l'a fait pour certains
magnétisés, surtout si vous aviez entendu sur vous
la critique que des gens mal élevés et ignorants se
permettaient quelquefois de faire sur les personnes

estimables qui d'abord s'étaient prêtées de bonne grâce à des expériences. Ce motif et d'autres encore ne m'ont pas permis d'insister près des magnétisés pour obtenir de plus longs essais, car je ne le devais pas ; je sais tout ce qui peut sortir d'une tête humaine, et la responsabilité de certains actes n'aurait nullement atteint mes contradicteurs, car moi seul étais responsable.

Mon but était d'attirer à l'étude du magnétisme et non point d'effrayer les hommes timorés ; tout ce qui eût dépassé certaines limites de l'intelligence aurait à l'instant établi la lutte entre les spectateurs, et c'est ce que je redoutais le plus. Comment ne pas craindre en effet les gens qui, s'effrayant à la vue d'une attaque de nerfs, s'élevaient avec indignation contre le magnétiseur, cause volontaire de cet accident instructif ? Comment ne pas redouter de prétendus savants qui, venant pour la première fois assister à l'Athénée à mes démonstrations, mettaient tout en suspicion ? Est-ce qu'un jour, après avoir, pendant deux heures et demie, produit des phénomènes admirables sur plus de huit personnes, un médecin ne s'est pas approché de moi pour me jeter à la face le mot *compérage?* Sans doute je lui dois des remercîments, car si celui-ci, médecin, manquait de sens pour reconnaître des faits physiologiques d'une extrême évidence, comment ces mêmes faits eussent-ils convaincu tout-à-coup des hommes étrangers à toutes connaissances physiques? J'étais donc sans cesse en présence d'écueils ; j'ai su les éviter en ne cédant pas trop à l'exigence des hommes convaincus des phénomènes magnétiques, mais qui voulaient voir plus que ce que je produisais, et en osant cependant mépriser assez le jugement des sots pour me mettre au-dessus de leur censure en exposant au grand jour et devant un public toujours nouveau les phénomènes du magnétisme animal. La méthode que j'ai suivie était la seule rationnelle, la seule bonne ; on s'en apercevra bientôt, car elle seule peut habituer les esprits aux possibilités de l'existence des faits supernaturels du somnambulisme.

Ayez un peu de patience, dirai-je aujourd'hui à ceux qui sont en avant, attendez quelque temps ; ne voyez-vous pas déjà que les préventions s'affaiblissent et que l'on commence à croire à l'existence de certains phénomènes? Les magnétiseurs prouveront ceux que l'on conteste encore, et bientôt moi-même je viendrai ici devant vous produire la série de miracles que vous n'aviez pu voir encore.

Paris, 11 octobre 1839.

LE MAGNÉTISME A METZ.

(20 octobre 1839.)

Le magnétisme est la charrue qui la-
bourera les intelligences.

Aussitôt que j'eus cessé mes expériences à l'Athénée, je partis pour Metz, d'où l'un de mes élèves, M. Azeronde, m'avait écrit une lettre très pressante, afin de m'engager à aller dans cette ville continuer le traitement de malades qu'il avait su rendre sensibles au magnétisme et que son prompt départ allait priver de ses soins. Je sus par cet ami que le magnétisme avait obtenu quelque faveur, même près des médecins, et qu'il devait suffire maintenant de quelques nouveaux efforts pour que désormais notre science eût à Metz des défenseurs dévoués. Cette assertion me détermina à entreprendre ce voyage.

A peine arrivé, j'appris que depuis le départ de M. Azeronde, les esprits qui les premiers s'étaient montrés enflammés d'un beau zèle étaient redescendus à zéro, et que l'opinion de la masse, habilement travaillée par les médécins incrédules, avait aussi cessé d'être favorable au progrès de nos idées; il fallait donc recommencer le travail des premiers apôtres et prêcher de nouveau notre doctrine; c'est ce que je me promis de faire sans relâche.

Des faits très curieux avaient déjà été produits dans cette ville. Un médecin, M. Defer, en avait consigné quelques-uns dans une brochure publiée récemment; ces phénomènes sont si remarquables, ils sont en outre si bien attestés que je ne puis me refuser à les transcrire ici. Messieurs de l'Académie de médecine, qui ont été si injustes, si déloyaux même envers M. Pigeaire, sauront que le fait de vue sans le secours des yeux qu'ils n'ont pas voulu reconnaître parfaitement, est constaté, qu'il est destiné à se reproduire et parconséquent à les couvrir de honte, car ils n'ont pas été seulement des juges partiaux, mais aussi des calomniateurs.

La brochure d'où j'extrais le passage ci-dessous a pour titre : *Expériences sur le magnétisme par J. R. E. Defer*, docteur en médecine. Elle est à sa seconde édition, et se trouve chez P. Arquel, libraire, place Napoléon, n° 6, à Metz.

« La personne sur laquelle nous avons fait les expériences suivantes n'avait jamais entendu parler du magnétisme; nous-même ne la connaissions pas; le hasard seul nous conduisit dans la maison où elle se trouvait, ignorant qu'elle serait magnétisée. Quel fut notre étonnement et celui des assistants, lorsque, au bout de huit minutes, nous obtînmes un commencement de somnolence, qui alla en croissant jusqu'au sommeil le plus profond! Alors les yeux étaient totalement recouverts par les paupières; si on cherchait à les écarter, on n'y parvenait qu'avec une certaine difficulté; le globe de l'œil était convulsé. Il survint aussi des mouvements convulsifs dans les membres. Cette fois, la sensibilité générale était intacte. Nous la questionnâmes sur son état; elle répondit qu'elle éprouvait un violent mal de tête, qu'elle avait mal au cœur et des envies de vomir; on la réveilla.

« Avec de tels résultats, nous ne pouvions en rester là; quelques jours après, la même personne voulut bien se prêter à une seconde expérience. Nous obtînmes en quelques minutes les phénomènes de la séance précédente, c'est-à-dire la somnolence, l'occlusion des yeux, le renversement du globe de l'œil, des mouvements convulsifs, mais de plus l'insensibilité et la perte de l'ouïe pour les personnes qui n'étaient point en rapport avec elle.

« Cette seconde expérience, un peu plus concluante que la précédente, nous engagea à aller plus loin : elle fut magnétisée de nouveau. Le phénomène de l'insensibilité se renouvela : on pouvait la piquer, lui enfoncer une plume dans les narines, la pincer fortement sans qu'elle parût en souffrir. Elle n'entendait nullement les personnes qui lui adressaient la parole sans être en rapport avec elle. On fit à ce sujet une longue série d'expériences qui ne laissèrent aucun doute sur ce phénomène remarquable. Les contractions musculaires eurent lieu comme de coutume, mais elles furent bien plus violentes que précédemment. Quant à la vue sans le secours des yeux, nous ne pûmes la constater positivement, car elle nous fit à ce sujet des réponses très précises, mais, à côté, des réponses mauvaises.

« A la quatrième séance, elle éprouva des mouvements convulsifs très violents dans tous les membres ; ces mouvements paraissaient diminuer d'intensité au moyen de quelques passes au-devant de l'épigastre. Cette remarque nous conduisit à la questionner à ce sujet ; elle nous répondit que ces passes lui procuraient un grand soulagement. On renouvela les expériences sur l'insensibilité, qui fut de nouveau constatée. Mais cette fois la vue sans le secours des yeux était plus développée. Elle put dire combien il y avait de personnes derrière elle et à ses côtés; on lui présenta successivement, sur un des côtés de la tête, une tabatière, un livre, des gravures, un anneau, une montre, un vase; elle ne se trompa nullement, ni sur le nom des objets, ni sur leurs couleurs. Cependant, comme des personnes, désireuses de prolonger le plaisir qu'elles éprouvaient, continuaient à lui adresser des questions, elle finit par s'impatienter et ne plus répondre d'une manière aussi satisfaisante.

« Dans ces quatre séances, nous avons vu se développer petit à petit les phénomènes du somnambulisme, le passage de l'état de veille à celui du sommeil, et celui du sommeil au somnambulisme magnétique. Ainsi, dans la première séance, nous n'avons obtenu qu'un sommeil profond et des contractions involontaires; dans la seconde, l'insensibilité et la perte de l'ouïe pour les personnes non en rapport avec celle magnétisée. A ce sujet nous dirons que l'on se met en rapport en touchant un instant les mains réunies de la personne active et de la personne passive, ou bien en formant la chaîne. A la troisième, la vue sans le secours des yeux a commencé à s'établir, et à la quatrième elle était plus développée. Chaque fois elle s'est mise à pleurer et à rire presque en même temps dans l'action du réveil; mais ce qui nous a surtout frappé, c'est le contraste qu'il y avait entre l'état de veille et celui du sommeil, dans l'expression de sa physionomie, son maintien et sa conversation.

« A la cinquième expérience, elle s'endormit avec une grande facilité et présenta tous les phénomènes observés dans le cours des premières séances. Un des assistants lui mit deux bougies allumées sous les yeux, pour s'assurer s'ils étaient parfaitement fermés; les paupières ne firent pas le moindre mouvement. Une autre personne voulut ouvrir les paupières, mais elle y parvint difficilement : elles étaient comme agglutinées; le globe de l'œil était convulsé. On plaça divers objets devant elle, et bien au-dessus de l'axe visuel; elle les nomma sans se tromper. On lui couvrit ensuite les yeux d'un bandeau ployé en plusieurs doubles, et on lui présenta divers objets, qu'elle nomma sans balancer. Quelqu'un, qui n'était point convaincu, voulut savoir s'il n'était pas possible d'y voir avec ce bandeau. Après en avoir essayé, il avoua qu'il ne pouvait rien voir, qu'il ne distinguait aucun objet. On lui mit ensuite ce même bandeau de manière à laisser du jour sur les côtés du nez; il ne vit que sous un angle très

aigu, et point devant lui comme la personne magnétisée. Comme elle éprouvait des contractions
très violentes dans tous les membres, et surtout
dans les muscles de la face, on la réveilla.

« Les phénomènes de la séance suivante furent
bien plus curieux encore. On lui mit une feuille
de coton sur chaque œil, et par-dessus, un bandeau ployé en plusieurs doubles. On la fit souvent
changer de place, en disposant des obstacles sur
son chemin; elle les évita toujours aussi bien
qu'elle aurait pu le faire dans l'état de veille. Pendant qu'elle était assise sur un canapé, on changea
de place le fauteuil sur lequel elle était d'abord,
et cela sans qu'elle pût rien entendre; sur l'invi-
tation qui lui fut faite d'aller se rasseoir sur son
fauteuil, elle s'y rendit sans hésiter et sans chercher à aller là où il était d'abord. On la fit ensuite
jouer aux dominos et aux cartes, le bandeau toujours sur les yeux : elle s'y prêta de mauvaise
grâce; mais, soit aux dominos, soit aux cartes,
elle ne se trompa point et elle s'aperçut très bien
quand on la trompait. Tout-à-coup elle eut des
convulsions très fortes, que l'on ne parvint à calmer qu'avec beaucoup de peine. Cet état fut suivi
d'un grand affaissement pendant lequel on la réveilla. Revenue de son sommeil, elle se plaignit
d'un grand mal de tête, d'un sentiment de fatigue
et de brisement dans tous les membres.

« A la septième expérience, elle fut endormie en quelques minutes. On lui plaça un demi-masque sur la face, et les phénomènes de la vision se manifestèrent comme de coutume. On lui adressa ensuite des questions très simples auxquelles elle ne voulut pas répondre ; son amour-propre paraissait blessé de la grande simplicité de ces questions. Quand on lui demandait le nom d'un objet placé devant elle ou sur un des côtés de sa tête, elle répondait toujours : Vous le savez aussi bien que moi, je n'ai parconséquent pas besoin de vous le dire. On la fit ensuite placer dans un coin du salon où il régnait une obscurité presque complète, et on lui présenta un grand nombre de gravures sur lesquels elle donna des détails qui étaient justes. Elle reconnut plusieurs personnes qui se trouvaient devant elle ; elle ne se trompa pas non plus sur le nombre des personnes présentes, bien que plusieurs se fussent retirées pour rendre l'expérience plus concluante.

« Dans la huitième séance, elle nomma plusieurs lettres placées au-devant de son front ; mais pour bien s'assurer qu'elle ne pouvait voir, on lui mit un bandeau sur les yeux avec toutes les précautions possibles ; elle nomma de nouveau d'autres lettres qu'on lui présenta. On la fit aller d'une chambre à une autre, traverser un corridor et une cour ; elle fit tout ce trajet sans toucher nullement la muraille. Comme elle était dans la rue, elle voulut s'en aller ; on lui fit alors remarquer qu'elle avait oublié son châle, et elle retourna le chercher avec la même facilité. Un instant après, on fit à ses oreilles éclater plusieurs capsules ; on n'observa chez elle aucun mouvement. On la fit marcher de nouveau, toujours un bandeau sur les yeux ; on lui dit plusieurs fois d'aller s'asseoir dans tel ou tel endroit, de retrouver son fauteuil ; elle exécuta tous ces ordres aussi bien que pendant la veille, elle évita même les plus petits obstacles. On fit ensuite un grand nombre d'expériences sur la paralysie de l'ouïe, la clairvoyance et l'insensibilité, qui furent toutes satisfaisantes.

« Dans la séance suivante, on lui mit, comme de coutume, un bandeau sur les yeux, et toujours avec les mêmes précautions, puis on la fit jouer aux dominos. Un de ses dominos avait toujours été retourné, c'est-à-dire que le côté où sont marqués les points était contre la tapis de la table ; il fallait jouer du quatre ou du blanc, elle prit son domino sans le retourner et le plaça comme il le fallait, le quatre contre le quatre. On renouvela les expériences sur la paralysie de l'ouïe, au moyen du fusil ; elle resta immobile. On la fit ensuite jouer aux cartes ; la personne qui jouait avec elle jeta sur le tapis le valet de cœur, elle le prit avec le roi, et comme on lui contestait la levée, elle répondit avec assurance : Vous avez mis le valet, j'ai mis le roi, la levée est à moi. En vain plusieurs personnes avec lesquelles elle n'était pas en rapport lui crièrent aux oreilles, firent à côté d'elle tout le bruit possible, elle resta muette. On lui mit sous le nez un flacon d'eau de Cologne et un flacon d'ammoniaque, elle resta insensible ; on lui demanda si elle sentait quelque chose, elle répondit qu'on se moquait d'elle, qu'il n'y avait que de l'eau dans ces flacons. Quelqu'un qui désirait jouer avec elle lui proposa de faire une seule partie de dominos et d'intéresser la partie ; elle y consentit et joua avec autant de facilité que pendant la veille ; elle ne se trompa pas une seule fois. On remarqua que lorsqu'elle était obligée de chercher dans les dominos restants, ce qu'on appelle vulgairement piocher, elle prenait toujours le domino qu'il lui fallait et le plaçait comme il devait être, sans le retourner. Elle put aussi coudre dans l'obscurité.

« Nous venons de voir, dans les cinq dernières expériences, des exemples remarquables de la vue sans le secours des yeux, de la paralysie de l'ouïe et de celle de l'odorat ; nous aurons encore occasion de constater ces phénomènes dans les expériences qui vont suivre. Pour avoir une conviction entière sur la réalité de la vue sans le secours des yeux, quelques personnes imaginèrent de se servir d'un bandeau fait avec du diachylum, afin d'empêcher tout rayon lumineux de pénétrer jusqu'à l'œil. On fit deux autres bandeaux en peau, et on les colla sur le bandeau de diachylum. Chacun en essaya ; il fut reconnu non-seulement qu'on ne pouvait distinguer aucun objet, mais encore que l'on ne pouvait s'apercevoir de la présence ou de l'absence de la lumière.

« On fit une dixième expérience. Elle fut magnétisée en quelques minutes. On lui plaça sur différentes parties du corps un fer aimanté ; elle éprouva aussitôt des mouvements convulsifs. On lui plaça ensuite un plateau en verre à l'épigastre, et au moyen de quelques passes faites au-devant de ce plateau, elle fut en proie à des convulsions très violentes. Comme on avait remarqué, dans les séances précédentes, que des passes au-devant de l'épigastre et le long des membres la calmaient de suite, on en essaya et on en obtint le même résultat. Elle tomba ensuite dans un grand affaissement ; tous les muscles étaient dans un grand relâchement. Nous la laissâmes reposer un instant avant de continuer les expériences. On se servit ensuite d'un plateau en métal, et on eut beau faire des passes, il ne se manifesta rien. On réitéra l'expérience du plateau en verre, et les convulsions reparurent aussitôt. On lui mit sous le nez un flacon d'ammoniaque, et on lui demanda si elle sentait quelque chose; elle répondit que l'on se moquait d'elle, qu'il n'y avait que de l'eau dans le flacon. Quelqu'un lui demanda si elle aimait la musique; elle répondit qu'elle l'aimait beaucoup et qu'on lui ferait le plus grand plaisir en jouant d'un instrument. Un des assistants pinça alors de la guitare, mais comme elle paraissait ne rien entendre, on lui demanda comment elle trouvait l'air qu'on jouait; elle répondit qu'on ne jouait pas, qu'on se moquait d'elle. Quelqu'un qui se trouvait en rapport avec elle joua ensuite du même instrument, et aussitôt elle l'accompagna de sa voix. On renouvela la même expérience, et tout-à-coup elle s'arrêta en disant : Eh bien! on ne joue plus. En effet la personne qui jouait alors n'était pas en rapport avec elle. Il fut facile de s'apercevoir qu'elle aimait la musique; aussi on profita de ce moyen pour lui placer, sans qu'elle s'en aperçût, le bandeau dont nous avons parlé. On lui fit voir une lanterne magique; elle distingua parfaitement tous les sujets et donna sur chacun d'eux des détails très minutieux. Plusieurs personnes jouèrent avec elle aux dominos et aux cartes; elle s'en acquitta on ne peut mieux. La respiration fut très gênée et le pouls marqua constamment de 104 à 110 pulsations.

« La séance suivante ne fut pas moins curieuse. On renouvela toutes les expériences précédentes avec un plein succès. Le plateau en verre occasionna des convulsions, et le plateau métallique ne produisit aucun effet. Une pointe métallique, présentée à l'épigastre, fit naître également des mouvements convulsifs, tandis qu'une pointe en verre resta sans effet comme le plateau métallique. La main présentée vers la même région fit reparaître des mouvements convulsifs tellement forts, qu'on pouvait à peine contenir la personne magnétisée; sa force était considérablement augmentée. Quelques passes au-devant de l'épigastre firent cesser aussitôt cet état d'agitation qui fut remplacé par un grand abattement. Pendant ces expériences, le pouls monta jusqu'à cent-vingt-quatre pulsations à la minute, et la respiration devint tellement difficile qu'on eût cru à une suffocation imminente, si déjà cet état ne se fût présenté dans les séances précédentes.

« Comme on avait remarqué que la musique produisait sur elle les plus heureux effets, on pria quelqu'un de la société de jouer de la guitare. On lui demanda si elle aimait l'air que l'on jouait; elle répondit qu'elle n'entendait rien, qu'on ne jouait d'aucun instrument. On lui dit alors de bien écouter, et elle n'entendit rien encore. Quelqu'un pinçait cependant de la guitare, mais sans s'être préalablement mis en rapport avec elle; ce rapport établi, elle accompagna aussitôt l'instrument avec une gaîté folle. On profita de ce moment pour lui mettre le bandeau de diachylum, puis on la fit jouer de nouveau aux dominos et aux cartes; elle s'en acquitta comme de coutume. Pendant qu'on la réveillait, elle éprouva encore de violentes convulsions; elle ressentait, disait-elle, de fortes secousses dans la région du cœur, et des picotements dans les membres.

« A la douzième séance, elle fut plongée dans le sommeil magnétique en moins de trois minutes. On lui mit le même bandeau sur les yeux, et la vision continua à avoir lieu; on lui présenta successivement plusieurs objets qu'elle nomma aussitôt. L'expérience des plateaux et des pointes fut renouvelée avec les mêmes résultats. On fit sur elle plusieurs décharges électriques aussi fortes que possible, elle resta insensible; une seule fois elle s'aperçut de l'étincelle, et elle dit qu'on voulait la brûler. On forma la chaîne pour s'assurer si les décharges étaient bien fortes; la personne magnétisée resta seule insensible, les autres ne purent s'empêcher de rompre la chaîne. Une personne en rapport avec elle quitta le salon en lui souhaitant le bonsoir; mais étant rentrée par la fenêtre sans le moindre bruit, la magnétisée dit qu'elle venait de voir rentrer cette personne, et indiqua la place qu'elle occupait.

« Les expériences au moyen de la machine élec-

trique et de la boutcille de Leyde furent renou-
velées dans la treizième séance avec le même
succès. On lui mit le bandeau sur les yeux, puis
on éteignit les lumières sans qu'elle s'en aperçût.
Elle distingua une rose de Provins au milieu de
plusieurs autres roses ; elle nomma également plusieurs dominos et plusieurs autres objets dans
l'obscurité. Ce-jour là elle était d'une gaîté extraordinaire ; elle raconta plusieurs historiettes
avec une naïveté sans pareille. Quelqu'un qui était
en rapport avec elle se mit à jouer de la guitare,
et aussitôt elle laissa de côté sa narration pour accompagner l'instrument. On lui chanta un air
nouveau qui lui était certainement inconnu ; elle
chanta comme si elle eût connu la romance et
l'air ; elle acheva très souvent un vers commencé.
Pendant qu'elle chantait, on fit à ses oreilles tout
le bruit possible, on produisit les sons les plus
discordants, elle continua à chanter. Une personne lui plaça, sans le dire à qui que ce fût, un
pistolet derrière la tête ; tout-à-coup elle parut
inquiète, puis elle se mit à pleurer, en disant
qu'on voulait la tuer avec un pistolet.

« A la dernière séance, on la fit jouer aux cartes, toujours avec le bandeau sur les yeux ; pendant qu'elle était occupée à faire sa partie, on fit
disparaître les bougies qui éclairaient le salon, et
elle continua à jouer sans se tromper. La partie

terminée, elle se leva, écarta les chaises qui se trouvaient sur son passage, et alla s'asseoir à l'écart. On rapporta les bougies pour s'assurer si elle avait bien joué, et l'on fut étonné de ne plus la voir à sa place ; elle ne s'était point trompée. Quelqu'un lui demanda alors pourquoi elle avait ainsi quitté le jeu, elle répondit qu'elle était fatiguée. Un des assistants essaya plusieurs fois de la mettre en défaut en changeant des cartes, ce fut toujours inutilement. On mit ensuite devant elle un transparent, sur lequel étaient écrits ces mots : *Feux pyriques*, qu'elle lut très bien. A ce transparent on en fit succéder plusieurs autres représentant divers sujets que non-seulement elle détailla bien, mais dont elle apprécia encore les nuances les plus délicates. Elle dit constamment le nombre des dominos que chacun prenait entre ses deux mains, et ne se trompa point sur la valeur de chaque domino dans l'obscurité ; ainsi, on lui en présenta un sans l'avoir vu ; elle dit que c'était le double-quatre ; on fit apporter de la lumière pour vérifier si elle ne s'était point trompée : c'était en effet le double-quatre. On lui souleva la paupière et on vit, comme dans plusieurs séances précédentes, le globe de l'œil tourné convulsivement en haut. Un des assistants jeta plusieurs fois un cri d'effroi à ses oreilles, elle ne fit aucun mouvement. Un instant après, comme on approchait d'elle une tige métallique, elle éprouva des mouvements convulsifs, et, soit qu'on lui eût mis, soit qu'on ne lui eût pas mis un bandeau sur les yeux, les mouvements se renouvelèrent dans les parties vers lesquelles était dirigée la tige métallique. Nous dirigeâmes la main vers l'épigastre; à son approche la somnambule agita tous ses membres. L'approche de la main vers une partie était toujours suivie de convulsions; on suspendit ces expériences pour vérifier si les mouvements convulsifs n'avaient pas lieu sans l'approche des mains; il ne se manifesta rien. Enfin on voulut savoir si elle était sensible aux souffrances des autres; pour cela on donna des chiquenaudes à quelqu'un qui la touchait par la main et qui se trouvait en rapport avec elle, et aussitôt il se manifesta des contractions dans cette main. Cette expérience fut renouvelée plusieurs fois avec les mêmes résultats.

« Les dernières expériences nous font voir la clairvoyance au plus haut degré, l'insensibilité aux chocs électriques, l'accélération de la respiration et de la circulation, et une faculté contractile mise en jeu lorsqu'on approchait des doigts une tige métallique ou un plateau en verre. Une tige en verre et un plateau métallique restent, au contraire, sans effet. La somnambule nous a ensuite paru sensible aux douleurs des personnes en rapport avec elle. A son réveil, elle a toujours paru ignorer les circonstances de son sommeil ; nous ne pouvons avoir, à cet égard, d'autre garantie que sa déclaration et celles des personnes qui la fréquentent tous les jours.

« La personne sur laquelle nous expérimentions a toujours été accompagnée de sa sœur et de quelques autres parents. Chaque séance a duré de huit heures du soir à une heure du matin ; nous avons poursuivi nos recherches et multiplié nos observations, en redoublant de soins, d'attention et de défiance. Les personnes distinguées qui ont assisté à nos expériences, y ont ensuite procédé elles-mêmes, afin de mieux observer ; nous avons tous été forcés de nous rendre à l'évidence.

« Parmi ces personnes nous citerons MM.

Bedfort, directeur des ateliers des fusées de guerre.
Collard, lieutenant d'artillerie.
Cuny, chef d'institution.
Culmann, chef d'escadron d'artillerie, professeur de chimie à l'école d'application, membre de l'Académie royale de Metz.
De Larue, garde-général des eaux et forêts.
Desfaudais, élève à l'école d'application.
Didion, capitaine d'artillerie, professeur à l'école d'application, vice-président de l'Académie royale de Metz.
Baron de Guillemin.
Jacob, major du génie.
Jacob, capitaine d'artillerie.
Lemonnier.
Livet, capitaine du génie.

MM.

L'Hermitte, ancien professeur de physique et chimie au collége
  royal de Metz.
Madaule, *idem*.
Maline, avocat.
Melchior, élève à l'école d'application.
De Nicéville.
De Résimont, général au service de Russie.
De Résimont, docteur en médecine.
Rodolphe, capitaine d'artillerie, membre de l'Académie royale de
  Metz.
Thirion, notaire.
Trancard, capitaine du génie.

« Lesquelles personnes ont signé avec nous la
minute du présent mémoire, déposée aux archives
de l'Académie royale de Metz. »

Des faits si extraordinaires et si positifs n'a-
vaient produit la conviction que chez ceux qui en
avaient été les témoins. Le récit de ces phénomènes trouvait des incrédules d'autant plus opiniâ-
tres, qu'ayant voulu reproduire ces mêmes faits
devant eux, les magnétiseurs n'y étaient point
parvenus. Aussi les hommes qui doutaient s'em-
pressèrent-ils, aussitôt mon arrivée, de me som-
mer de leur prouver l'existence de la vue sans le
secours des yeux, sans savoir si moi-même j'adop-
tais ce phénomène, sans même être instruits de ce
que je voulais établir; la publicité allait porter à
la connaissance de tous mon refus ou mon accep-

tation du défi que l'on me proposait. Je ne répondis point à cette provocation qui me parut singulière, car ne voyageant pas avec une cargaison de somnambules, le temps devait m'être laissé pour tenter d'en trouver une dans le pays, puisque des médecins voulaient à toute force, non pas savoir si le magnétisme guérit, ce qui est cependant assez intéressant pour eux, mais s'assurer seulement d'un fait qui, mille fois justifié et constaté, ne peut avancer d'un pas l'art de guérir. Je ne m'occupais donc point de cette opposition qui faisait obstacle à mes premiers pas ; je prononçai le discours sur le magnétisme que j'avais annoncé, et trois cents personnes, réunies dans la grande salle de l'hôtel-de-ville de Metz, purent connaître mes idées sur le magnétisme et le but que je me proposais d'atteindre. J'ouvris immédiatement une liste de souscription pour les personnes qui voudraient se faire instruire du magnétisme, et je vis accourir chez moi les gens estimables dont les noms suivent :

MM.

Woirhaye, avocat.

De Gressot, capitaine d'artillerie.

Brunel, *id.*

De Baye, officier d'artillerie.

De Mont-Ronds, officier d'artillerie.

De Riocour, sous-lieutenant de l'école d'application.

De Résimont, D. M.

Noiret, lieutenant d'infanterie.

Pineau, officier d'artillerie.

Desain, professeur de physique.

MM.

Bouchotte, ancien colonel d'artillerie, ancien député.
De Courcells, propriétaire.
Emmanuel Duhart.
Malherbe, ex-officier de marine.
Scoutteten, chirurgien-major de l'hôpital militaire.
Devercly, capitaine d'artillerie.
Weylandt, médecin.
Fresnau, chirurgien militaire.
Aubert.
Baron de Guillemin, propriétaire.
Emile Bouchotte, ancien maire de Metz.
Bertaux, rentier.
Lanty, vérificateur des domaines.
Grellois, aide-major.
Degros, capitaine du génie.
Souillard.
Lafitte, ex-ministre protestant.
Goffre, aide-major.
Ragon, élève de l'école d'application.
Legros, *id.*
Portier.
Terquem, pharmacien.
Farre.
Jacquin.
Goulier, élève de l'école d'application.
Colle, capitaine d'artillerie, membre de l'Acad de Metz.
Bompart, ancien maire et ex-député de Metz.
Lucet.
Boquien.
Hoffe.
Lissenenson.
Deville.
De Brevan.
Renaud.
Edouard Michel.
Usquin.
Renard.
Richard Nicolas, notaire.
Milleroux.
Maillot, professeur à l'école militaire.
De Prailly, capitaine au corps royal d'état-major.
Champignelle Voirhaye.
Jacquin fils, capitaine d'état major.
Gossins, avocat.
Meline, inspect de l'académie.
Malin, capitaine commandant.
Zorn, négociant.
De Fénélon, élève de l'école d'application.
De Pont-Briant, ingénieur de la ville.
Rodolphe, capitaine d'artillerie.
Roblaye, capitaine aide-de-camp.

MM.

Bertaux, capitaine d'artillerie.	Delagatinais, capitaine.
Malherbe (Charles), capitaine d'artillerie.	Malherbe, lieutenant d'artillerie.

Mon cours ouvert, j'exposai d'abord les principes du magnétisme, et faisant connaître les travaux des hommes de mérite qui m'avaient devancé dans la carrière, j'annonçai que je produirais sous les yeux de mes élèves une partie des phénomènes que j'avais analytiquement exposés.

Ici je dois laisser parler un de mes auditeurs, M. Grellois, qui, par amour pour la vérité, se soumit lui-même à mes expériences, et voulut bien rendre compte, dans *l'Indépendant de la Moselle*, de ce qu'il avait éprouvé et vu se manifester sur d'autres personnes. C'est son récit que l'on va lire, et mes réflexions ou mes additions viendront à la suite de son dernier article.

MAGNÉTISME ANIMAL.

1er ARTICLE.

Metz, 1er novembre.

« Aujourd'hui que l'un des plus éloquents apôtres de Mesmer répand sur Metz les germes de sa science, il règne un quasi-vertige magnétique ; toutes les bouches prononcent le mot somnambule ; à toutes les oreilles retentit le mot magnétisme. Encore quelques jours d'extase et nous pourrons sans doute diviser notre ville en deux camps, d'une part les magnétiseurs, les somnambules de l'autre.

Nous avons donc cru faire une œuvre pie en livrant au domaine public les résultats pratiques des leçons du professeur. Quels seront ces résultats? Seront-ils escortés des faits propres à accaparer toutes les convictions? Je l'ignore et le désire. Nous verrons et nous jugerons.

Mais pour lire avec fruit un compte-rendu d'expériences magnétiques, nous avons pensé qu'il était nécessaire de posséder quelques notions générales sur le magnétisme.

Appel donc à tous ceux qu'un tel sujet intéresse! Qu'ils me suivent, et je les conduirai aux portes de ce sanctuaire dans lequel je n'ai moi-même point encore pénétré.

J'entre en matière ; m'y voici.

Définir le magnétisme n'est pas chose facile ; les éléments d'une bonne définition nous manquent. Disons seulement que ce mot exprime « une influence réciproque qui s'opère parfois entre deux individus, en vertu de certains rapports, par le concours de la volonté et de la sensibilité physique. »

Voilà une définition qui pourrait elle-même avoir besoin d'être définie, mais je la lègue comme je la conçois et pour ce qu'elle vaut, en n'y attachant qu'une fort minime importance.

Mesmer, médecin allemand, qui était à Paris en 1778, est le premier des modernes qui ait reconnu les phénomènes magnétiques, d'où vient le nom de *mesmérisme* sous lequel on les a quelque temps désignés; on s'accordait donc à le regarder comme *l'inventeur* du magnétisme animal. Mais les esprits investigateurs se trouvaient mal à l'aise dans une sphère qui ne leur donnait guère à circuler qu'à travers un demi-siècle, et comme toute leur bonne volonté n'a pu les faire remonter jusqu'au déluge, ils ont été contraints de s'arrêter au fils de Jacob, et expliquent en conséquence, par le magnétisme, plusieurs des miracles de Joseph. — Bien avisé qui oserait porter un démenti!

Demandez d'autres exemples à M. le docteur Foissac; il vous apprendra que Moïse était un grand magnétiseur, puisqu'il fit gagner par l'imposition de ses mains la bataille à Josué contre les Amalécites; c'est si vrai que lorsque ses mains lasses fléchissaient, la chance du combat tournait, et la victoire ne fut remportée que parceque Aron et Hur soutinrent ses mains de chaque côté, jusqu'à ce que l'action fût décidée. — Vite pour la première guerre un bataillon de magnétiseurs!

Il vous dira encore que Jésus-Christ était le premier magnétiseur de son temps, puisqu'il chassait les démons et guérissait les malades par l'imposition des mains. Les apôtres, instruits par leur divin maître, acquirent, dit-on, dans la même science, un talent fort remarquable.

Leurs devanciers, les prophètes, n'étaient auprès d'eux que des magnétiseurs d'un ordre subalterne.

Mais c'est l'antiquité profane qui nous offre surtout une mine féconde à exploiter. Qu'était donc le démon de Socrate? ce sage qui resta un jour en extase, selon Xénophon et Platon, n'était-il point dans une crise somnambulique? Socrate, d'ailleurs, se reconnaissait un génie de pressentiment.

Toute l'histoire de la divination n'est-elle point empreinte du cachet magnétique? les sibylles, les pythies, les hiérophantes, les devins, les augures, les secrets des antres de Trophonius, d'Esculape, d'Amphilocus, etc.

Citons encore les trembleurs des Cévennes et les convulsionnaires de Saint-Médard.

Que l'on parcoure les livres de Paracelse, Van Helmont, Robert Fludd et d'autres encore, et l'on pourra se convaincre que Mesmer ne possède aucun droit au titre d'inventeur de la théorie magnétique.

Toutefois, Mesmer étudia, comprit et rassembla les travaux de ses devanciers; il fit en même temps une étude approfondie du système nerveux et des modifications nombreuses que peut recevoir son action.

A l'aide de ces divers éléments, il imagina que l'univers se trouve enveloppé par un fluide d'une excessive subtilité, qui imprégne tous les corps; il circule à travers le système nerveux, pénètre chaque molécule, et détermine dans tout ce système des effets variés qui se manifestent sous l'influence de certaines conditions. Le fluide est accumulé dans le baquet magnétique, dans les instruments de musique, forte-piano, harmonica, dans les organes du magnétiseur; il se transmet par la communication établie entre les individus qu'on magnétise.

Voici l'appareil de Mesmer, décrit par M. Calmeil : les sujets à magnétiser sont réunis dans une salle où règne un religieux silence, autour d'un baquet en bois dont le couvercle donne passage à des tiges de fer recourbées que l'on a soin de mettre en contact avec un certain nombre de malades. Tous communiquent entre eux à l'aide des mains et d'une corde qui fait la chaîne après avoir entouré leurs corps; des chants, les sons du piano, de l'harmonica retentissent dans l'appartement; le maître, armé d'une verge de fer, en dirige la pointe de côté et d'autre; souvent il impose ses mains sur les hypocondres, le bas-ventre, ou bien il promène ses doigts auprès du cou, de la nuque, en fixant le malade de son regard.

Un certain nombre des personnes assises autour du baquet mesmérien n'éprouvent rien de particulier; d'autres se livrent à des pandiculations, bâillent, accusent du malaise, des douleurs vagues, un sentiment de chaleur; d'autres tombent dans une sorte d'assoupissement, dans des convulsions hystériques extraordinaires par leur durée, la violence des accès. Ces convulsions n'atteignent presque jamais les hommes; une fois qu'elles éclatent sur une femme, la plupart des autres en sont affectées dans un court délai. Il règne autour du baquet du calme, de l'ennui, de l'abattement, de l'agitation, des élans sympathiques inexprimables; les malades, comme s'ils étaient maîtrisés par la puissance et la volonté du magnétiseur, obéissent à sa voix, à ses gestes, à son regard, au moindre de ses signes : une heure, deux heures suffisent pour obtenir tous ces effets.

Le magnétisme, dès son apparition, subit le sort des plus belles découvertes; il fut une véritable pierre d'achoppement contre laquelle vinrent s'agiter les petites passions des grands de la science.

De stupides croyants d'une part, sur la parole du maître, se sont jetés à corps perdu dans la foi magnétique; ils bravaient les traits redoutables du sarcasme qui les combattait; plusieurs auraient bravé le martyre, tant leur foi était robuste. D'autre part, des pyrrhoniens renforcés, armés seulement d'un scepticisme systématique, ont nié, obstinément nié, mais sans chercher à voir ni à se convaincre; ce que leur raison ne concevait point, leur esprit ne pouvait l'admettre.

Telles sont les deux classes de gens qui faillirent renverser l'édifice magnétique avant que ses fondements même fussent jetés. Tout croire ou tout nier dans les sciences, sont deux extrêmes également préjudiciables à leur progrès.

Mais ce n'est pas tout : voilà que Mesmer avait jeté le gant à une illustre corporation ; il employait l'agent qu'il avait découvert contre une foule de maladies, et réclama la sanction de l'Académie des sciences; une commission est nommée, et son rapport lance contre ce pauvre magnétisme un foudroyant anathème. Un seul de ses membres, M. de Jussieu, a déclaré, dans un écrit particulier, que ce moyen pouvait être utile, et que les effets produits par le magnétisme pouvaient être réels.

C'était donc fait du berceau de notre science, si quelques voix isolées ne s'étaient de temps à autre élevées en sa faveur. Les fervents adeptes, ceux surtout qui avaient vu, de leurs propres yeux vu, continuèrent leurs expérimentations dans le silence, et n'occupèrent plus l'attention du monde savant qu'en 1821, époque à laquelle une nouvelle commission sortit du sein de l'Académie de médecine pour soumettre à un rigoureux examen les travaux de plusieurs magnétiseurs, entre autres M. Du Potet, qui expérimentait à l'Hôtel-Dieu et à Bicêtre, sous les yeux de MM. Récamier et Husson.

Ici la question n'était plus posée dans les mêmes termes qu'en 1784; il ne s'agissait plus de baquets, de baguettes, de cris, de musique, de nombreuses réunions de magnétiseurs et de magnétisés, de chaînes, de convulsions, etc. Un phénomène nouveau, le somnambulisme, observé depuis cette époque, devait attirer l'attention de la commission.

Mais le rapport écrit cinquante-trois ans avant dicta les déclarations de celui-ci. Les commissaires ne furent point de mauvaise foi, mais ils arrivèrent avec des idées préconçues, examinèrent mal ou n'examinèrent point, et le magnétisme, étayé de ses somnambules, reçut un nouvel échec.

Depuis lors l'Académie de médecine s'est souvent occupée de cette question; plusieurs commissions, désignées par elle, et composées d'hommes savants et consciencieux, ont cherché à pénétrer les secrets du phénomène, mais dans aucun rapport elles n'ont été favorables au magnétisme. Ecart d'imagination, c'est ainsi que l'ont poliment considéré ceux qui n'ont point osé flétrir ouvertement ses adeptes du titre de jongleurs ou charlatans.

D'un autre côté, les expériences ont continué en se multipliant, et la France s'est couverte en quelque sorte d'un réseau magnétique; partout, hormis les sociétés savantes, les prodiges magnétiques ont frappé tous les yeux.

Quelques voix ont même crié au miracle!

Voilà l'état de la question; voilà le point de vue auquel nous devons nous placer pour juger les expériences pratiques. Nous sommes donc, lecteurs, vous et moi, jetés comme juges au milieu de cet antagonisme scientifique, de cette lutte acharnée qui ne finira qu'à la mort d'un des partis adverses. Nous n'avons aucune opinion préconçue, nous voterons donc avec une entière liberté de conscience; et bientôt, grâce à M. Du Potet, nous pourrons ceindre d'une couronne triomphale le front des magnétiseurs!

Je l'espère, je le crois.

IIe ARTICLE.

Metz, 4 novembre.

Au point où nous prenons la science et où nous voulons l'étudier, une étrange question s'élève d'abord. — Le magnétisme existe-t-il?

Nous répondrons en émettant seulement notre opinion personnelle.

Si l'on veut considérer le magnétisme comme l'expression d'un état insolite du système nerveux, pouvant se manifester par certains phénomènes dont les analogues se rencontrent dans quelques états maladifs, tels que l'hystérie, la catalepsie, on ne peut se refuser à l'admettre. Si l'on veut qu'il ait pour effets l'exagération des sensations intérieures, des facultés perspectives et réflectives, une action spéciale sur les organes des sens, nous sommes encore forcés de reconnaître qu'il existe comme un fait dans l'ordre naturel.

Mais si l'on veut transformer les magnétiseurs en nouveaux thaumaturges, en prophètes, en devins, si l'on croit transposer les organes d'un somnambule, faire *voir* par la nuque ou le ventre, goûter avec les doigts, etc., nous avouons notre extrême incrédulité; mais nous l'avouons d'autant plus volontiers que les écrits de plusieurs magnétiseurs habiles et consciencieux ne mentionnent point ces étonnants prodiges. — En se renfermant dans les limites de la raison, le magnétisme trouve encore assez de puissance pour frapper d'étonnement et faire croire à l'existence d'un agent dont l'essence n'est point encore connue.

Toutefois, qu'on nous montre des faits, et nous nous rendrons à l'évidence. Les adversaires du magnétisme ont attribué ses phénomènes à diverses causes qui ne tendraient à rien moins qu'à le renverser.

Ainsi, les uns ont accusé l'*imitation.* — Cette hypothèse pourrait avoir quelque valeur si l'on ne tombait en somnambulisme qu'après avoir été déjà témoin d'expériences magnétiques, et si les somnambules ne reproduisaient alors que les actes qu'ils auraient observés. Mais il est loin d'en être ainsi : on magnétise des sujets qui n'avaient jamais soupçonné l'existence de cette science ; et lorsqu'on opère sur des individus qui ont pu être témoins avant d'être acteurs, les actions sont parfois complètement différentes, car il existe entre les somnambules la même diversité d'effets qu'entre le caractère et la physionomie des hommes. On magnétise avec succès des nègres esclaves, des paysans qui ne savent ni lire ni écrire, des enfants en bas âge ; où puiseraient-ils les germes de l'imitation ?

Ceux qui ont attribué le magnétisme à l'*imagination* n'ont pas été plus heureux. — Les magnétiseurs exercent leur action sur des sujets dont ils sont séparés par une porte, une muraille, et lorsque ceux-ci ne soupçonnent même point leur présence : quel rôle pourrait ici jouer l'imagination ? Et comment cette cause expliquerait-elle encore le magnétisme chez les idiots, les aliénés, les enfants? L'imagination est sans contredit plus riche, plus brillante chez les méridionaux que chez les Russes et les Suédois, et cependant à Rome ou à Saint-Domingue les effets magnétiques ne sont pas plus éclatants qu'à Saint-Pétersbourg ou à Stockholm.

Au contraire, on a reconnu que les personnes à imagination vive sont moins aptes que d'autres à l'extase magnétique.

D'autres ont expliqué les phénomènes par l'action de la *chaleur animale* du magnétiseur sur le magnétisé. Mais cette explication tombe d'elle-même lorsque les *passes* se font sans contact immédiat, et c'est le plus ordinaire.

Adopterons-nous l'idée de *sympathie* entre les deux êtres qui se mettent en rapport? — Mais ce sentiment ne peut exister entre deux individus inconnus l'un à l'autre; cette action spontanée, qui nous porte vers une personne de préférence à une autre, est un fait rare, et l'on ne peut admettre qu'un lien sympathique unisse à première vue le magnétiseur avec la quantité d'individus qui se soumettent à son action. D'ailleurs, que dirons-nous lorsque le magnétisme s'applique à des objets inanimés?

En réalité, nous croyons cependant qu'une impression de dégoût, d'horreur, une répulsion quelconque entre deux individus, serait un obstacle peut-être invincible à la manifestation des phénomènes.

Enfin, que n'a-t-on pas dit de la *fourberie*, du *compérage?* Si quelques fripons ont parfois usurpé le titre de magnétiseurs, on ne peut révoquer en doute un nombre immense d'expériences offrant toute l'authenticité désirable.

Les magnétiseurs se voient donc forcés d'admettre l'existence d'un fluide particulier, qui établit une communication entre l'opérateur et l'opéré; fluide auquel on imposera si l'on veut la dénomination de magnétique, de fluide nerveux, de principe vital, qui sera peut-être l'âme de Stahl, l'archée de Van-Helmont, etc. — Peu importe, les mots n'étant que l'expression matérielle des idées, représenteront toujours, d'une manière confuse, une idée qui n'est point nettement gravée dans l'esprit.

Sans rechercher, nous, la nature de cette cause, nous la croyons cependant identique à celle de ces grandes aberrations nerveuses qui produisent des effets si remarquables et se répandent quelquefois sur toute une population d'une manière en quelque sorte épidémique. (Crainte des démons, trembleurs, convulsionnaires, etc.)

Les conditions nécessaires à l'obtention des phénomènes magnétiques sont bien simples; il n'est pas nécessaire, comme on l'a tant répété, que le sujet magnétisé soit croyant, qu'un lien sympathique l'unisse à son magnétiseur, qu'il concentre tout son esprit sur l'opération qu'il va subir; chaque jour des incrédules sont magnétisés, des gens se mettent en rapport sans préalablement se connaître, et ceux qui raidissent leur volonté contre le magnétiseur ne sont pas plus lents à en ressentir les effets.

Cependant, tous ne sont pas propres à communiquer ou à recevoir le fluide; chez les sujets faibles, nerveux, sensibles, irritables, atteints d'affections chroniques, chez les enfants, les vieillards, les hypochondriaques, les mélancoliques, les filles hystériques, il pénètre ordinairement avec facilité; les individus pléthoriques, matelassés de graisse, sont au contraire rebelles à son influence. Il est faux de dire que les femmes deviennent meilleures somnambules que les hommes. — Un individu doué d'énergie morale, d'une grande force de volonté, fera, toutes choses égales d'ailleurs, un magnétiseur plus puissant que celui qui se trouve dans des conditions opposées. Les hommes sont, par cette raison, plus propres que les femmes à exercer le magnétisme. Cependant une femme peut agir sur une autre d'un âge ou d'une condition inférieure aux siens; une mère sur sa fille, par exemple. Cela me conduit à remarquer qu'un magnétiseur doit éviter d'opérer sur des personnes à l'égard desquelles il puisse éprouver de la honte ou de la contrainte.

Quoique le magnétisme puisse s'opérer au milieu d'une nombreuse réunion, il est cependant plus avantageux d'agir dans la solitude, ou du moins entouré d'un cercle peu nombreux, qui permette au magnétiseur de concentrer toute son attention sur son sujet.

Pour opérer le magnétisme, il faut « une volonté active vers le bien, une croyance ferme en sa puissance, une confiance entière en l'employant. »

Les temps orageux sont contraires à la magnétisation ; l'humidité atmosphérique l'empêche presque complètement. Ce fait n'établit-il pas une analogie frappante entre les fluides magnétique et électrique ?

Lorsque le magnétiseur a émis une grande quantité de fluide, il lui devient souvent impossible de continuer ses expériences ; sa machine est déchargée. Il éprouve une véritable fatigue, qui ne se dissipe que lorsqu'une suffisante quantité de fluide s'est reconstituée dans son individu. C'est l'état de la torpille et des autres poissons électriques.

Le sujet magnétisé se trouve environné d'une atmosphère magnétique, qu'il peut communiquer aux individus qui l'entourent ; aussi voit-on souvent des personnes irritables tomber en somnambulisme sans qu'aucune action directe ait été exercée sur elles. Ce phénomène nous semble une ampliation de l'atmosphère de sensibilité dont quelques physiologistes, entre autres Autenrieth, supposent que les nerfs sont enveloppés; il offre une seconde et frappante analogie entre le magnétisme et l'état des poissons électriques.

Plusieurs modes de magnétisation sont usités : un malade peut être magnétisé dans son lit, dans un fauteuil, sur une chaise, ou même debout. Le magnétiseur se place ordinairement devant lui, quelquefois à ses côtés. Il porte sur lui un regard pénétrant et cherche à opérer une sorte de fascination; parfois l'opérateur joint ses genoux et ses pieds à ceux de l'opéré, lui presse les mains ou la tête, et cherche à établir entre eux un niveau de température. Alors il promène légèrement ses mains de la tête à l'extrémité des doigts, à l'épigastre, sur le ventre, des genoux à l'extrémité des orteils, et recommence chacune de ces manœuvres pendant un temps plus ou moins long. Quelques magnétiseurs se contentent d'un simple attouchement; d'autres s'abstiennent de tout contact, et promènent une ou les deux mains à une petite distance du front, des bras, de la poitrine, du ventre et des membres inférieurs; lorsqu'un commencement d'action se manifeste, ce qu'ils reconnaissent à certains mouvements spasmodiques des paupières, des orbites, de la face ou des membres, ils s'éloignent davantage, de sorte que bientôt ils sont séparés du sujet par toute l'étendue de l'appartement. — Cette méthode est celle de M. Du Potet. Au milieu de cette mimique, le magnétiseur ordonne mentalement, avec toute l'énergie de sa volonté, au magnétisé de s'endormir, si son but est d'obtenir le somnambulisme.

Le temps nécessaire pour arriver au résultat désiré varie entre quelques secondes et plusieurs heures; mais cinq ou dix minutes suffisent ordinairement pour provoquer le sommeil. En général, plus un sujet a subi de séances magnétiques, plus sa susceptibilité se prononce, plus les phénomènes deviennent remarquables. On dirait que les sens internes ont besoin de recevoir l'éducation nécessaire à la perception des sensations nouvelles qui se développent en eux.

Mais chez tous les sujets on ne cherche point et on ne pourrait obtenir le somnambulisme; il ne résulte souvent de l'action magnétique qu'un mouvement convulsif des muscles des extrémités, du dos et de la poitrine; un tremblement analogue à celui que détermine le froid, et une sensation comparable à celle que cause l'érection des papilles nerveuses de la peau, vulgairement appelée *chair de poule*. Tout cela s'accompagne d'anxiété des organes de la respiration; la voix devient chevrotante, saccadée, tandis que la sensibilité et les fonctions du cerveau ne ressentent pas le plus léger trouble. Vous vous entretenez avec une entière liberté d'esprit avec ceux qui vous entourent, souvent vous vous raidissez contre le tremblement qui vous agite, mais la volonté n'a plus d'empire. Lorsque les passes du magnétiseur ont lieu au niveau des mains et des pieds, on éprouve la sensation d'un fluide très subtil qui tomberait en abondance sur ces parties, pour de là s'écouler jusqu'au centre des os voisins.

Voilà les plus élémentaires des phénomènes magnétiques, mais les seuls qu'il soit quelquefois nécessaire d'obtenir. Nous y croyons, parceque nous les avons ressentis nous-même.

Mais hélas! tout ce que nous allons ajouter ne sera que sur la foi des autres.

Lorsque le sujet magnétisé doit tomber en état de somnambulisme, ses paupières s'agitent d'abord d'un léger mouvement convulsif; le globe oculaire, qu'on distingue à travers, montre la pupille immobile, et lui-même est souvent convulsé. Bientôt les mouvements des paupières deviennent plus prononcés; elles s'ouvrent et se ferment alternativement, puis enfin se ferment pour une dernière fois; ces phénomènes s'accompagnent d'un picotement assez vif vers ces parties. En même temps se déclarent des pandiculations, souvent un frisson fébrile.

Dans cet état, le somnambulisme est déclaré. C'est alors que se manifestent les phénomènes les plus curieux, les plus incompréhensibles du magnétisme. Les sens externes perdent la faculté de percevoir; les détonnations les plus fortes ne parviennent point aux nerfs auditifs; le toucher ne s'exerce plus, et la peau, organe du tact, tombe dans une telle insensibilité que les douleurs les plus aiguës restent inaperçues. MM. Récamier et Husson ont pincé des somnambules au point de produire des ecchymoses; ils ont appliqué des moxas sur divers points du corps, et brûlé des cylindres d'agaric dans les fosses nasales, sans déterminer aucune perception de douleur. M. Oudet a pu extraire une dent molaire à une dame extrêmement impressionnable, sans qu'elle s'en aperçût, et M. Cloquet a profité du sommeil magnétique pour faire une des opérations les plus douloureuses de la chirurgie, l'amputation du sein, et la seule sensation accusée par la malade fut un simple chatouillement pendant qu'on passait sur la plaie l'éponge destinée à absterger le sang qui s'en écoulait. Mais par compensation, si les organes externes sont abolis dans leur manifestation, les sens internes ont acquis un développement inoui. Le malade peut sonder les replis de son organisation, et à travers ses viscères il reconnait ses maux et en indique le remède. Sa mémoire s'est tout-à-coup développée au point de lui rappeler les événements de son extrême jeunesse, les actes les plus insigniﬁants de sa vie; mais son esprit ne plonge point seulement dans le passé, car les mystères de l'avenir lui paraissent non moins distincts; il prédit avec une certitude mathémathique les événements qui doivent l'afﬂiger ou le combler de joie. Il voit sans le secours des yeux, car il distingue des objets placés sur sa nuque ou sur son épigastre; enﬁn il entend sans le secours des oreilles, puisqu'il répond à son magnétiseur qui lui parle mentalement.

Pour le somnambule, le monde entier n'est rien; son univers, à lui, c'est l'homme avec lequel il est en rapport; ils ont une intelligence, une volonté sous deux formes corporelles. A l'aide du somnambule, il n'est point de secret dans l'âme, point de ﬁbre malade dans le corps que celui-ci ne puisse découvrir.

Toute cette mémoire, cette science, cette prévision, un ordre mental du magnétiseur peut les renverser. D'un geste, l'automate est rentré dans la classe des hommes, sa pensée est redevenue sienne.

Quels effets eût pu produire le magnétisme sur

le sublime idiot de Besançon, qui présidait, le 16 octobre 1793, à quatre heures du soir, qu'en ce moment une tête royale tombait sur l'échafaud !

M'étendrai-je plus longtemps sur les merveilles du somnambulisme? Mais j'en ai dit assez pour faire sentir combien un tel état est étranger aux lois connues de la nature. D'ailleurs, que chacun amplifie et paraphrase mon texte, il n'inventera rien qu'on n'ait écrit, et restera peut-être loin encore des exagérations de certains enthousiastes.

Le magnétisme se communique aux êtres inanimés. Qui ne connaît les prouesses de l'orme de Busancy, qu'un geste du marquis de Puységur magnétisait? Mais que les agents physiques ou chimiques n'aient aucune prise sur le magnétisme, voilà du merveilleux! Un fer rouge plongé dans l'eau ne perdit point sa vertu magnétique. Un cylindre de marbre fut plongé dans l'acide nitrique jusqu'à dissolution de la moitié de son volume, et mis entre les mains du somnambule il manifesta d'éclatants phénomènes.

Avec le magnétisme nous avons enfin trouvé la panacée universelle : plus d'infirmes, plus d'écloppés! mais laissant de côté toute exagération, c'est lui faire une riche part si nous pouvons lui appliquer ce mot d'Urbain Coste sur la médecine : « Son pouvoir s'étend entre l'irritation et la désorganisation. »

Mais c'est trop longtemps servir d'écho à des faits qui réclament la sanction de l'expérience, et qu'on ne doit croire que d'après sa propre autorité. — J'arrive aux faits pratiques.

IIIe ARTICLE.

Nous diviserons les expériences dont nous avons à rendre compte en deux séries : dans la première se rangeront celles qui ont pour objet de déterminer les phénomènes magnétiques, indépendamment de toute action curative, et qui constituent en quelque sorte la physiologie magnétique ; la seconde comprendra les procédés magnétiques dirigés contre certaines affections dans le but d'y porter remède. Ces expériences formeront le complément des premières et seront de véritables tentatives de thérapeutique magnétique.

Les expériences de la première série nous occuperont seules aujourd'hui.

1° François, garçon à l'hôtel du Nord, est magnétisé le 28 octobre ; il s'endort après cinq minutes de passes, mais son sommeil ne présente aucun phénomène particulier ; il glisse sur sa chaise, et lorsqu'on l'interroge il répond d'une voix lourde et languissante : « Mais laissez-moi donc dormir. » On l'éveille après un quart d'heure.

Le 29, soumis de nouveau au magnétisme, il

s'endort avec la même facilité et son sommeil n'est pas plus lucide; sa réponse aux interrogations est la même. On l'éveille après vingt-cinq minutes. — Quoiqu'il ait été magnétisé près du feu, il se plaint d'un grand froid, et ne parvient à se réchauffer que deux heures après. Les pupilles moyennement contractées sont immobiles; le pouls bat à 115 pulsations. Il accuse un assez grand malaise, et dit qu'il ne se laisserait plus magnétiser. — On pouvait espérer en faire un somnambule.

2º M. de R..., élève à l'école d'application, a été magnétisé hors de notre présence le 29; le 30, il l'est en séance publique. M. de R... est âgé d'environ vingt-deux ans, brun, d'un tempérament nerveux. — Il s'endort après dix minutes de passes. M. Du Potet lui demande à plusieurs reprises s'il dort, et n'en obtient aucune réponse. Mais un autre phénomène appelle notre attention : chaque fois que le magnétiseur dirige ses passes vers la main gauche, on la voit s'agiter d'un léger tremblement convulsif, en même temps qu'on observe des soubresauts dans les muscles des bras. Lorsque l'opérateur s'éloigne, mais toujours en faisant des passes au niveau des mains, le même bras, demi-fléchi et dans un état de rigidité complète, fait des efforts pour suivre le magnétiseur; ces effets meuvent la main dans une étendue de trois à quatre pouces. Après un quart d'heure de passes, le mouvement s'est communiqué à la jambe du même côté; après vingt minutes, le côté droit participe aux mêmes phénomènes. De temps à autre la paupière s'entr'ouvre, et l'on reconnaît que le globe oculaire est renversé en haut et en arrière. — M. de R... est éveillé après un sommeil de vingt-cinq minutes.

Sorti de la crise magnétique, il parla d'une voix saccadée, chevrotante; il a froid et éprouve la sensation d'une personne qui sort de l'eau. Pendant son sommeil, la voix qui lui parlait n'est point arrivée à son oreille, mais il a entendu un bruit assez fort, confus, et semblable à celui de pieds nombreux s'agitant sur un parquet. Il sentait distinctement un fluide circuler du haut en bas de son corps et le long de ses membres.

Les expériences sont continuées les jours suivants avec des résultats analogues; le somnambulisme n'a pu être obtenu.

Le 2 novembre, M. de R... est magnétisé debout, appuyé contre la cheminée. M. Du Potet se place en face de lui, à une distance de dix à douze pieds. Après cinq minutes de *passes*, les membres inférieurs s'agitent d'un tremblement convulsif; les bras suivent bientôt ce mouvement, et d'énergiques contractions de la face démontrent que toute la machine participe à ces étonnants effets.

Cependant l'intelligence ne souffre aucune atteinte ; le magnétisé comprend assez son état pour dire aux assistants qu'il éprouve une tendance énorme à marcher en avant. — Le magnétiseur nous dit en effet que le but de ses passes est de l'attirer à lui. — M. de R... emploie toute son énergie pour résister à cette action, à laquelle il aurait invinciblement cédé, s'il n'avait considérablement augmenté sa force de résistance en s'arc-boutant en quelque sorte contre la cheminée, de sorte que ses pieds se trouvaient sur un plan antérieur à celui du reste du corps. — Il resta près d'un quart d'heure en cet état.

Revenu à l'état normal, il nous dit qu'il avait un instant senti ses idées s'obscurcir, et s'était vu sur le point de s'endormir ; que pendant l'action il lui semblait qu'un courant de fluide parcourait tout son corps, et que sans l'appui que lui fournissait la cheminée, il n'aurait pu résister à l'action qu'exerçait sur lui le magnétiseur. — Il lui reste dans les bras une douleur contuse, et les jambes ressentent encore de la fatigue pendant quelques instants.

3° M. D..., capitaine du génie, a été magnétisé plusieurs fois. A la seconde expérience, il s'endormit faiblement, mais ne donna aucun signe de lucidité somnambulique. Le 1er novembre, ses yeux se convulsèrent, il sentit l'impression de toiles d'araignées répandues sur son visage; mais l'action du magnétiseur ayant diminué d'intensité, ces effets disparurent presque instantanément. Les troubles exercés sur les organes locomoteurs furent parfaitement analogues à ceux observés en présence de nombreux témoins.

Soumis moi-même plusieurs fois aux expériences, je vais chercher à traduire, de la manière la plus sensible et la plus vraie, les phénomènes intéressants qui se sont développés en moi.

Je suis debout, à une faible distance de la cheminée. Le magnétiseur est éloigné de moi de dix pieds environ. Après trois ou quatre minutes de passes pratiquées à cette distance, mes membres inférieurs deviennent le siége d'un fourmillement léger d'abord, mais qui bientôt devient assez vif, et se communique aux extrémités supérieures avec la rapidité de la pensée. En même temps, un sentiment de constriction se manifeste autour des genoux; il me semble que les rotules sont soumises à l'action lente et graduée d'un étau : c'est là le point de départ des phénomènes. Les muscles de la cuisse entrent dans une contraction spasmodique qui se dirige d'une manière appréciable de leur insertion inférieure au reste de leur étendue; des mouvements semblables, de haut en bas, se déterminent à la jambe; bientôt les muscles du pied participent à cet état de contraction, les orteils sont dans une flexion forcée, dont le premier effet est de diminuer la base de sustentation. Cet état du système musculaire entraîne comme conséquence un tremblement qui, d'abord faible, acquiert progressivement une intensité remarquable; je me sens parfois une extrême tendance à aller en avant; d'autres fois c'est une véritable répulsion qui me sollicite, mais toujours une grande difficulté à conserver la station droite. Mais bientôt les convulsions n'ont plus pour siége exclusif les membres inférieurs; cet état presque tétanique se communique aux muscles des épaules, des bras, des mains; mes bras se tordent, mes doigts se crispent involontairement. Il me semble que les muscles deltoïdes viennent à la rencontre l'un de l'autre, tant je sens diminuer l'ampleur de ma poitrine; c'est qu'en ce moment les muscles qui servent à la respiration ont participé à la crise générale; aussi l'air sort-il bruyamment de ma poitrine, au moyen de violentes expirations. La parole est pénible, entrecoupée, haletante, et le sentiment de constriction que j'éprouve à la gorge me rend suffisamment raison de cet effet. Enfin, la face n'est point étrangère à cette commotion générale; mes lèvres sont tiraillées en divers sens, et les contractions des muscles masséters se traduisent assez par le grincement de mes dents; je me blesserais infailliblement la langue, si je n'avais la précaution de la retirer. Pendant tout cela, des courants de fluide semblent sillonner mon être dans différentes directions et à intervalles irréguliers. — Ces effets augmentent ou diminuent à mesure que le magnétiseur augmente ou diminue son action. A la dernière expérience, la fatigue que j'éprouvais devint telle que M. Du Potet dut arrêter son influence après un quart d'heure de magnétisation.

Au milieu d'un si grand trouble, le cerveau conserve l'intégrité de ses fonctions, et me permet d'analyser les phénomènes dont je suis le sujet et le témoin.

La sensation développée dans ces circonstances est-elle agréable ou pénible? En vérité, je ne sais que répondre. C'est une sensation insolite, qui n'offre point de terme de comparaison : c'est un mélange confus de froid, de frissons de fièvre, de la fatigue, de l'eau versée sur la peau, de la pile galvanique, mais c'est tout cela, plus autre chose. — Cet *arcanum* constitue précisément l'essence du magnétisme.

Quoique ces expériences n'aient point encore présenté de faits satisfaisants de somnambulisme, elles offrent cependant un haut degré d'intérêt, puisqu'elles démontrent l'influence de la force de volonté d'un homme sur un autre homme. Elles sont intéressantes surtout, parcequ'aujourd'hui l'on ne considère dans le monde le magnétisme que comme l'acte générateur du somnambulisme, et porteront sans doute à faire des recherches sur cet ordre de phénomènes, qui pourra donner naissance aux plus beaux résultats pratiques.

IVe ARTICLE.

Metz, 15 novembre.

C'est un étrange et douloureux spectacle que celui d'un hospice d'incurables! Il faut avoir, une fois dans sa vie, franchi le seuil de ces refuges de la douleur, pour sentir quelles terribles émotions vous agitent à la vue de cette collection d'infortunes humaines qui n'ont plus qu'un espoir... la mort. L'esprit se représenterait difficilement la variété de formes que revêtent ces avant-coureurs du tombeau. Ici, c'est un aveugle que guide un sourd-muet auquel il prête le secours de sa parole; là, un paralytique qui se consume en efforts pour arracher à un accès d'épilepsie son voisin, son ami. Plus loin se voient en groupes divers des gens dont les infirmités sont évidentes, d'autres qui cachent, sous les apparences de la santé, les plus horribles maladies. En général, on observe le rapprochement des individus complémentaires l'un de l'autre; à chaque pas vous rencontrez deux êtres qui ne forment qu'une organisation complète.

Eh bien! devra-t-on s'effrayer en songeant que dans notre ville un nombre considérable de ces infortunés végètent dispersés au milieu de la population? Chaque médecin en connaît quelques-uns, car il n'est point de ceux-ci qui n'ait épuisé toutes les ressources de l'art; mais tous restent inconnus à la masse.

Pour que toutes ces douleurs vinssent s'étaler au grand jour, se rallier vers un centre commun et dérouler ensemble le long chapitre de leurs maux, il fallait ici l'influence d'une faculté qui promît à tous secours et guérison, qui pût jeter un remède salutaire là où la médecine ne trouvait à porter que de stériles consolations; cette faculté a été développée, et le magnétisme a montré sa puissance!

Chaque jour, à deux heures, l'hôtel du Nord est un petit Bicêtre : vingt malheureux y montrent à nu leurs afflictions; tous arrivent sous l'influence du désespoir, et nul n'est sorti sans emporter un mieux-être sensible, avec une espérance de progrès.

Ne pouvant rendre compte de tous les malades traités et soulagés depuis quinze jours par les procédés magnétiques, devant nombre de personnes qui ont pu voir et juger la vérité de cette assertion, je citerai au hasard quelques faits types, desquels on pourra rapprocher tous les autres.

1º Pierre ..., âgé de cinquante ans, fut frappé d'apoplexie il y a quatre ans ; il reste une paralysie incomplète des membres droits ; la jambe s'avance avec difficulté, et le malade est obligé de suspendre son bras dans une écharpe ; les membres gauches sont beaucoup moins affaiblis. Voici l'état de la parole : après une suite d'efforts dans lesquels jouent la langue, les lèvres et l'arrière-bouche, il exprime d'une manière tantôt obscure, tantôt bruyante, les mots *Pierre* et *oui*, qu'il répète plusieurs fois d'une manière en quelque sorte convulsive, et qu'il accompagne de l'émission saccadée de sons inarticulés qui ressemblent fort aux aboiements d'un chien. Sa gaîté ne se dément point, mais c'est aux dépens de l'intelligence, dont la diminution ne lui laisse sans doute point la conscience de son état.

Il a subi plusieurs magnétisations, et s'endort avec assez de facilité ; mais son somnambulisme se trahit seulement par l'expression de sa phrase habituelle. — Nous avions été prévenus par M. Du Potet que son affection offrait peu de ressources au magnétisme. — Après six séances, sa démarche est plus assurée, ses jambes ont repris quelque vigueur. Mais pour confirmer ce résultat, il faudrait un long traitement ; le temps manque.

2º Evrard, âgé de quarante ans, est atteint d'une affection rare et curieuse ; à la suite d'une apoplexie, il a conservé l'intégrité de son intelligence, mais il a complètement perdu la faculté d'articuler les *noms*. Il commence très bien une phrase, mais dès qu'il se présente un substantif, il cherche, mais ne trouve point. Il ne se rappelle même plus ni son nom, ni celui de la ville de Metz, qu'il habite. — Sa démarche est chancelante, il avance avec effort la jambe droite. — Il a été magnétisé avec Pierre; les résultats curatifs ont été analogues; la station et la marche sont devenues plus assurées et plus faciles.

3º Legris, de Nauroy, est âgé de vingt ans; il présente un beau type de scrophuleux, et porte, à l'époque où il se confie au magnétisme, cinq tumeurs glanduleuses sur la surface de son corps. — Il s'endort avec facilité, mais ne tombe point en somnambulisme; à chaque opération il accuse un picotement fort sensible dans ses glandes, et cette sensation se continue, mais plus légère, dans l'intervalle des séances. Après la quatrième, la glande qu'il porte au cou a diminué de volume d'une manière appréciable; à la septième, il annonce que celle de la poitrine a totalement disparu, ce que nous trouvons vrai. Il sent en lui une amélioration marquée, se trouve plus fort et plus alerte. — Il continue son traitement.

4º Jeanne Bellot, âgée de dix-huit ans, (rue du Petit-Paris, 15) est atteinte d'une surdité incom-

plète, et n'entend que lorsqu'on parle fort au voisinage de son oreille; elle éprouve en outre une
excessive difficulté dans l'articulation des mots,
et pourrait être considérée comme muette, tant
les sons qu'elle émet sortent de sa bouche faibles
et confus. Ce triste état est la suite de convulsions
qui suivirent sa naissance. — Sous l'influence du
magnétisme, elle tombe facilement dans une somnolence qui souvent ne fait que précéder le sommeil, mais sans aucune trace de somnambulisme.
A la seconde séance, sa mère nous dit que toute la
nuit elle a gémi en se plaignant de grandes douleurs d'oreilles, ce qu'elle n'avait jamais éprouvé.
La jeune fille, elle-même, nous fait un signe qui
confirme ce qu'avance sa mère. Les douleurs continuent après toutes les séances suivantes. Le lendemain de la quatrième, sa mère nous dit émer-
veillée que pendant la nuit sa fille s'était levée sur
son séant en disant avec force : « Je n'irai plus,
c'est un menteur; il avait dit qu'il me guérirait
et il ne me guérit pas. » — Les jours suivants,
sa mère nous apprend que chez elle, et avec leurs
amis, elle cause avec une facilité qui lui était inconnue jusqu'alors, et que l'émotion seule l'empêche de nous montrer tout son savoir-faire.
Quelques personnes qui connaissent cette famille
joignent leur témoignage à celui de la dame Bellot. La jeune personne, de son côté, paraît gaie

et pleine de confiance, malgré les douleurs et le *bouillonnement* qui ne cessent dans ses oreilles. Nous sommes d'ailleurs assez heureux pour obtenir quelques mots de réponse à des questions que nous lui posons. L'ouïe paraît aussi moins dure. — Son traitement continue sous des auspices favorables.

5° N..., âgé de quarante-trois ans, atteint d'asthme violent. Chaque opération détermine des accès; chaque séance dure environ un quart d'heure. Peu de minutes après que les passes sont commencées, on entend dans la poitrine un râle qui, d'abord faible, devient bientôt assez fort pour être entendu de toutes les parties de l'appartement; à la fin, c'est un véritable gargouillement, et de violentes quintes de toux sont obligées de débarrasser les bronches de l'obstacle qui s'oppose à la respiration. Après cet accès, il rentre dans le calme. Interrogé chaque jour sur son état, il répond qu'il se trouve mieux. — La nature de ses occupations ne lui a permis d'assister qu'à cinq séances.

6° Catherine Lhuillier, âgée de soixante ans environ, ex-garde malade, atteinte depuis plusieurs années d'une paralysie des membres gauches. — Elle ne peut marcher qu'en s'appuyant sur des béquilles, voilà ce qu'elle assure; cependant un médecin des plus recommandables, qui la connaît de longue date, affirme qu'il l'a vue marcher dans un appartement sans secours étranger. Nous constatons que les mouvements du bras affecté sont extrêmement bornés, et qu'il n'est susceptible que d'un écartement de six pouces du corps; elle ne peut le porter dans la poche de son tablier sans s'aider de l'autre main; enfin, les doigts sont dans une flexion forcée, qui forme avec l'axe de la main ouverte un angle de quelques degrés moins ouvert que l'angle droit. — Après la troisième séance, sa démarche est plus facile, et elle se passe plus facilement de ses béquilles; nous constatons tous qu'elle lève son bras au niveau de l'aisselle, et que ses doigts se déploient presque entièrement sur la main. Cette femme offre sans doute peu de ressources pour la guérison, mais le demi-succès obtenu est déjà bien digne d'attention. — Elle a subi une douzaine de séances et continue son traitement.

7° Mme Nicolas, âgée de cinquante ans, loge rue des Thermes. — Frappée d'apoplexie il y a neuf ans. — Il existe une contracture considérable des doigts de la main gauche, avec renversement de cette main en arrière, sur l'avant-bras. — A la deuxième expérience, des mouvements obscurs se passent dans les doigts malades; à la suite de l'action magnétique, elle peut, avec l'autre main, les ouvrir plus qu'elle ne le faisait auparavant. — Cependant, comme il existe des ankiloses, elle est considérée comme incurable.

8º Marianne Vaudemont, âgée de dix-huit ans. — Depuis son enfance, son bras droit est bien moins fort et moins volumineux que le gauche; les mouvements en sont obscurs et difficiles. — Soumise au magnétisme, elle s'endort avec facilité, mais sans apparence de somnambulisme; elle dit ressentir pendant l'action *quelque chose* qui parcourt son bras. Après quatre et cinq séances, elle y sent plus de force, et exécute des mouvements plus étendus.

9º M. Hesse, fondeur, éprouve depuis longtemps à la jambe droite des douleurs tellement aiguës pendant la nuit, qu'il lui est impossible de rester au lit; elles ne lui permettent pas de goûter un instant de repos. Quoique le magnétisme ne détermine chez lui aucun phénomène apparent, il a suffi de quatre ou cinq séances pour déraciner presque entièrement ces horribles douleurs. Il n'en éprouve plus aujourd'hui que quelques vestiges qui n'interrompent en rien son repos.

10º Icard, menuisier, âgé de quarante ans, est en proie depuis trois mois à des douleurs à la plante des pieds; elles sont une suite de l'humidité dans laquelle il a travaillé, et de nature rhumatismale. Leur violence est telle que depuis leur invasion il n'a pu se lever, et ne peut se faire transporter aux séances magnétiques qu'au moyen d'une petite voiture dans laquelle on le traîne. — Les effets immédiats du magnétisme sont faibles, mais il sent un fourmillement dans les membres malades. — Il n'a été magnétisé que trois fois et éprouve déjà un notable soulagement ; il peut se lever et marcher ; ses douleurs sont nulles, comparées à celles qu'il ressentait.

11° Enfin, quelques jeunes filles hystériques et un épileptique semblent délivrés de leur accès, mais je crois prudent de ne point me prononcer encore sur de telles guérisons.

Mon rôle d'historien me défend de faire de longues réflexions sur les observations que je viens de passer en revue. — Tous ces soulagements seront-ils durables ? Le temps seul peut prononcer. — Peut-on, chez tous ceux où un mieux-être s'est manifesté, espérer une guérison radicale ? Je renvoie encore au témoignage du temps. — J'observerai seulement qu'un traitement capable de procurer quelques jours de soulagement à des malheureux chez lesquels tous les remèdes de la médecine seraient impuissants, est déjà un immense bienfait. — Le magnétisme nous a déjà beaucoup donné dès son berceau ; nous serons en droit de lui demander plus encore lorsqu'il aura acquis l'âge adulte.

Sera-t-on tenté d'attribuer tous ces effets à l'imagination des malades? Je l'admets pour un instant : remercions alors la *folle du logis,* comme l'appelle poétiquement sainte Thérèse, du bien qu'elle seule au monde a su procurer; félicitons-la d'être le plus habile des médecins.

Mais nous sommes pourtant obligés de lui refuser nos hommages, car nous avons vu traiter des enfants qui ne s'imaginaient rien, et certains idiots qui ne s'imaginaient pas davantage. D'ailleurs, je crois qu'il serait difficile à un homme couché sur les ronces et les orties de se figurer qu'il repose sur un lit de roses. Reconnaissons donc qu'il existe *autre chose* que l'imagination.

Cette dernière phrase me remet en mémoire une anecdote dont je puis garantir l'authenticité, quoique j'avoue n'en avoir point été témoin. La voici :

M. de Ségur était un des partisans du magnétisme, et la reine (Marie-Antoinette) se plut un jour à lui raconter tous les traits, tous les calembourgs qui pleuvaient sur les sectateurs de Mesmer. Vainement il voulut discuter; elle ne s'y prêta point et lui dit seulement : « Comment voulez-vous qu'on écoute vos folies, lorsque sept commissaires de l'Académie des sciences ont déclaré que le magnétisme n'est que le produit d'une imagination exaltée? — Madame, lui répondit M. de Ségur un peu piqué, je respecte ce docte arrêt;

mais comme des vétérinaires ont magnétisé des chevaux et ont produit sur eux des effets qu'ils attestent, je voudrais, pour m'éclairer, savoir si ce sont les chevaux qui ont trop d'imagination, ou si ce sont les savants qui en ont manqué. »

———

Mes expériences ont tellement exalté les têtes que partout on magnétise ; médecins, avocats, magistrats, bourgeois, officiers et soldats, c'est à qui, d'entre mes élèves, provoquera des phénomènes d'attraction et de répulsion ; mais le plus habile de tous ceux qui sont venus chez moi est sans doute M. Weylandt, médecin, qui, enthousiasmé par la vue des nouveaux phénomènes, a voulu les reproduire publiquement devant cinq cents personnes. Nous donnons ici le compte-rendu de cette séance par le même critique impartial, et nos lecteurs nous sauront gré sans doute de notre franchise, puisque nous faisons connaître même ce que nous n'approuvons pas entièrement : *Le magnétisme devant le public et offert en spectacle !*

SOIRÉE MAGNÉTIQUE.

Metz, 29 novembre 1839.

« *Une soirée magnétique !* Cette expression n'entraîne-t-elle pas à sa suite l'idée du plus choquant contre-sens ? Une récréation mondaine, un

étalage de luxe, un bal, un concert, voilà la représentation idéale du mot *soirée ;* mystères scientifiques, abîme de la pensée, thême à profondes
médiations, voilà ce qu'entraîne pour l'esprit l'ad-
jectif *magnétique.* Mariage illégitime de la dissipa-
tion et de l'étude, une soirée magnétique ne doit
procréer qu'une monstruosité. Les vérités s'an-
noncent, se proclament, mais ne se jettent point
au visage! Une vérité ne veut point de tréteaux,
elle n'a besoin ni d'habit rouge ni de trompette,
sa force d'expansion lui suffit; on n'en connaît
point qui n'ait su se faire jour de par le monde,
dès qu'elle avait été vivifiée. — L'homme de la
science ne doit point présenter sa face à l'homme
du monde, car celui-ci la couvrirait d'un stigmate
d'opprobre ou de ridicule; ces gens ne savent que
lancer anathème contre ce qui passe leur raison,
comme si leur raison marquait les bornes du possible.

« Mon intention n'était point de reporter l'attention publique sur la soirée de M. Weylandt;
j'avais espoir qu'elle passerait inaperçue, mais des
paroles choquantes sont arrivées à moi; des doutes injurieux ont été proclamés; en séance même,
une voix inconséquente a prononcé le mot de jonglerie. Inconséquente! car rien en cette circonstance n'autorisait une semblable improbation;
lorsqu'on élève des doutes sur la probité d'un

homme, on ne vient point l'écouter, on le fuit ; mais quand cet homme vient se poser devant vous pour faire une bonne œuvre, quand le fruit de ses émotions est destiné au budget du pauvre, est-il généreux de le comparer au saltimbanque, auquel on impose pour première condition de plaire au public ?

« M. W… traite chaque jour environ deux cents malades par le magnétisme, gens de toute condition, de tout âge, de tout sexe, et il obtient chez le plus grand nombre des phénomènes semblables à ceux qu'il a présentés lundi, à l'Hôtel-de-Ville. Mais ces phénomènes ne sont point latents, ne se passent point en comité secret ou à huis-clos ; ils s'étalent au grand jour, tout est public, Or, peut-on supposer la fourberie chez une masse aussi imposante d'individus ? Deux conditions seraient nécessaires pour engager ce nombre de malades à feindre des phénomènes qui n'existent point en eux ; il faudrait les gagner par l'argent, car un des grands mobiles du peuple, c'est l'argent ; puis les *dresser*, faire leur éducation, exercer leurs membres à se convulser, à faire des mouvements extra-naturels. Mais qui ne sera rebuté par de telles hypothèses ? Une fortune considérable suffirait à peine pour satisfaire à la première, et la seconde exigerait des dispositions natives, jointes à l'emploi d'un temps considérable ; cependant les séances publiques de M. W... s'étendent sans interruption de cinq heures du matin à dix heures du soir. Enfin, une raison non moins forte se présente : il faudrait être assuré d'une entière discrétion de la part de celui qu'on associerait à ces coupables manœuvres; et qui pourrait compter sur un secret partagé entre cent individus? Quiconque a pris la peine de suivre avec attention les séances magnétiques de M. W... n'hésitera pas à partager mon opinion; et celui qui ne l'a pas fait n'a-t-il pas mauvaise grâce à nier uniquement parcequ'il ne sait pas?

« Les observations précédentes auront peut-être quelque valeur, si l'on reconnaît que je me tiens en dehors de toute question personnelle; je ne vois ici qu'une doctrine, et non point un homme. — Je n'ai l'honneur de connaître M. W... que d'une manière fort imparfaite, puisque nos relations datent à peine d'un mois, et que jamais je ne l'ai vu hors des séances publiques; je n'aurais donc aucun motif de me constituer son champion, rôle qu'il n'aurait d'ailleurs, je suppose, besoin de confier à personne. — Mais il est du devoir de tout homme de cœur de relever une injustice lorsqu'il a puissance de le faire, et c'est une injustice envers le magnétisme que de vouloir le déposséder de ses prérogatives, en le couvrant d'un prestige emprunté.

« Voilà pour ceux qui ont assisté à la *soirée magnétique !*

« Si maintenant quelques personnes n'étaient point à l'Hôtel-de-Ville lundi, et désiraient cependant connaître les expériences qui ont causé tant d'émoi, je vais les satisfaire.

« A sept heures du soir, une affluence considérable de spectateurs encombre la grande salle. — Que d'idées divergentes travaillent dans ces quatre cents cerveaux réunis pour un *spectacle* commun. Plusieurs, sans doute, ont laissé sans regret l'âtre pétillant pour aller assister à une représentation extraordinaire d'hommes et de femmes s'agitant sur des planches ; d'autres ont le cœur navré en songeant qu'ils vont voir quelques tristes échantillons des mille infirmités humaines ; quelques-uns viennent pour étudier un des phénomènes les plus étonnants de notre organisation ; beaucoup, enfin, ne sont là que pour étaler leur scepticisme, faire abnégation de leurs sens, et nier plutôt que de chercher à comprendre.

« Vers une extrémité de la salle s'élèvent des tréteaux, sur ces tréteaux quelques planches, et sur ces planches douze personnages qui vont tour à tour fixer les yeux de la foule des spectateurs. — Ces douze personnages n'ont apporté là que leur corps ; mais d'esprit, de volonté, point. Ce sont des automates qui vont s'agiter à la volonté de leur maître. Le signal est donné, — une femme ouvre la scène; quelques passes à quelques pieds de distance ont suffi, elle dort du sommeil magnétique. D'une extrémité à l'autre de l'estrade, un regard fascinateur est attaché sur elle; elle résiste, se contracte, mais sa volonté s'est confondue dans celle de son magnétiseur. Il ordonne mentalement qu'elle arrive à lui, et les forces doublées de cette femme n'arrêteraient point son impulsion.

« Chez un homme scrophuleux, M. W... détermine des effets très remarquables d'attraction et de répulsion, sous l'influence de sa volonté et de passes pratiquées à la distance de plusieurs pieds. On engage une personne à saisir le magnétisé pour s'opposer à sa progression; un élève de l'école d'application se présente, s'accroche à l'automate vivant, mais les vigoureux efforts du jeune officier sont bientôt impuissants.

« Un jeune épileptique est endormi avec la plus grande facilité; quelques passes sont pratiquées derrière son dos, et sa tête se courbe violemment sur le tronc, emportant dans cette rotation toute la partie supérieure du dos, qui forme avec l'inférieure plus d'un quart de circonférence; il suit tous les mouvements du magnétiseur, s'éloigne avec lui, s'arrête avec lui, court avec lui, jusqu'à ce qu'une chute, due à sa position d'équilibre in-

stable, vienne le ramener à son existence indivi-
duelle. Ce jeune homme offre un phénomène plus
remarquable encore : c'est un mouvement convulsif de tous les membres, sauts, gambades, agitation violente des bras, dont l'intensité augmente
ou diminue selon que le magnétiseur agite sa
main plus ou moins vivement.

« Après, vient une femme dont les phénomènes
magnétiques ont pour caractère des mouvements
désordonnés des bras, qui s'agitent en tous sens
avec une incroyable agilité, sans pouvoir rencontrer un obstacle qu'on interpose entre eux.

« Ces effets sont très remarquables, mais nous
aurions aimé que M. W... ne vînt point les démontrer en plaçant sa propre tête au milieu des
coups de poing de cette femme; nous avons tous
admiré avec quelle adresse instinctive elle savait
les détourner et frapper à côté; mais il a donné
une arme au ridicule, en imitant ces jongleurs qui
font parade de porter dans leur sein ou sur leur
tête des animaux féroces qui les respectent et ne
les mordent pas. M. W... n'avait sans doute point
songé à ce rapprochement.

« Les scènes suivantes sont remplies par d'autres phénomènes d'attraction, de répulsion, de
convulsions; un artilleur du 7e régiment, qui ne
marche point depuis quinze mois, est attiré dans
une étendue de quinze à vingt pieds, et retourne

à sa chaise, sous l'influence de la même attraction.

« Enfin, voici le bouquet! deux femmes hystériques présentent, sous l'empire du magnétisme, le singulier phénomène de balancement du corps d'avant en arrière, tellement prononcé, chez l'une d'elles surtout, que sa tête vient presque toucher ses pieds, pour de là se redresser vivement et s'incliner en arrière. Ces deux femmes, en présence l'une de l'autre, se faisaient les plus grotesques salutations, tantôt face à face, tantôt dos à dos. Ce qui est bien remarquable, c'est que ces femmes ne dorment point et ne peuvent s'empêcher de rire de ce mouvement extraordinaire qu'elles exécutent invinciblement. J'ai vu chez M. W... l'une d'elles rester plus de deux heures dans cet état sans qu'on puisse l'en retirer.

« Cette scène provoqua de bruyants éclats de rire. — Elle ne me suggérera aucune réflexion, parceque M. W... m'a dit lui-même qu'elle n'aurait point eu lieu s'il avait prévu l'effet qu'elle devait produire.

« En résumé, on peut adresser à M. W... trois reproches principaux sur sa soirée. — Le premier a rapport à la soirée elle-même : il ne devait point ériger le magnétisme en spectacle public. — Mais l'intention qui l'a guidé doit lui servir d'excuse suffisante.

« Le deuxième s'adresse à sa tête, pour être allée

se fourvoyer au milieu des coups de poing de sa bonne femme.

« Le troisième, enfin, serait mérité par sa scène de clôture, s'il n'avait reconnu lui-même qu'elle était déplacée dans une réunion dont le but était scientifique.

« Mais si l'on veut attaquer la bonne foi de M. W..., si l'on suppose que tous les *sujets* qu'il a montrés sont des fourbes et des compères, oh! alors je provoquerai une levée de boucliers en sa faveur; je ferai appel à tous ceux qui ont *vu* chez lui, et nul, j'en suis sûr, ne refusera justice à un homme honorable, injurieusement calomnié. »

E. G.

L'incrédulité n'existe plus à Metz, le magnétisme a fait une révolution dans les esprits, et il ne pouvait en être autrement, car depuis quelque temps cent personnes magnétisent chaque jour et obtiennent les phénomènes les plus réels et les plus inconcevables. Ce n'est plus moi seul que l'on pourrait accuser de mensonge, mais les hommes les plus distingués et les plus honorables; qui donc l'oserait? Ma joie est grande, je l'avoue, car ce succès termine ma mission dans ce pays. La vérité que j'enseigne y aura désormais des défenseurs nombreux et éclairés, et les malheureux malades une ressource inespérée.

Plusieurs médecins pratiquent avec zèle le magnétisme ; leur exemple sera sans doute suivi par tous ceux qu'un sot entêtement ou un vil égoïsme n'aveugle point.

Voici ce que m'écrit l'un des médecins de la ville, M. de Résimont ; cette lettre honore son auteur autant que moi :

« Monsieur,

« Secourir l'homme dans ses misères est une
« bien noble mission, et notre cité vous doit une
« éternelle reconnaissance pour le zèle et le dévoû-
« ment que vous avez mis à venir nous enseigner
« un moyen sûr et facile de guérir des maux jus-
« qu'ici réputés incurables. Oui, réputés incura-
« bles ! car, je le demande, qu'oppose la médecine
« ordinaire aux affections nerveuses, à la surdité,
« à la paralysie, à certaines cécités ? Rien, absolu-
« ment rien ; si elle compte quelques guérisons,
« certes elles sont rares, bien rares, et achetées au
« prix de bien des souffrances, de bien des tortu-
« res. Le magnétisme, plus heureux, guérit ces
« maux comme par enchantement, en rappelant
« la vie dans les organes où elle était presque
« éteinte, en rétablissant partout l'équilibre. C'est
« à un pauvre ouvrier qu'il rend en quelques jours
« l'usage de ses jambes paralysées depuis plusieurs
« mois ; c'est à une malheureuse jeune fille qu'il

« rend l'ouïe dont elle était privée depuis nombre
« d'années. Voilà , monsieur, quelques-unes des
« merveilles dont vous nous avez rendus témoins,
« et j'aime à croire que tous vos élèves y attachent
« le plus grand prix, que de tels faits sont pour
« eux de la plus haute importance.

« Ce ne sera donc plus en vain que de pauvres
« malades viendront implorer l'assistance du mé-
« decin , et il ne sera plus forcé, dans son impuis-
« sance, d'avoir recours aux froides et ridicules
« banalités ; il pourra leur conseiller quelque chose
« de mieux, de plus efficace que la belle saison,
« l'air de la campagne et les voyages. (Que de ma-
« lades sont morts en attendant que la belle saison
« les guérisse, ou en voyageant pour retrouver la
« santé !) Oui, il pourra faire pour eux quelque
« chose de plus utile ; à ces malheureux condamnés
« il pourra dire : espérez ; et s'il ne les guérit tous,
« du moins il allégera le poids de leurs cruelles
« souffrances. Oui, voilà ce que pourra désormais
« le médecin initié au magnétisme ; mais mon
« cœur se serre en songeant à l'obstination aveugle
« qui pousse encore certains hommes à rejeter,
« sans examen, une vérité si utile, si bienfaisante,
« à refuser de voir dans le magnétisme un moyen
« de plus à opposer aux misères qu'ils sont appe-
« lés à soulager.

« Il faudra, comme vous le dites, frapper long-

« temps encore à la porte de la science avant
« qu'elle daigne ouvrir; mais ce temps viendra,
« oui, il viendra, bientôt sans doute! car ce ne
« sera plus en vain qu'on aura dit à l'homme :
« Connais-toi toi-même... et vous y aurez *puis-*
« *samment* contribué!

    « Agréez, je vous prie, monsieur, la nouvelle
« assurance de mes sentiments les plus distingués.

« CH. DE ÉSIMONT. »

Metz, 2 décembre 1839.

Lorsque j'assurais qu'il n'y avait plus d'incrédules à Metz, je me trompais ; voici une épître qui
vient de paraître ; les journaux n'ayant pas voulu
l'insérer dans leurs feuilles, son auteur a pris le
parti de la faire imprimer, et aujourd'hui, 3 décembre, on la distribue dans les lieux publics.
MM. Bouillaud, Velpeau, Cornac, Dubois d'A-
miens, Double, Virey, etc., seront enchantés en
apprenant qu'ils ont à Metz un écho et un représentant; mais il est fâcheux sans doute pour eux
que leur très mauvaise cause soit défendue par un
mauvais avocat.

Je suis peiné pour l'auteur que son style ne soit
pas plus clair, mais je me crois obligé de réim-
primer son petit pamphlet dans toute sa simplicité native. Le lecteur va juger de sa portée.

25

QUELQUES OBSERVATIONS

SUR LE MAGNÉTISME.

« On dort volontiers après les repas, dans le Mid i, cela se dit faire la *Siesta*; des hommes commandent au sommeil.

« Des dormeurs rêvent, dit-on, sous l'influence du fluide magnétique, quoique ce fluide ait été méconnu par des célébrités telles que Franklin, Bailly, Lavoisier, d'Arcet, etc.

« On demande pourquoi nous ramener aux puérilités de Mesmer et de ses disciples, qui ont été obligés, il y a soixante ans, d'abandonner ce magnétisme comme inutile, par suite d'une décision de neuf savants délégués des académies des sciences et de médecine de Paris (1) le 11 août 1784.

« Dès lors comme à présent, il y avait des crédules et des enthousiastes, même des sujets instruits se laissaient entraîner par le désir de connaître cette science déclarée chimérique; nos savants médecins, à Charenton et ailleurs, guérissent peu de sujets atteints d'hallucination; il en existe beaucoup de nuances dans la société, qui ne se doutent pas d'être atteints de cette affection et qui sont avides d'essayer et de connaître ce qui

(1) Imprimerie royale.

paraît merveilleux et mystérieux. Si le magnétisme ne fait pas de mal, il rentre dans la méthode
d'observation et d'attente ; la guérison arrive si
la nature opère d'elle-même une crise heureuse ;
des professeurs en ont dit autant des petites sai-
gnées pratiquées à des sujets jeunes et robustes.

« Si le professeur cherche à soulager les malades
incurables, pourquoi ne s'adresse-t-il pas à l'autorité afin d'obtenir l'entrée d'un grand hospice
civil où se trouvent réunies toutes les maladies ?
Doit-on penser qu'il préfère arriver dans une ville
du second ordre, y captiver un peuple riche porté
à croire ce qu'il ne peut définir, etc.

« On a eu des exemples que l'imagination frappée
d'une chose inconnue, le désir, la crainte, la fatigue et l'ennui à la suite de diverses causes, comme
la perte d'un ami, de son bien ou autres, ont agi
sérieusement sur des sujets d'un esprit doué de
plus ou moins de jugement : il y a des personnes
auxquelles on fait croire tout ce qu'on veut.

« Les mouvements des mains des magnétiseurs
déplacent des portions d'air et fatiguent la vision
des sujets ; les convulsionnaires vrais ou simulés,
ayant le souvenir de leur affection, leur imagination frappée d'une espérance chimérique, les font
entrer en crise : qui dit plus dit moins. On connaît l'effet du bâillement sympathique ou provoqué, comme cela a été tant de fois observé entre

particuliers réunis, ennuyés, ayant besoin de manger ou de dormir.

« Le hoquet, affection nerveuse, disparaît souvent par une crainte qui opère sur le moral. La salive augmente dans la bouche à la vue d'un aliment désiré, etc.

« Le magnétiseur guérit lorsqu'il arrive à un heureux moment où la nature opère seule : l'imagination est prise pour le fluide magnétique ; il est cependant utile de seconder la nature, comme par la vaccine qui a diminué la mortalité des variolés.

« On endort les enfants en les grattant à la tête et en les berçant : des dames même s'endorment entre les mains des personnes chargées de les coiffer.

« On cherche à ranimer le magnétisme vermoulu, ancienne rêverie semblable aux dieux du paganisme.

« Les temps belliqueux comme avant l'empire, et pendant ses désastres, avaient comprimé ce magnétisme entaché du miraculeux. La médecine du célèbre Broussais fut bien suivie et appréciée ; des homœopathes ont paru et disparaîtront. Les magnétiseurs, que l'autorité laisse en liberté (entre des mains qui ont peut-être le droit de l'exploiter), ne produiront pas de mal, mais mettront en mouvement des infirmes qui seraient mieux en restant au sein de leurs familles.

« Il a été reconnu que l'imagination, dont le pouvoir est aussi puissant qu'il est peu connu, était l'agent que l'on prenait pour le fluide magnétique. Cependant, espérons sur quelque chose d'inconnu que posséderait le professeur magnétiseur.

« Le plus grand bruit de son magnétisme serait qu'une fille, d'un gros bon sens, rêverait à ses séances, et que comme les oracles des anciens, elle prononce des paroles selon ses désirs, auxquelles on a soin de donner le sens le plus avantageux.

« Craignons que le professeur ait le même sort que Mesmer et ses disciples.

Metz, le 29 novembre 1839.

Le docteur en médecine, chirurgien major décoré, du 3e du génie,

PIEL.

———

Je dois, avant de terminer cet ouvrage, ajouter à la liste des personnages de Metz qui se sont fait instruire du magnétisme, les noms de MM. de Faultrier, Leduc, Parent, Baudesson, avocat, Cante, Perronier, capitaine d'artillerie, Sollier, Bertrand, Mme Thiébaut, Dehaldat, Meslier, Merlin, Paris, Galard, Jouin, Simon, notaire, Champigneul, Rispans d'Aiguebelle, capitaine. Le magnétisme est en outre pratiqué à Metz par MM. Lemiellier, capitaine d'artillerie, Haro, médecin et M. de Gargan. — Je ne dois pas oublier non plus de citer mes derniers élèves de Paris, car ils défendent de leur côté la sainte cause de la vérité. Ce sont : MM. Blanc, Pigasse, Maigret, Le Sourd, Delaporte, Gatti, Lemonnier, Paillet, Bournichon et Durand-Mabille.

FIN.